教育部人文社会科学重点研究基地湖南师范大学中华伦理文明研究中心暨中国特色社会主义道德文化省部共建协同创新中心资助研究成果、国家社会科学基金重大项目"当代新兴增强技术前沿的人文主义哲学研究"（20&ZD044）阶段性成果

社会化机器人_的人文主义审视

易显飞 刘 壮／著

ON THE HUMANISTIC REVIEW OF
SOCIALIZED ROBOTS

科学出版社

北 京

内 容 简 介

本书以社会化机器人为研究对象，探讨了社会化机器人的人文价值，以及由社会化机器人所引发的人文问题。本书着重关注人的"三维"存在，即人作为个体意义存在、作为群体意义存在和作为人类整体意义存在因社会化机器人的介入所形成的人文新境遇。在肯定社会化机器人的人文价值的基础上，考量其引发的诸多人文困惑，力求在根源处把握问题的成因并寻求可能的治理之策，以实现社会化机器人的良性发展与"人机和谐"的全新图景。

无论您是科技哲学领域的专业人士，还是对该领域感兴趣的普通读者，相信本书都会为您的研究或学习提供一定的参考。

图书在版编目（CIP）数据

社会化机器人的人文主义审视 / 易显飞，刘壮著. -- 北京：科学出版社，2024.7. -- ISBN 978-7-03-079066-8

Ⅰ. B82-057

中国国家版本馆 CIP 数据核字第 2024TT0857 号

责任编辑：邹　聪　高雅琪 / 责任校对：韩　杨
责任印制：师艳茹 / 封面设计：有道文化

科学出版社 出版
北京东黄城根北街 16 号
邮政编码：100717
http://www.sciencep.com

北京富资园科技发展有限公司印刷
科学出版社发行　各地新华书店经销

＊

2024 年 7 月第 一 版　开本：720×1000　1/16
2024 年 7 月第一次印刷　印张：15 1/4
字数：250 000

定价：98.00 元

目　录

第1章 导　　论

对社会化机器人（sociable robot）的人文审视，是研究社会化机器人对于个体的人、人的生活和社会的人文价值，以及由社会化机器人所引发的或与社会化机器人产生关联的人与社会在人文价值上的偏向问题。本书以社会化机器人为"主语"，在这一新兴技术人工物发展和应用的背景下，关注人的"三维"存在，即人作为个体意义存在、作为群体意义存在和作为人类整体意义存在所面临的人文机遇和人文困境。在肯定社会化机器人的人文价值的基础上，从客观角度考量其人文问题，力求在根源处把握问题并寻求可能的治理之策。

1.1　问题的提出

对技术及其产物的价值考量是技术哲学研究历来关注的问题。[①]高新技术引发的人文问题往往是积极与消极并存的，现今社会化机器人这一新兴技术物及其引发的价值冲突问题日渐突出，作为存在主体的人必须审慎对待，对其进行人文审视无疑具有极大的必要性和重要性，也是通向解开困境的必要途径。

1.1.1　理论层面

在理论层面，问题的提出主要基于以下几点。

（1）在技术发展的各个阶段，都伴随着相应的人文审视，这说明了人文审视对于技术和技术哲学研究的重要性。从技术和技术哲学的发展来看，人文审视无疑发挥了重要价值。历史上很多思想家和哲学家都以批判的态度对技术展开过审视，如中国古代庄子因重视人的纯朴本性和自然本性而反对机械的使用；西方思想家卢梭因科学技术"吞噬"人性而对科学技术进行指责与批判；马克思、芒福德、海德格尔等都对技术展开了不同程度的人文批判。通过人文审视，一方面可

---

① 李宏伟. 现代技术的陷阱——人文价值冲突及其整合[M]. 北京：科学出版社，2008：1.

以阐述清晰社会化机器人技术的"隐忧",另一方面有助于推动对高新技术的哲学研究的时代化。因此,对社会化机器人的人文审视是技术和技术哲学研究过程中不可回避的课题。

(2)技术理念的对立,如技术激进主义与技术保守主义的冲突,其实质在于对技术人文审视理解上的差异。如同当代新兴人类增强技术,其论争派系就存在很大的对立性,激进派与保守派互不相让。①由社会化机器人所引起的论争"纠纷"也是如此。从技术的发展历史角度看,无论是东方还是西方,过去的技术活动从未引起如今这样的"破坏"现象,即以往的技术呈现出人、社会、自然的协调之美,或在技术中感通存在,或在技术中达到"天人合一"感通万物,均未造成明显的人文"纠缠"。如今关于技术的人文"纠缠"中,社会化机器人也在此列,其引发的理念冲突和现实窘困具有强烈的二极性。因此,关于社会化机器人的人文审视不是孤立、静止、片面地看待其人文价值,而是通过客观地审视,把握问题形成的实质,从而形成整体、理性的认知。

(3)现阶段,关于社会化机器人的人文审视的相关研究还存在着一定的不足。一是研究碎片化,系统性研究较为缺乏,研究范围和研究内容尚存在一定的局限性;二是研究缺乏一定的综合性,人文审视涉及发散与收敛的统一性,即进行社会化机器人的人文审视,不仅需要理性审视科技的价值,同时需要结合伦理学、社会学、心理学等人文领域的各个子领域进行研究,最终实现发散的汇集,收敛至技术哲学的理论系统的深入分析;三是对社会化机器人的伦理性批判较多,辩证客观的考量较少,因而在一定程度上疏漏了人与人文的变易与发展;四是对社会化机器人引发的人文偏向过于恐慌,而忽视其对社会所呈现的正面价值。

1.1.2 现实层面

从现实层面来说,论题的提出主要基于以下几个方面。

(1)当前,不少与"人"紧密相关的现实问题催生了社会化机器人的产生,因而理应对其进行人文性的"挖掘"。如人口老龄化问题,随着老年人人口比例的逐步增大,老年人的照料和护理问题越来越突出,这个时候,"助老机器人"

---

① 易显飞,刘壮. 当代新兴人类增强技术的"激进主义"与"保守主义":理论主张及论争启示[J]. 世界哲学,2020(1):151-159.

便应运而生。再如男女比例失衡问题，男性数量上多于女性的情况将会导致未来部分男性缺乏伴侣的问题，而"情侣机器人"（lover robots）也称为性爱机器人（sexbot），则有可能在一定程度上补足伴侣角色的空缺，解决这部分人对伴侣角色的需求。还如儿童陪护缺乏的问题，现代社会中大多数父母工作繁忙，导致年龄尚小的子女缺乏足够的关爱与陪伴，"儿童陪护机器人"可以与儿童玩乐并提供陪护，缓解父母的压力。基于上述，如何理性审视社会化机器人的现实功用以助力解决人们所面临的现实困境是亟待回应的问题。

（2）众所周知，前沿性的技术往往会产生难以预知的情境，其风险往往具有普遍性和不确定性。社会化机器人属于外部"辅助技术"，用以实现人在某些特定方面的扩展和替代性的"增强"，它集成了多种跨领域的尖端技术，人工智能（artificial intelligence）作为其核心组成部分，也是相关风险的主要来源。如大家普遍关心的种族歧视、性别歧视等问题，社会化机器人可能会因算法偏见而表现出对特定群体厌恶和反感的情绪，并在特定群体中潜在地诱发或加深这种歧视观念。再如社会化机器人的安全性问题，机器人程序出现的偶发性故障会严重威胁人的生活甚至生命，1986 年苏联国际象棋冠军古德柯夫被机器人对手释放的电流击中而亡，2016 年第十八届中国国际高新技术成果交易会上出现机器人伤人事件。上述风险的出现，证明了在技术及其使用层面进行人文审视的必要性，我们如何在面对技术风险时关怀人的存在也将成为探究的重要部分。

（3）人作为一种技术性存在，始终都在被技术（物）所改变着、塑造着，社会化机器人具有较高的智能，作为人生活的"一部分"，参与人们的生活实践，对人以及社会产生不同程度的效益，也提出更多未知的挑战。社会化机器人在同人的互动中能够表现出"类人"的行为，与人际交往的相互作用和相互影响一样，类人的机器也会对人产生影响。其中积极的部分是促进人的，有利于人的发展以及主体际的发展，而消极的部分则是抑制或潜在地产生阻碍，造成人文价值的"跌落"。如社会化机器人对服务业的替代造成"技术性失业"，包括助老机器人和儿童陪护机器人替代相应的保姆工作导致某些工作岗位减少甚至消失；再如对已经约定俗成的观念产生影响，情侣机器人对于不少人而言在观念上就是不可接受的，被认为"有伤风化"，那么是否可以据此就否定其发展与应用？因此，把握社会化机器人的"阿基米德价值点"，并进行技术哲学的相关研究具有重要意义，也是相关从业人员义不容辞的责任。

（4）在现代化发展道路上，科技的进步始终起着重要的作用，我国正处于中国式现代化的重要阶段，必然需要科技的有力支撑。机器人技术的研发，也是中国式现代化的重要一环。科学技术部制定了《智能制造科技发展"十二五"专项规划》和《服务机器人科技发展"十二五"专项规划》等相关规划。习近平总书记曾在中国科学院第十七次院士大会、中国工程院第十二次院士大会上的讲话中提到"机器人革命"有望成为"第三次工业革命"的一个切入点和重要增长点，强调不仅要把我国机器人水平提高上去，而且要尽可能多地占领市场，同时需要审时度势、全盘考虑、抓紧谋划、扎实推进[①]。立足大局观念，面对社会化机器人的发展与国际竞争时，如何在博弈中勇立潮头、披荆斩棘，占领社会化机器人的前沿阵地，怎样协调好经济发展与人文发展之间的关系，成为中国式现代化必须聚焦的问题。

1.2　研究综述

1.2.1　关于社会化机器人

国内外学者对社会化机器人应用的社会需求等问题进行了相关论述。克斯廷·道滕哈恩（Kerstin Dautenhahn）指出机器人同伴首先需要社会化和个性化，以满足与它们生活在一起的人的社交、情感和认知需求。[②]周天策从女性在传统生活中担任的家庭和社会角色的角度出发，阐述了服务型机器人在现实生活中对女性角色的替代，并指出替代效应主要表现在机器人在老人护理、儿童陪护、医疗护理、家用劳动和感情关怀上的应用。[③]刁生富和蔡士栋认为随着人工智能技术的进步，从简单照看儿童、老人到复杂的感情生活甚至特殊的需求如性需求，随处可见机器人的身影，人与情侣机器人共存的社会即将形成，情侣机器人将扮演不可代替的角色。[④]赵璐等阐述了生活领域中机器人的"类人化"实践，提出了"情感逻辑"一词，并对"情感逻辑"作出两点解释：第一，人与机器人的互动要深入生活，机器人是人的社会化需求产生的结果，机器人在社会生活中作为

① 习近平. 在中国科学院第十七次院士大会、中国工程院第十二次院士大会上的讲话[EB/OL]. https://www.gov.cn/xinwen/2014-06/09/content_2697437.htm[2024-02-02].

② Dautenhahn K. Robots we like to live with？！—a developmental perspective on a personalized，life-long robot companion[C]. Robot and Human Interactive Communication，Roman，2004：17-22.

③ 周天策. 服务机器人对女性"角色"替代的伦理风险分析[J]. 科学技术哲学研究，2017，34（6）：65-70.

④ 刁生富，蔡士栋. 情感机器人伦理问题探讨[J]. 山东科技大学学报（社会科学版），2018，20（3）：8-14.

人造物需要完成类人的社会化从而拥有人的社会性特征；第二，人的社交需求需要人与人或类人之间的相互沟通和深层交流来完成，社交需求也涉及情感需求。另外，赵璐等还强调应赋予机器人更多人的特性，讨论了用来代替人类提供情感交互和社交互动的机器人，指出这些机器人满足了人类通过编码情感以拥有理想化的或者定制化的情感体验的需求。①

关于社会化机器人在孤独症儿童干预的已有研究。社会化机器人在孤独症儿童干预中扮演了三种角色：第一是扮演康复教师，在轮流、模仿等游戏中示范社交行为，引导孤独症儿童执行社会交往的动作和语言行为；第二是充当响应玩具，在干预活动中响应孤独症儿童的动作和语言行为，调节孤独症儿童与他人的社会交往行为；第三是扮演代理人，作为孤独症儿童参与社会交往的代理人，代替孤独症儿童表达想法、要求和情感。②张静和常燕群指出，社会化机器人面部表情简化、肢体语言有趣，能增加亲切感，对孤独症儿童具备吸引力，能够降低孤独症儿童的社交恐惧感，有潜质成为孤独症儿童社会技能干预的有效工具。③2001年，拜隆等人提出"南极光计划"（The AURORA Project），设计和应用孤独症儿童干预机器人，探究机器人在孤独症儿童人际交往和社交技能训练中的潜在价值。④王永固等通过分析国内外社会化机器人对孤独症儿童干预的应用发现：孤独症儿童对社会化机器人的兴趣和互动反应优于人类治疗师；社会化机器人干预能改善孤独症儿童的模仿、共同注意、眼神注视和主动社交等社交技能的不足；与普通儿童相比，孤独症儿童对社会化机器人的社交反应不存在显著性差异。⑤

关于情侣机器人及其应用的已有研究。学者作了三方面区分：首先，可以协助家庭或医院的各种患者，包括残疾人的诊断和治疗。⑥当然，对于社会上的个人来说，不一定用于治疗。其次，可以用于身体上的刺激或情感上的陪伴。最后，

① 赵璐，涂真，徐清源，等. 机器人的技术伦理及影响[J]. 电子科技大学学报（社科版），2018，20（4）：73-79.

② Scassellati B，Admoni H，Matarić M. Robots for use in autism research[J]. Annual Review of Biomedical Engineering，2012，14：275-294.

③ 张静，常燕群. 人工智能和虚拟现实技术在孤独症患者康复训练中的应用[J]. 中国数字医学，2013（7）：83-86.

④ Beynon M，Nehaniv C L，Dautenhahn K. Proceedings of the Fourth International Conference on Cognitive Technology，August 6-9，2001[C]. Berlin：Springer，2001.

⑤ 王永固，黄碧玉，李晓娟，等. 自闭症儿童社交机器人干预研究述评与展望[J]. 中国特殊教育，2018（1）：32-38.

⑥ Lin P，Abney K，Berkey G. Do You Want a Robot Lover？The Ethics of Caring Technologies[M]. Cambridge：MIT Press，2012：256.

情侣机器人可用于个人不能或不愿与他人接触的活动。①同时，情侣机器人的应用属于一个较为敏感的话题，因此产生了相关学者对情侣机器人认同方面问题的探讨。关于情侣机器人的认同问题，有两种不同的理解方式：一是从它所象征的事物的意义理解，只有理解象征对象的价值，才能理解象征本身的价值。比如，人们由情侣机器人与使用者的关系推断可能产生的对女性的偏见，必须先从女性偏见的来源理解这种现象，因为对女性的偏见原本就存在，而不是情侣机器人导致的。二是对"情侣机器人"一词先入为主的理解，即通过自己有限的理解去看待情侣机器人，觉得它代表好或者不好，因为对情侣机器人的认同与否和它象征的东西有关，而不是取决于机器人本身具有的某种属性。②大卫·利维（David Levy）认为，到2050年左右，机器人技术获得突飞猛进后，机器人将改变人类传统的爱情和性观念，在择偶问题上，机器人伴侣对于人们更具有吸引力，更符合人类的偏好和要求，具备巨大吸引力的机器人将能够与人们相爱结婚，与机器人相爱就像跟其他人相爱一样正常，还能够满足人类的性生活需求。③辛赞娜·古图（Sinziana Gutiu）认为情侣机器人是基于人工智能研发的，结合了感官感知、合成生理反应和情感计算，其目的是促进性互动，为人们提供陪伴服务。④约翰·达纳赫（John Danaher）对一般意义上的情侣机器人的定义发表了看法，一般认为情侣机器人是用于性目的，即满足性刺激和释放需求的人工实体，并指出它满足三个条件：类人形——被认为具有类人的外观；类人的行为——其行为被认为代表类人的存在；某种程度的人工智能——能够理解和响应环境中的信息。同时他指出，为什么人形化的条件很重要，因为人们认为，情侣机器人发展背后的主要驱动力是创造一种人工物来替代（或补充）人与人之间的性互动的愿望，换言之，人们对于创造情侣机器人感兴趣是合理的，因为他们向往接近真实事物的东西，第二个原因则是机器人的类人形式出现在许多哲学问题的讨论中。⑤杜严勇在基于机器人的人格化的发展趋势下，对情侣机器人在传统婚姻观和性方

---

① Gutiu S. The roboticization of consent[M]//Calo R，Froomkin M，Kerr I. Robot Law. Cheltenham：Edward Elgar Publishing，2016：186-212.

② Danaher J. The Symbolic-Consequences Argument in the Sex Robot Debate[M]. Cambridge：MIT Press，2017：23.

③ David L. Love and Sex with Robots：The Evolution of Human-Robot Relationships[M]. New York：HarperCollins Publishers，2007：21-22.

④ Gutiu S. The roboticization of consent[M]//Calo R，Froomkin M，Kerr I. Robot Law. Cheltenham：Edward Elgar Publishing，2016：186-212.

⑤ Danaher J. Should We Be Thinking About Sex Robots？[M]. Cambridge：MIT Press，2017：4-5.

面进行了相关论述，指出爱是相互需要的，但社会上并不是所有人都有相爱的对象，而情侣机器人可以满足人类的这种需求，充当人类的另一半，尤其会使在社会上找不到伴侣的人群受益，还提到机器人与人的情感交流会产生不同于其他工具依赖的情感依赖，并认为目前和未来一段时间内，机器人可能不会具备生育的功能，在技术不够成熟的情况下，人类不太可能与机器人结婚，人类与机器人之间的性关系在更大程度上往往只是满足性生活的需求。①王绍源对情侣机器人进行了相关的解释，他指出情侣机器人利用植入的生物识别技术，通过自动识别来自人类的面部表情、肢体语言等信息进行数据获取来判断用户的情绪状态；情侣机器人能够通过先进的生物识别技术，掌控和激发用户的强烈情绪，致使用户对其产生依赖倾向。②帕特里克·林（Patrick Lin）、基思·阿比尼（Keith Abney）和乔治·伯基（George Berkey）对情侣机器人的发展作出了评论，认为目前情侣机器人尚处于婴儿期，因为它们的功能是基于传感器的响应能力实现的，而不具备自主性或思考能力，但是随着人工智能越来越成熟，情侣机器人在时间推移下不断改进，将在生理上与人类完全相同，能够对所有感觉刺激作出反应，模仿人类所有的情感，甚至自主决策。③但是依然可以从本质上质疑情侣机器人作为人类伴侣的观念，毕竟情侣机器人与其他技术对象一样并不是孤立发展起来的，而是由文化观念、社会价值观等概念框架所塑造的，这种替代人的说法属于牵强附会。因此可以说，社会因素会对情侣机器人的发展产生制约作用，未来对人的替代也并非不可避免。

关于助老机器人的已有研究。阿曼达·夏基（Amanda Sharkey）和诺埃尔·夏基（Noel Sharkey）将用于老年人护理的社会化机器人区分为三种主要方式④：①协助老年人从事日常活动；②帮助监测老年人的行为和健康；③为老年人提供陪伴。但同时他们认为，机器人还远不是真正的伴侣，它们可以与人互动，甚至表现出模拟的情感，但它们的会话能力仍然非常有限。例如为老年人开发的 IFBOT，可以通过存储大量的交互模式与老年人进行交谈。日本研发互动机器人"波丽宝宝"

① 杜严勇. 人工智能伦理引论[M]. 上海：上海交通大学出版社，2020：128.
② 王绍源. 机器（人）伦理学的勃兴及其伦理地位的探讨[J]. 科学技术哲学研究，2015，32（3）：103-107.
③ Lin P，Abney K，Berkey G. Do You Want a Robot Lover? The Ethics of Caring Technologies[M]. Cambridge：MIT Press，2011：256.
④ Sharkey A，Sharkey N. Granny and the robots：ethical issues in robot care for the elderly[J]. Ethics and Information Technology，2012，14（1）：27-40.

（Primo Puel）可以使用语言并表达快乐的情感，因此很受日本老年女性欢迎。机器人"爱宝"（AIBO）能够探测距离、加速度、声音、振动和压力等物理量，并可以识别语音指令，通过身体动作和眼睛的颜色与形状来表达六种"情绪"（快乐、愤怒、恐惧、悲伤、惊讶和厌恶）。李小燕在全球人口老龄化的速度不断加快和医疗护理资源相对短缺的背景下，对助老机器人的发展和使用及其给维护老人的身心健康带来巨大的希望和前景的情况进行了相关的讨论，并指出在现阶段社会化机器人在语音交互、图像识别、动作交互、情绪表达等方面已经完成商业化的转变，这意味着社会化机器人的社会交互性和拟人情绪性已经达到了较高程度。[1]罗定生和吴玺宏也在老龄化的社会背景下，指出智能老龄护理机器人从深层次上为全面解决养老问题提供了有力支撑和新的途径。[2]杜严勇提到，从单个家庭角度而言，通过助老机器人的帮助可以减轻家庭负担，节省子女的陪护时间从而减轻压力，并且机器人为老年人提供的服务不受时间和地点限制，能够满足他们不同的生活需要，提升老年人的生活质量[3]。助老机器人可以产生的社会效益包括：满足老年人的意愿，体现他们的主体性；满足老年人社会联系的需要；满足老年人的娱乐与情感需要；满足老年人的医疗健康需要。[4]因此从某种意义上来说，应运而生的社会化机器人正是被创造出来以填补人在亲密关系中付出与需求之间难以弥合的沟壑。王健和李浩煜从"孝文化"着手，指出机器人护理可以划分为浅层护理（shallow care）、深层护理（deep care）、良好护理（good care）三个层次，认为目前机器人护理能力的发展能够基本契合"养亲""敬亲""顺亲"的要求，在理论上提出护理机器人能够协助子女践行孝道，同时指出了机器人护理在实践中存在的责任模糊、虚假交往以及关系变化等难题。[5]何双百立足于人机的关系场域，讨论了社会化机器人究竟是技术的"工具"还是协作的"搭档"，是增加还是削弱了人类的自主性等问题，认为社会化机器人是由基于科学知识生产的人造物与人们（开发者和所有者）及文化意义相关的认知之间的相互联系所引导的。[6]

① 李小燕. 老人护理机器人伦理风险探析[J]. 东北大学学报（社会科学版），2015，17（6）：561-566.
② 罗定生，吴玺宏. 浅谈智能护理机器人的伦理问题[J]. 科学与社会，2018，8（1）：25-39.
③ 杜严勇. 关于机器人应用的伦理问题[J]. 科学与社会，2015（2）：25-34.
④ 杜严勇. 助老机器人的伦理辩护[J]. 江苏社会科学，2018（4）：177-184.
⑤ 王健，李浩煜. 机器人护理对孝道的实现及其限度[J]. 自然辩证法通讯，2023（10）：108-116.
⑥ 何双百. 技术介导下人与社交机器人关系场域探索[J].当代传播，2023（2）：60-65.

关于社会化机器人道德的已有研究。刘鸿宇在机器人道德决策类型与特征分析基础之上，从"知""场""行"三者相互作用所衍生的自主性、互动性与适应性出发建构了机器人道德决策模型，并从道德功能性模拟与社会道德学习的角度提出了拓展机器人道德决策能力的途径。[1]袁晓军和王淑庆针对"人工道德承受性是否可能"这一问题，从道德承受性的扩展论证和标准两个角度指出，首先是人工道德承受性是否可能取决于扩展论证能否成立，而扩展论证能否成立又取决于道德承受性的标准，其次是作为具备能动性的存在物或系统，如果它在与人类的交互中形成某种意义上的社会共同体，那么就很可能具有道德承受性，因此他们认为相对于其他机器，社会化机器人最有可能满足这个标准而具备道德承受性。[2]并且，王淑庆在后续研究中基于关系解释进路，从间接义务和社会生态学两个层面论证了承认社会化机器人道德地位的必要性及在此基础上所形成的伦理学和文化意义。[3]

1.2.2　关于社会化机器人的相关人文问题

国内外学者多从伦理学的角度对社会化机器人的人文问题进行了相关描述，并表示了深深的担忧。因为作为在社会技术系统中的人工物也可以限制和影响人类。[4]

关于社会化（助老）机器人在人社交和健康方面的人文问题。罗伯特·斯派洛（Robert Sparrow）和琳达·斯派洛（Linda Sparrow）针对助老机器人的引入强调了情感需求的重要性，指出要关注其社会和伦理意义，即使社会化机器人在老年护理中能够扮演一定的角色，也会使老年人与社会的接触变少，损害他们的健康，因此是不道德的。[5]对此詹妮弗·帕克斯（Jennifer Parks）对高技术发展形势下的机器人护理也发表了相似的看法，即使机器人可以通过完成特定的任务来减轻人的负担，但其可能破坏社会关系，切断各社会成员间的连通性。[6]而且，简

---

① 刘鸿宇. 机器人道德决策进路与模型研究[J]. 自然辩证法研究，2021，37（9）：28-34，82.
② 袁晓军，王淑庆. 人工道德承受性：社交机器人的能动性与承受性论证[J]. 昆明理工大学学报（社会科学版），2023，23（2）：52-59.
③ 王淑庆. 社交机器人的道德承受性地位[J]. 自然辩证法研究，2023，39（9）：64-70.
④ Adam A. Delegating and distributing morality：can we inscribe privacy protection in a machine？[J]. Ethics and Information Technology，2005，7（4）：233-242.
⑤ Sparrow R，Sparrow L. In the hands of machines？The future of aged care[J]. Mind Mach，2006，16（2）：141-161.
⑥ Parks J A. Lifting the burden of women's care work：should robots replace the "human touch"？[J]. Hypatia，2010，25（1）：100-120.

予繁和黄玉波在角色理论视角下，根据控制实验的结果指出，当社会化机器人扮演伙伴与协助者角色时，只有在人们社会联结需求高的情况下，人机互动才对人际互动产生替代效应。①

关于社会化（情侣）机器人在人的"性"方面的人文问题。古图探讨了男性与情侣机器人的互动是怎样通过非人性化的性行为和男女关系之间的亲密行为来侵蚀同意性原则的，古图指出情侣机器人在设计上的人形化偏好正是为人的性目的服务的，用户完全可以控制与之交互，规避了同意性的需要，因而情侣机器人使得性关系中的沟通、相互理解和妥协不再可能，导致了性的非人性化，允许用户身体上表现的扭曲幻想，并从象征意义上指出了情侣机器人的外表和性顺从将催生出重男轻女的观念。②这也就是说，设计具有性别的机器人将会把人类文化中的"性别歧视"等糟粕转移至智能机器国度，并且在现实世界使女性的物化现象更加严重。美国伍德大学机器人专家乔尔·斯奈尔（Joel Snell）曾指出，与情侣机器人发生性行为有成瘾的风险，很可能会替代人。这是由于情侣机器人可随时提供服务，不会拒绝人的需要，易使人落入成瘾"陷阱"。达纳赫的观点则更加具有洞见性，他指出，使用者反复使用情侣机器人会背离正确的性规范，这会改变他们的道德品质和与他人互动的性质，在某种程度上强化了用户的反社会倾向，鼓励他们远离社交互动，避免性生活的相互性与妥协性，而造成内在精神生活的缺失，因此，性将会逐步走向物化和工具化，而且一旦想要重新融入社会，可能会产生不适感以及遭受其他社会群体的疏离。③

关于社会化（儿童陪护）机器人在生命认同观和依恋关系上引发的人文问题。诺埃尔·夏基（Noel Sharkey）和阿曼达·夏基（Amanda Sharkey）针对儿童陪护机器人，指出儿童与其维持长久的互动容易产生依恋，而这种依恋关系是极不安全的、错乱的和病态的，并且机器人通过视觉、运动和听觉功能结合呈现出"幻想性"生命个体，可能会让孩子产生"真实"的错误认同。④正如詹妮弗·罗伯

---

① 简予繁，黄玉波. 人机互动：替代还是增强了人际互动？——角色理论视角下关于社交机器人的控制实验[J]. 新闻大学，2023（4）：75-90，122.

② Gutiu S. The roboticization of consent[M]//Calo R，Froomkin M，Kerr I. Robot Law. Cheltenham：Edward Elgar Publishing，2016：186-212.

③ Danaher J. The Symbolic-Consequences Argument in the Sex Robot Debate[M]. Cambridge：MIT Press，2017：23.

④ Sharkey N，Sharkey A. The crying shame of robot nannies：an ethical appraisal[J]. Interaction Studies，2010，11（2）：161-190.

逊（Jennifer Robertson）所说的，具体化的智慧模糊了真实与虚幻、生命与智能行为之间的区别。①帕克斯对社会化机器人提出批评，"这种人机共处的友谊是不真实的，并不能鼓励个人'能够想象他人的境况和在此情形下生起同情心'"②。机器人与人之间不存在给予与承担的关系，也不可能锻炼一个人的移情能力或培养友谊；儿童与母亲属于一种安全依恋关系，而社会化机器人即使具有较高的类人特性也不能代替人，反而不利于儿童以后形成正确的社会化观念。"如果我们沿着这条道路前进，那么将会进化成一种新形式的人类——智人……他们（智人）的孩子也将会在很小的时候就依照这些非人类模式的行为社会化。"③

国内学者在最近几年才开始研究社会化机器人对社会以及人的影响。

关于情侣机器人，特别是，人们订制的个性化机器人"伴侣"，"她"是那么美丽、温柔、贤淑、勤劳、体贴，"他"是那么健壮、豪爽、大方、知识渊博、善解人意，人们是否会考虑与它登记结婚，组成一个别致的"新式家庭"？这样反传统的婚姻会对既有的家庭结构造成怎样的颠覆？是否能够得到人们的宽容和理解？法律上是否可能予以承认？对此杜严勇对情侣机器人引发的与婚姻和性伦理相冲突的几个代表性问题进行了相关论述。在婚姻伦理上，他首先点明情侣机器人会对传统婚姻造成影响，对此给出了三个论据：首先，假如人与机器人之间能够产生爱情，这种爱情与人和人之间的爱情也将存在一定的差别，缺乏了婚姻的基础和必要条件；其次，现代一夫一妻制的婚姻伦理要求夫妻双方彼此忠诚，只有夫妻之间的性生活才是道德的，情侣机器人的存在无疑背离忠诚；最后，机器人伴侣的地位与权利问题，即应当怎样看待人与机器人结婚，这种情况对人的影响现在难以估量。接着他指出机器人对宗教婚姻伦理产生冲突，机器人并不是神创造的，人与机器人的结合显然是与神的启示相违背的，因而破坏了婚姻的神圣性。然后他探究了情侣机器人对性伦理的冲击，其中包括道德与非道德之间难以明确衡量，虚拟爱情与滥用的问题影响使用者拥有正常人的爱情，以及产生大批"施暴者"向社会蔓延等问题。④刁生富和蔡士栋在对情侣机器人的伦理探

---

①　Robertson J. Robo sapiens japanicus: humanoid robots and the posthuman family [J]. Critical Asian Studies, 2007, 39（3）: 369-398.

②　Parks J A. Lifting the burden of women's care work: should robots replace the "human touch"? [J]. Hypatia, 2010, 25（1）: 100-120.

③　Kubinyi E, Pongrácz P, Miklósi Á. Can you kill a robot nanny? ethological approach to the effect of robot caregivers on child development and human evolution [J]. Interaction Studies, 2010, 11（2）: 214-219.

④　杜严勇. 情侣机器人对婚姻与性伦理的挑战初探 [J]. 自然辩证法研究, 2014, 30（9）: 93-98.

讨中指出，情侣机器人加剧夫妻关系敏感，严重影响夫妻和谐，如果把情侣机器人当成性发泄对象，对情侣机器人性上瘾，会不会导致社会性侵犯罪加剧？而且即使人与情侣机器人一起生活，也会有一部分人渴望生活在自我空间里以摆脱繁育后代的辛劳与责任，尽管有便捷的繁殖方式仍不愿生育，更倾向于个性化追求和自我享受。接着他们指出，新的家庭模式将生成，女性结婚欲望将降低，从而形成一种由人和情侣机器人相结合的新家庭模式，情侣机器人和人类同样是家庭核心，由父母和儿女组成的核心家庭模式将会逐渐消失，家庭模式走向单一化、简单化。家庭观念变得淡化、人际关系冷漠。① 刘燕亦指出，机器人伴侣会导致亲情、友情和爱情的丧失。② 因此不得不深思，人类是否具备足够宽容的环境容纳比自身更优秀的"第三者"？此类新型"生命"是否危及人类的生存？

国内关于助老机器人引发人文问题的已有研究。李小燕通过对助老机器人的伦理风险分析指出其对人的影响并展开了深入论述。①社交质量下降。当助老机器人取代护理人员、家人和朋友而为老人提供各种帮助和支持时，老人与护理人员、家人或朋友的潜在交流机会就会减少甚至被剥夺，而老人也就丧失了社交生活的重要源泉，这将大大减少老人社交生活的总量，进而给老人的身心健康带来极大的威胁。②侵犯隐私。这种威胁和侵犯主要存在于具有监测管理功能的助老机器人的使用过程中。③损害老人的自由与自主。首先，助老机器人的发展和使用可能会通过限制老人的活动范围和种类而威胁或减少老人的积极自由；其次，因为隐私与消极自由有着紧密的联系，助老机器人的发展和使用可能会通过侵犯老人的隐私而威胁或减少老人的消极自由。④欺骗性。由于机器人在实现其交互功能过程中颇具拟人化特点，造成人的主观认识错位从而形成欺骗。③

周天策从五个方面阐述了社会化机器人对人的影响，同其他学者一样也对减少社会交往的冲击、家庭稳定和对健康的影响进行了相关论述。④他还指出社会化机器人具有非人类模式社会化的威胁，因为人会表现出在各种关系中社会所期望的生活方式与行为模式，并在各种关系中产生不同的影响效应，对各种心理表达予以感知并作出回应，从而具有了道德的内涵，而现有的即使最精良的、能对人予以响应的机器人也无法满足于此。不止如此，社会化机器人还会令人产生生

---

① 刁生富，蔡士栋. 情感机器人伦理问题探讨[J]. 山东科技大学学报（社会科学版），2018，20（3）：8-14.
② 刘燕. 情感机器人哲学伦理学维度[J]. 内蒙古农业大学学报（社会科学版），2012，14（2）：258-260.
③ 李小燕. 老人护理机器人伦理风险探析[J]. 东北大学学报（社会科学版），2015，17（6）：561-566.
④ 周天策. 服务机器人对女性"角色"替代的伦理风险分析[J]. 科学技术哲学研究，2017，34（6）：65-70.

命性幻觉的危险。他指出将机器人视为有意识的生命体并不符合人类认识世界真实与本质的道德价值要求，这可能使人们对这种"幻想"毫不批判地接受。

1.2.3　关于人文问题的应对之策

社会化机器人在关乎社会秩序、家庭和谐、人的身心等方面带来了前所未有的挑战，那么在它未完全"形成"社会化之前，应当如何未雨绸缪地制定规制才能使它的发展符合道德评判标准？对此，国内外学者也提出了需要遵循的基本原则和相关对策，社会化机器人现处于发展阶段而不会在短期迅速普及，因此对治理之策的探究尚在不断研讨的阶段。

对于如何实现机器的伦理进路来消除带来的影响，国内外学者也对此进行了探究。

1.2.3.1　设计伦理模型

美国卡内基梅隆大学的布鲁斯·麦克拉伦（Bruce McLaren）设计了两种伦理推理的计算模型，这两种模型都是基于案例进行推理的，体现的是所谓决疑术（casuistry）的伦理方法。但是，麦克拉伦认为，他设计的两种模型并不是为了让它们做出伦理抉择。虽然研究结果是做出了伦理抉择，但做出最终的抉择是人类的义务。而且，计算机程序做出的抉择过分简化了人类的义务，并假定了"最佳"伦理推理模式。他强调，他的研究只是开发一些程序，为人类面临伦理困境时提供相关的信息，而不是提供完整的伦理论证和抉择。[1]科林·艾伦（Colin Allen）等人提出"自下而上的进路"（bottom-up approaches），人把"运用某些道德原则或理论作为选择哪些行为合乎道德的判断准则"称为"自上而下的进路"（top-down approaches），"自下而上的进路"不把某些道德理论强加于机器，而是提供可以选择和奖励正确行为的环境。这种方法着力于开发道德敏感性，在现实经验中日积月累地学习并开发机器的道德意识与判断功能，就像培育在社会环境中成长的小孩子，通过识别正确与错误行为来获得道德教育，而不必给他提供一个明确的道德理论。[2]"自下而上的进路"具有明显的灵活性、动态性，但对机器的学习、

---

① McLaren B. Computational models of ethical reasoning：challenges，initial steps，and future directions［J］. IEEE Intelligent Systems，2006，21（4）：29-37.

② Allen C，Smit I，Wallach W. Artificial morality：top-down，bottom-up，and hybrid approaches［J］. Ethics and Information Technology，2005，7（3）：149-155.

理解等能力要求较高，可能需要较长时期的努力才能在一定程度上实现。美国南加州大学的莫尔塔扎·德甘尼（Morteza Dehghani）等倡导义务论的道德规则，试图提出一种可以连接人工智能路径与心理学路径的伦理推理模型，用以体现关于道德决策的心理学研究成果。①美国佛罗里达国际大学的克里斯多夫·格劳（Christopher Grau）讨论了在机器人伦理中实行功利主义推理模式是否合理的问题。他把机器人之间的互动和机器人与人的互动区分开来，认为两者应该遵循不同的伦理原则。在机器人之间应该以功利主义伦理学为主导，但是，在机器人与人的互动过程中，则不能以功利主义为主导原则，还必须考虑正义与权利等问题。②美国伦斯勒理工学院的塞尔默·布林斯约尔德（Selmer Bringsjord）等论证了道义逻辑应用于机器伦理的可能性，他们进一步认为道义逻辑可以对道德准则进行形式化，从而保证机器人的行为合乎道德准则。③

1.2.3.2　确立伦理原则

随着人工智能技术的发展，未来社会必然是人和机器人共存的二元社会。人自身的安危与机器人息息相关。面对这些现实问题，史蒂夫·托兰斯（Steve Torrance）提出构建"人—人工物"的和谐交互关系，进而创建一个全新的"道德圈"（ethical circle）④。刁生富指出要共建人机命运共同体。⑤任晓明和王东浩指出，对于日益进步的具有自主性或半自主性的机器而言，尤其是类人形、智能化机器人来说，为了实现人机之间的互相尊重以及机器与自然之间的同生共长，需要一个更加有效的原则，即"和谐"的原则。这一原则不仅仅体现在机器与人之间，更为重要的是实现机器、人与自然三者之间的和谐。⑥赵玉群对处理机器人和人之间的伦理问题提出了以下几个观点：通过物伦理学中的道德走向设定道德底线防止程序错误而出现机器对人的欺骗性行为等；通过塑造机器人的"情本体"使其在框架内不断沉积、积淀，慢慢地赋予其情感和道德责任；通过法律强

① Dehghani M，Forbus K，Tomai E，et al. An integrated reasoning approach to moral decision making[M]// Anderson M，Anderson S. Machine Ethics. Cambridge：Cambridge University Press，2011：422-441.

② Grau C. There is no "I" in "robot"：robots and utilitarianism[J]. IEEE Intelligent Systems，2006，21（4）：52-55.

③ Bringsjord S，Arkoudas K，Bello P. Toward a general logicist methodology for engineering ethically correct robots[J]. IEEE Intelligent Systems，2006，21（4）：38-44.

④ Torrance S. Artificial agents and the expanding ethical circle[J]. AI & SOCIETY，2013，28（4）：399-414.

⑤ 刁生富，蔡士栋. 情感机器人伦理问题探讨[J].山东科技大学学报（社会科学版），2018，20（3）：8-14.

⑥ 任晓明，王东浩. 机器人的当代发展及其伦理问题初探[J]. 自然辩证法研究，2013，29（6）：113-118.

制性约束来避免产生人与机器人之间的互相伤害和虐待。①追求科技进步还应当重视道德培育，"机器的自由化程度越高，就越需要道德标准"②。英格丽德·比约克（Ingrid Björk）指出，面对社会化机器人的快速发展，人类必须建立一套可以让其遵循的新的道德伦理标准指导其行为，通过设计相关的伦理道德代码并嵌入其体内，使其遵守道德伦理和自主伦理。通过创建和应用可以处理伦理问题的系统，辅助设计机器人并规定它们的行动，与它们进行沟通合作，以控制机器人在现实生活中的行为符合道德要求。③因为"任何技术设计都是一种道德努力"④。雷瑞鹏和张毅提出了针对机器人伦理问题需要制定相应的伦理原则，即建立评价设计、制造和使用机器人决策的伦理框架，主要包括增进人的福祉、尊重人、负责和问责、透明性、公众参与和制度化六项原则。⑤

1.2.3.3　以正义原则为导向的治理

闫坤如和马少卿从正义论的视角探讨了如何实现机器人正义的问题，首先要思考机器人是否可以成为道德主体，若行业协会授予机器人权利可能会对双方都有利；其次要科学借鉴机器人的设计伦理，将正义的原则和内涵嵌入机器设计程序；最后要深刻把握机器人的管理伦理。⑥技术应用导致的负面效应主要责任在人，对于社会化机器人而言，至少包括哲学家、设计者、制造商与使用者。⑦

1.2.3.4　助老机器人人文问题治理

杜严勇在《助老机器人的伦理辩护》一文中提出了四条针对性方案：第一，从老人的角度看，需要老人调整思想观念，提高应用机器人的技能，同时应加强对老人的培训，提高老人使用各种助老机器人的技能，参考借鉴已有的关于健康护理等方面的技术接受模型，对可能影响老人接受助老机器人的各种因素进行深

① 赵玉群. 机器人发展引发的技术伦理问题探究[J]. 周口师范学院学报，2015，32（6）：83-86.

② Rosalind P. Affective Computing[M]. Cambridge：MIT Press，1997：19.

③ Björk I，Kavathatzopoulos I. Robots，ethics and language[J]. ACM SIGCAS Computers and Society，2016，45（3）：270-273.

④ van Wynsberghe A. Designing robots for care：care centered value sensitive-design[J]. Science and Engineering Ethics，2013，19（2）：407-433.

⑤ 雷瑞鹏，张毅. 机器人学科技伦理治理问题探讨[J]. 自然辩证法研究，2022，38（4）：108-114.

⑥ 闫坤如，马少卿. 正义论视角下的机器人伦理探析[J]. 理论学刊，2019（3）：98-105.

⑦ 杜严勇. 情侣机器人对婚姻与性伦理的挑战初探[J]. 自然辩证法研究，2014，30（9）：93-98.

入分析，使机器人技术更好地为老人所接受；第二，从家庭与护理机构的角度看，应该充分认识到助老机器人可能产生的负面影响，在充分发挥助老机器人功能的同时，也需要家人和护理人员履行义务；第三，从企业、研发人员的角度看，技术人员在研发过程中需要加入伦理考量，不仅要思考技术"能做什么"，还必须思考"应该做什么"和"应该怎么做"的问题；第四，从政府的角度看，需要制定宏观的战略政策，为智能养老制定详细的行业标准和伦理规范，并在全社会范围内倡导尊老敬老的氛围，引导人们正确认识助老机器人的功能及其局限。①

1.2.3.5　儿童陪护机器人的人文问题治理

周天策针对儿童陪护机器人相关问题给出对策，将儒家"中道"的方法运用于儿童陪护机器人伦理研究，指出将机器人挑衅人类道德视为"奇耻大辱"或对儿童陪护机器人过度偏好的观点都是一种偏执，而适用于儿童陪护机器人与人的共处之道，即共处的"中道"，应在儿童陪护机器人的应用与发展中探寻。②有异曲同工之妙的是，周天策在另一项研究中，也是本着这个原则提出需从机器人技术与人类的发展中探寻解决之道的，需要机器人研发者、伦理学家、企业以及使用者的共同努力，至少应体现在以下六个方面：①技术研发人员应努力提高各种服务机器人的价值敏感性能。将价值敏感性设计运用于各种服务机器人的设计中，体现出人类良好的道德价值关怀，规避一定的技术负面影响，在一定程度上实现了降低风险的要求。②相关伦理学家、科学家、社会科学家和技术研发人员应该互相合作，解压社会化机器人技术的潜在风险，并结合不同地区的人文传统、民族风俗、法律法规等内容，建立起在实际应用中具有指导意义的伦理规范、原则。③相关服务机器人的法律法规应得到建立、完善。④制造商也须承担起相应的责任。在现代社会竞争与利益的驱使下，任何技术皆有可能被转化、应用在现实中，故制造商应当固守道德的底线，对各种社会化机器人的生产进行合理控制。⑤合理规定服务机器人的使用方式。不同的使用方式会对服务机器人产生不同的应用效应，对此须有具体、明确的规定，这有助于化解相应的伦理风险。⑥提高社会化机器人使用者的认识。督促相关使用者具体了解各种社会化机器人的使用许可，使之能清醒认识所使用的机器人可能会带来的各种问题，这将会是避免各

---

① 杜严勇. 助老机器人的伦理辩护[J]. 江苏社会科学，2018（4）：177-184.
② 周天策. 共处的"中道"——儿童陪护机器人的伦理风险分析[J]. 自然辩证法研究，2017，33（4）：57-62.

种风险的有效途径。①

1.2.3.6 学科治理进路

国内学者杜严勇在研究中提出了三种进路：一是人工智能进路，目前，人工智能的进路基本上是依据某种伦理理论，编写出计算机程序，然后分析程序运行结果是否达到预期目标；二是心理学、社会学进路，这种研究进路主要是通过研究社会现实中人类的行为与思考方式，把人工智能与人类伦理推理中的社会、心理等因素整合起来进行考察，从而使机器伦理与人类伦理更为接近甚至一致；三是哲学进路，哲学进路的机器伦理研究通常为某种伦理或逻辑理论的合理性、局限性及其实现的可能性进行论证。最后他强调，三种研究进路的区别是相对的，相互之间也可以做到协调统一，在机器伦理的理论研究与实验实践过程中需要同时应用多种进路。②王淑庆认为，如果从关系解释进路的视角来看待道德承受性，可以化解属性标准的困难。基于关系解释进路，从间接义务和社会生态学两个方面，能够为社会化机器人的道德承受性地位进行辩护。③

1.2.3.7 风险预防治理路径

张成岗指出应确立以风险预防为核心的价值目标，构建以伦理为先导、以技术和法律为主导的风险控制规范体系。在技术发展中，不仅要关注事后补救，更要进行事先预防；在风险规避中，要推进技术发展的公众广泛参与原则，包括技术信息公开、公众参与、公众决策等。④

1.3 概 念 厘 定

机器人技术和人工智能技术的结合，使社会化机器人、机器人、人工智能、人四者之间存在相互交叉的区域，为了进一步深入理解"社会化机器人"这一概念，下文将对机器人和人以及机器人和人工智能作出比较。

---

① 周天策. 服务机器人对女性"角色"替代的伦理风险分析[J]. 科学技术哲学研究, 2017, 34（6）：65-70.
② 杜严勇. 机器伦理当议[J]. 科学技术哲学研究, 2016, 33（1）：96-101.
③ 王淑庆. 社交机器人的道德承受性地位[J]. 自然辩证法研究, 2023, 39（9）：64-70.
④ 张成岗. 人工智能时代：技术发展、风险挑战与秩序重构[J]. 南京社会科学, 2018（5）：42-52.

1.3.1　机器人、人工智能与社会化机器人

从机器人的词源追溯，"机器人"一词在 20 世纪 20 年代初捷克斯洛伐克作家卡雷尔·恰佩克（Karel Čapek）的话剧剧本——《罗素姆万能机器人》（"Rossum's Universal Robots"）中以被命名为 robota（意为苦力、奴仆）的人形机器人形式出现，其能服从人的指令进行劳动并最终产生情感。①现在"机器人"的英文 robot 则是从捷克语 robota 中衍生而来的。

关于机器人的定义，人们普遍形成这样一种观点，即依赖本身具备的动力结构和控制结构来实现各种功能的机器。国际上较为统一的定义为：可编程和多功能集合的操作机，或通过电脑和编程指令可执行不同任务的操作机或者专门系统。②但就专业区分上来说，缺少针对性且并不能获得机器人专家的认可，例如通过物理结构与外界交互的计算机。因此学者进行了多样分析，学者的观点汇集如下。国内科学家对机器人的定义为：具有自动化操作能力的机器，并且具备一些拟人化或拟物化的能力，比如感知能力和协同能力，是一种具有高度灵活性的机器。③国外学者乔治·贝基（George Bekey）认为："这样一个机器人必须有传感器，具有模拟认知能力和执行者的处理能力。传感器必须能够从环境中获取信息。反应性行为——如人类的牵张反射——不需要任何深入的认知能力，但是，如果机器人要自动化地执行重要任务，那么需有必要的机载智能（on-board intelligence），以及必要的驱动程序使得机器人对环境实施行为。一般地，这些驱动力将作用于整个机器人的运动或其整体的某个组成部分（如手臂、腿部或齿轮的运动）。"④在这个定义下，机器人具备通过物理结构获得的一定的感受力、思考力和行动力。但是对于这个定义，有学者指出其过于宽泛。王绍源和崔文芊指出，贝基定义下的机器人不一定属于机电式，也包括生物式、虚拟式和软件机器人等。⑤若要进行精确的定义仍旧需要进一步区分，但并不是说贝基的定义没有任何意义，相反他的定义可以将遥控式机器排除在外，因为完全通过人为指令输入的机器人并不具备"思考"能力，因此也划分出一个机器人应当具备的特点：

① 王天然. 机器人[M]. 北京：化学工业出版社，2002：2.
② 王渝生. 机器人今夕[J]. 科学世界，2011（8）：82-83.
③ 袁玖林. 智能机器人伦理初探[J]. 牡丹江大学学报，2015（5）：129.
④ Bekey G A. Autonomous Robots: From Biological Inspiration to Implementation and Control[M]. Cambridge: MIT Press，2005：2.
⑤ 王绍源，崔文芊. 国外机器人伦理学的兴起及其问题域分析[J]. 未来与发展，2013（6）：48-52.

一定程度的自主决策能力。同样，美国加州州立理工大学哲学系的林等人认为，在"机器人"的定义中需要添加另外的衡量要素，即"思考"。不过，另一个值得深思的问题是：机器拥有的自主决策能力代表什么？林等人认为，通过"思考"，机器人能够通过某些物理结构的作用和设定好的既定程序做出自主决策行为。他们是这样阐释机器人的自主决策行为的，"一旦机器的一部分被启动，那么该机器就能够根据现实环境进行自我反馈运作，而在一定时间内不受外部控制"①。总之，机器人除了须配备传感器具有模拟认知和执行的能力之外，它还必须有自主思考的能力，具备自主决策的能力。②

通过以上定义可以得到，机器人应该满足以下条件：第一，能够像人一样具有感知、学习、理解能力；第二，必须有传感器和模拟器，传感器用来在环境里提取所需要的信息，模拟器用来模拟人类的行为。其主要特点包括以下两个方面：①机器人在外表上各式各样，可以拟人化、动物化，也可以机械化，其行为也可以拟人或者拟物化，在完成动作的时候会遵循一定的逻辑，能够在一定程度上或者完全自主地进行一些动作和行为以完成某项任务；②机器人能够在一定程度上进行感知、学习、理解、判断和执行，这是人类行为逻辑下完成任务所遵循的一种逻辑规律，也是未来机器人的发展方向。

人工智能的出现在技术上得益于计算机技术的发展，以及与其他领域有关理论的相互融合，包括控制论、信息论、逻辑学、认知心理学、神经生理学等。③人工智能起源于对人类与机器间区别的思考，后来图灵提出"图灵测试"以作为判断机器是否具有智能的标准（实则已经预设了机器可以思考这一前提），而后由约翰·麦卡锡（John McCarthy）在 1956 年达特茅斯会议上提出"人工智能"一词，标志着人工智能正式被定为一门新学科。广义来说，人工智能是探索机器智能化工作的科学，通过计算机实现对人类智能的模拟，目的是解决部分难以通过人脑解决的难题。人工智能一般分为四类：一是弱人工智能，包括对人脑进行部分模拟的专家系统和全局模拟的通用系统④，在弱定义下，人工智能呈现为一种

---

① Lin P, Abney K, Bekey G. Robot ethics: mapping the issues for a mechanized world[J]. Artificial Intelligence, 2011, 175（5/6）: 942-949.

② 任晓明，王东浩. 机器人的当代发展及其伦理问题初探[J]. 自然辩证法研究，2013，29（6）: 113-118.

③ 程广云. 从人机关系到跨人际主体间关系——人工智能的定义和策略[J]. 自然辩证法通讯，2019，41（1）: 9-14.

④ 程广云. 从人机关系到跨人际主体间关系——人工智能的定义和策略[J]. 自然辩证法通讯，2019，41（1）: 9-14.

工具，其模拟仅限于认知过程，本身不具备认知力；二是强人工智能，不仅可以对人脑模拟，且其内涵更为深刻，具有一定程度的理解和认知力，甚至包括情感、道德等要素[1]；三是通用人工智能，在完成智力任务方面，其整体智能水平与人类持平；四是超级人工智能，即在各方面的能力都超越了人类智能。由此可见，在以上的定义中，弱人工智能除了其"工具性"，在一定意义上也可以作为通用人工智能，全面模拟人类智能完成智力任务，而强人工智能超过了一般意义的通用人工智能，强调自我意识，即机器在"做事"过程中"知道"它在"做事"。实际上，各领域专家学者在理解不同类别的人工智能时存在差异，但有关人工智能的目标是明确的，即在技术维度利用其完成有益之事，以及在科学维度借助人工智能概念和模型来回答关于人类和其他生物的深层次问题。[2]

辛西娅·布雷西亚（Cynthia Breazeal）从事社会化机器人的开发，指出情侣机器人又被称为社会化机器人或情感计算机器人（affective computing robot），能够以人的方式与人相处并进行交流互动[3]，在沟通上，与社会化机器人的交互可能更符合人与人的沟通原则，而不是人与机器的沟通模式。[4]这种具有社会化属性的机器人被称为关系人工物（relational artifacts），通过呈现自身具有的思维状态在与人的接触中促进其与人的关系[5]，机器人社会性是机器人与社会环境之间交互作用的一种新型关系，由设计者、用户和受机器人影响的其他行为者主动建构[6]，正如人类和其他生物在内部和外部特征上的不同，社会化机器人也通过其设计和行为的整合来展示其自主个性。[7]但是，社会化机器人能与人建立关系，就应该能从社会角度理解人们及其自身，需具备适应力和学习能力以与人们产生共鸣，机器人与人的关系类似于人与人之间的关系。[8]因此需要赋予机器"情感激发机制"以使其具备与

---

① 梅剑华. 理解与理论：人工智能基础问题的悲观与乐观[J]. 自然辩证法通讯，2018，40（4）：1-8.

② ［英］玛格丽特·博登. AI：人工智能的本质与未来[M]. 孙诗惠译. 北京：中国人民大学出版社，2017：4.

③ Breazeal C. Designing Sociable Robots[M]. Cambridge：MIT Press，2002：1-6.

④ Heerink M，Kröse B，Evers V，et al. Assessing acceptance of assistive social agent technology by older adults：the almere model[J]. International Journal of Social Robotics，2010，2（4）：361-375.

⑤ Turkle S，Taggart W，Kidd C D，et al. Relational artifacts with children and elders：the complexities of cybercompanionship[J]. Connection Science，2006，18（4）：347-361.

⑥ Sabanovic S，Chang W L. Socializing robots：constructing robotic sociality in the design and use of the assistive robot PARO[J]. AI & SOCIETY，2016，31（4）：537-551.

⑦ Libin E，Libin A. New diagnostic tool for robotic psychology and robotherapy studies[J]. CyberPsychology & Behavior，2003，6（4），369–374.

⑧ Shaw-Garlock G. Looking forward to sociable robots[J]. International Journal of Social Robotics，2009，1（3）：249-260.

人形成伙伴关联的社会性。①这说明社会化机器人并不总是被视为技术创新下的技术产物，甚至可以作为某些社会角色。随着机器人不断拟人化发展，机器人将从形态、思维、行为模式等不同方面模仿人类的不同层次特征。②

学者对社会化机器人并没有给出统一的定义，上述学者对机器人概念的研究无疑对我们界定社会化机器人的概念有重要的借鉴意义。那么现在可以简要对它进行定义，所谓社会化机器人，即通过人工智能与机器人技术的高度融合，能通过其人形化外表和拟人行为表达出多样的社会化特征，承担某种或多种具有普遍性的社会角色并与人建立情感联系的类人机器人。

根据上述界定，我们可以对机器人和社会化机器人进行区分，社会化机器人属于机器人范畴，但不是所有机器人都是社会化机器人，它们具有很大差异。第一，社会化机器人的系统结构更复杂，除去物理结构还需要人工智能系统协作配合，而机器人则不都有人工智能。第二，在外形上，机器人的外形更加多样化，而社会化机器人的发展则表现出更偏向人形化的趋势。第三，在智能程度上，社会化机器人的智能程度更高，这是它承担的角色所必须具备的特点，即在人的情感等方面充当多种角色，决定了它必须具有非单一化的、较高程度的智能且更多地具备人的某些特征。

就涉及的科技领域来讲，社会化机器人的相关技术融合了机器人学、人工智能和认知心理学等多种科技，而人工智能是计算机科学的一门分支，目的是通过计算机程序来完成原本由人类智能才能完成的任务。③然而这只是狭义的看法，因为随着科技发展，人工智能研究也融入了新的要素，以至于被看作是信息技术、生命科学和材料技术的汇聚。因此不管是广义还是狭义，社会化机器人包含的学科范围更广。社会化机器人有一个"大脑"，是人工智能程序根据传感信号的输入（比如声音、图像、加速度、温度等可以用传感器感知的外部环境）来独立作出决策和判断。如果说，一般意义上的人工智能都是算法与软件，社会化机器人则将运用人工智能得到的分析判断通过"执行机构"来完成工作。④所以，所有社会化机器人都具备人工智能，而人工智能从根本上来说只是算法程序集合的产物，需要社会化机器人的外在行为得到表现，因此人工智能不像社会化机器人属

---

① 刘悦笛. 人工智能、情感机器与"情智悖论"[J]. 探索与争鸣，2019（6）：76-88，158.
② 赵璐，涂真，徐清源，等. 机器人的技术伦理及影响[J]. 电子科技大学学报（社科版），2018，20（4）：73-79.
③ 雷瑞鹏，冯君妍. 机器人是道德行动者吗[J]. 道德与文明，2019（4）：130-135.
④ 秦曾昌. 机器人和人工智能不是一个等价概念[N]. 北京科技报，2017-11-13（32）.

于物理客体，将两者融合的意义往往更大。

1.3.2　人文主义与人文审视

1.3.2.1　西方人文主义

一般认为，人文主义（humanism）是文艺复兴时期的产物。当时的人文主义先驱通过吸收古典文本中的人本思想，以文化、文学和教育等形式肯定人作为现实世界创造者的中心地位，进而实现改革反对神权，强调人文精神——关怀人的价值，崇尚自由之精神，重"善""美"。[①]随着后续的发展，"人文主义"一词也具有了差异性的含义，因时因地而不同，有时会被认为是非具体化的思想派别和哲学学说。实际上，可以对人文主义进行界定。在甘绍平看来，人文主义主要有两种含义：一为通过教化使人得以克服动物本能的理念，二为通过人的价值的"阿基米德点"支撑起来的哲学流派或思想体系。[②]在学界，第二种人文主义通常是谈论得较多的，并且归根结底，人文主义确实是以人的价值为支撑点来"建基"构成的理论体系。因而，无论是文艺复兴时期显示为对人的价值和尊严的肯定，还是宗教改革时期显示为对人的精神和灵魂的自主性的肯定，以及启蒙运动中强调的自由、平等和民主，人文主义都是以人的价值为立场的体现，可以说人文主义的核心基石是人、人性，同时这也是对希腊哲学思想——希腊古典人文主义的再发现和继承，其中包含了对人性的审视与探究，并在此过程中分析和认识人的本性，以理性的精神指导和教化人，焦点在于灵魂、心灵、理性的浇筑，以实现个体与整体（城邦、社会）的和谐[③]，以及世俗与神圣的统一。如普罗泰戈拉强调的"人是万物的尺度，是存在的事物存在的尺度，也是不存在的事物不存在的尺度"[④]，这也就是说，事物显现的方式因人而定并因人而异，这是对自我的肯定，主张人的自由，在某种意义上成为人文主义的内在要素；苏格拉底强调美德和知识的合一性，在理性的导向下认识真善美并与其对立面区分出明确的界限，使个人的行为合乎"德"；柏拉图提倡正义是智慧、勇敢和节制三个美德的"主

---

① 张纯成. 科学与人文关系的历史演变及其融通走向[J]. 科学技术与辩证法，2007，24（6）：8-10，34，110.

② 甘绍平. 新人文主义及其启示[J]. 哲学研究，2011（6）：68-79，128.

③ 黄伊梅. 希腊古典人文主义的内涵与特质[J]. 学术研究，2008（12）：38-43.

④ [美]撒穆尔·伊诺克·斯通普夫，詹姆斯·菲泽. 西方哲学史[M].丁三东，等译. 北京：中华书局，2005：42.

导者"，即不受区域限制，美德之所处必有正义。①换句话说，正义不受形式影响，而在于正义本身的内在规定，善也是如此，其都在不同层面体现了对现实的人的关怀。然而不仅仅是对人的关怀，希腊古典人文主义将理性置于高位，将其作为人文主义的精神原则；通过理性指导在现实中保持节制，以此作为人文主义的伦理原则；倡导正义和善，并将其作为人文主义的目的；最终将实现幸福美好生活作为其终极意义。②因而希腊古典人文主义是以形而上的理性为原则来指导形而下的现实生活的，是哲学与生活的统一。作为继承意义而言，文艺复兴后涌现出的西方人文主义的代表者有：薄伽丘、"人文主义之父"彼特拉克、伏尔泰、孟德斯鸠、卢梭、歌德等。他们从"人的发现"开始对抗神权，逐步瓦解了宗教统治，张扬了人的权利、自由和平等，在思想上使人意识到人的主体地位。除了宗教批判，对科学的批判也彰显了人文主义的特点，因为科学和技术弱化了人作为人的人性和特质以及道德品行。③

但是也可以看到，文艺复兴时期的人文主义存在较大的局限，其要旨在于恢复人的个性，然而过度主张释放人的自然本性，会使人立足于现实的社会性受到制约，另外从上帝的"枷锁"挣脱出来，导致个人的信仰迷失，人的生活以更快的方式世俗化，陷入"物""欲"之中，引发普遍性的精神危机，因而在一定意义上文艺复兴解放的是"迷失"理性的人，人文主义以过于世俗和感性的形式表现出来。因此在欧文·白璧德（Irving Babbitt）看来，那时的人文主义并不是人坚守的信条和纪律上的约束，而是对一切规制的反抗，是两种极端的"跃迁"④。因此后来启蒙运动中的人文主义就是理性的复归，旨在恢复理性的至高地位，也是在较大程度上对希腊古典人文主义精神的再现，但是在此期间人文理性受到科学影响，造成了科技理性肆虐，这也是白璧德指出的一种"游移"现象。因而，在新人文主义的视野下，人文主义是选择与同情（"一"与"多"）之间的平衡，是一种中庸适度性的模式。⑤由于选择本身具有古典人文主义中内含的精英性质，倘若极化则会成为"一元论"，相应的，同情心极化则会导致"多元论"，从而形成泛爱和混乱，造成判断标准的丧失和思想深度的匮乏。由此来看，科学和情感都不能缺乏规约以及自我约束，否则就将导致人文主义的"非人文"现象。这也

---

① [德]黑格尔. 哲学史讲演录：第 2 卷[M]. 贺麟，王太庆译. 北京：商务印书馆，1997：255.
② 黄伊梅. 希腊古典人文主义的内涵与特质[J]. 学术研究，2008（12）：38-43.
③ 肖峰. 哲学视域中的技术[M]. 北京：人民出版社，2007：249.
④ [美]欧文·白璧德. 文学与美国的大学[M]. 张沛，张源译. 北京：北京大学出版社，2004：11.
⑤ 胡淼森. "新人文主义"再探讨[J]. 求是学刊，2006（1）：46-52.

表现出新人文主义的不同之处：传统人文主义往往认为科技是反人文的，新人文主义则认为人文主义和自然科学之间的断裂不利于世界图景的真实显现，世界是交织性的整体，断裂之处本是统一。然而，新人文主义在结合自然科学的过程中，肯定人类在生物意义上的存在基础，但又将其夸大，导致人类与动物之间的界限模糊不清甚至在构造和行为上无甚差异，使人类在历史和社会中通过行为实践构筑出的文化和文明遭到贬低。①可以看出，人文主义在发展中具有一定的不完备性和极端性，因而在呼吁和主张人的价值实现过程中往往会产生脱离人文主义的情况，形成了某一或某些"不人文"的"人文"。

1.3.2.2 古代中国人文主义

关于"人文主义"一词的理解和认识有较大争议，若是将人文主义理解为文艺复兴这一特定历史时期形成的独有文化产物，那么对人文主义的学术考究则显得尤为局限，且在东西方文化相互参照和接洽的情景下，中国有没有这种特定的人文主义也成了问题，在这种意义上理解人文主义显得失之偏颇。历史和文化是不断发展的，可以说某一思想的产生并不等同于当时所显现的形式，其内涵和意蕴也遵循历史运动规律而不断被赋予新的含义。当然，需要肯定的是，以人的价值关怀为系统来看待人文主义，中国无疑也有人文主义的相关思想，只是说东西方关于人文主义性质的理解有所不同，侧重点也具有一定差异。②

《周易》提到，"分，刚上而文柔，故小利有攸往。刚柔交错，天文也。文明以止，人文也。观乎天文，以察时变；观乎人文，以化成天下"，其中"人文"一词即中国最早出现的有关描述，"文"有迹象之义，引申为规律、文明之义，通过礼乐衍生的道德教化世人，维持人与人之间以及整个社会的和谐就是人文。孟子主张"性本善"的观点，又指出"人之所以异于禽兽者几希"，这也就是说人的身上存在着较高程度的动物本性，而极少的差异是划分人和动物的界限，"善性"就是人所具有的特质。通过教化发扬人心中的"善"，"净化"人性中不好的一面，从而使人类的社会秩序与自然相协调，显然这是对人的关怀。与西方不同的是，中国的古典人文主义呈现出以整体主义为主的特点，讲究通过约束人的"恶性"教化人，同时也表现出对社会他人的关怀，而不是主张个人主义，或者是逃避现实鼓吹自我放纵或对抗社会秩序。"夫子之文章，可得而闻也；夫子之言性

---

① 甘绍平. 新人文主义及其启示[J]. 哲学研究, 2011（6）：68-79, 128.
② 张椿年. 从信仰到理性：意大利人文主义研究[M]. 北京：方志出版社, 2007：24.

与天道，不可得而闻也"，这表明孔子对日常生活和伦理道德的重视，既不是理性，也不是"上帝"。在关于人文主义的公正意义层面上，儒家有"修身齐家治国平天下"之说，可以看出来，修身是对自我的升华，是"克己"，也是最基本的个人关怀，在此基础上才可上升为齐家和治国的保障并维持社会大小系统的和谐管理，平天下可以说是中国人文主义的终极关怀表现之一，"平"非"平定"之义，而是"平均"，即"公平"，最终实现世界的公平秩序。因此可以说，儒家话语体系的描述中充分体现了人的价值。概言之，儒家人文主义表现为人的价值、生活价值和道德价值的统一。

道家和儒家不同，道家的人文主义侧重于"自然"，其中包含了对"自由"的不同理解，以及人自身与他/它者关系的理解。《道德经》言"道常无为，而无不为。侯王若能守之，万物将自化"。这就是说，君主要根据"道"的规律来治理天下，不能干涉和主宰百姓的生活，让其自由生存和发展。道家的人文主义体现在人与自身、他人、社会、自然的关系上。[①]"君子终日行不离辎重；虽有荣观，燕处超然。奈何以万乘之主，而以身轻天下"强调了人对自身生命的珍视与爱护；以"自然"为参照，人的本性纯净，应该保持纯朴，追求功名利禄是造成人异化的重要原因，俗世的声乐技艺等干扰了人内心的宁静；"独有之人，是谓至贵"指出人应该保持自由之精神和独立之人格。在与他人的关系上，道家的人文主义蕴含了平等思想，无高低、上下、贵贱、尊卑之分，老子的"天地不仁""圣人不仁"以及庄子的"天与地卑，山与泽平"皆是其平等思想的体现，另外，无为而治表现出崇尚自由、反对压迫的朴素思想。在自然观上，道家的人文关怀与其宗旨始终一致，即"道法自然"，人类社会与世界本是整体，世界和社会运行的规律是"自然"的反映，因而人需要顺应自然，尊重自然，爱护和保护自然，追求"天人合一"的境界，自然的发展和运行关乎人的发展，虽然形式上较为朴素，却在根本上体现出对人价值的关怀。

再如佛家和墨家思想中的人文主义。佛教在起源上属于外来文化，而后经过"中国化"融入了中国文化精神，不仅内含有个体自我超越的人文关怀，还包括对群体的关怀，如将"众生平等""普度众生"等思想与现实应用相结合，推动社会和文化的发展和进步，可以说佛家思想充满了以人为本的关怀。墨家的人文主义核心思想是"兼爱"，既包括人与人之间和谐的构建，也包括国家、社会之

---

① 刘诗贵，肖凤仪. 论道家哲学的人文关怀精神[J]. 湖湘论坛，2015，28（5）：140-144.

间和平的保持，认为情感和物质之间要保持统一才能实现"兼爱"，即在情感上和物质利益上都应该互利互爱，二者缺一不可。因此在某种程度上，墨家的人文主义属于更为"博爱"的思想。

1.3.2.3　人文审视

人文审视意为关于"人文"的审视。那么，要明确人文审视何意，首先应该对"人文"一词的概念进行划界。"人文"在《辞海》中表示为人类社会文化现象的集成。它往往指代人类文化中的优秀领域，表征为价值观和规范。"人文"是"人"和"文"的统一，其核心在"人"，即与"人"的社会生活、生产实践等活动密切相关，而"文"又表现为多样性，因时空差异呈现为不同的形式。不难看出，人文主义作为人类文化的产物，其优秀性也内含于"人文"之中。与此同时需要思考的是，怎么去定义"人文"的优秀性以及在何种程度上、以什么样的标准去定义优秀性。"人文"在一定的背景下会被定义为一种暂时性的、具有争议的价值观。例如，文艺复兴时期的人文主义文化思潮主张人性释放，关怀人本身及其现实存在，然而在"解救"人的同时其弊端也在人身上显露，这是否合乎"人文"？换言之，"人文"是对精华的融汇。所以"人文"和人文主义之间的不同也决定了人文审视不是以独断论或者说以某一种主义的视角来审视人类文化现象的。因此，人文审视可以说是对一切涉及人、影响人、人类文化的有关问题、事件和思想的思考、判断和评价。

人文审视是一种包含客观性的审视。也就是说，需要以辩证的思维和眼光来审视关乎人、关乎社会的有关问题。不能以完全肯定或完全否定的方式来判断和评价事件。因此，保持客观性审视也就是要运用批判性的思维方式，要澄清问题之前提，划定问题之界限，再结合具体实际加以考量。对一个人文问题的评价应是公允地建立起理性的批判框架，而不是极端地认同或否决。对人文问题的看法往往存在不同立场，不同立场中涉及不同的观念交锋，因此在很大程度上造成了审视的不客观性，当然，在关乎人的生存发展问题上的交锋，大都是为了人自身和社会的安全与稳定，或者是人与社会的进步，然而往往存在着由不客观的审视引发的对立和冲突，引起难以调和的矛盾。因而人文审视是在对立中寻找"中点"，保持理性、批判性来确保人文审视的客观性以保证审视对象符合人文标准。

人文审视包含对差异性（兼容性）的审视。因时空维度不同，人文也存在着显著的差异，但毋庸置疑的是，不同文化也具有关注人、关怀人的特质。一方面，需要针对人文问题进行跨时空的比较和考量，明确其中存在的差异。基于不同文化视域下的审视可能存在着不一致的主张，有可能造成观念冲突，因而需要甄别其中的区别并进行对比，以审视自身的不足并借鉴可取之处。另一方面，差异性审视的目的也是求"同"，从而力求中和"异"，以及存"异"。换言之，跨时空的人文审视是为了确立一套标准，在世界向度上为人类谋求最大限度的福祉。因此，人文审视中对差异性的审视，是为了达成统一性，这种统一性需要合乎对人类的人文关怀，而不同的时空维度的人依然有其文化特色。

1.4　研究思路与研究方法

1.4.1　研究思路

在考察社会化机器人引发的人文问题的研究基础上，试图从技术哲学的视角进行梳理并加以总结。探讨社会化机器人产生的社会背景，主要以人类在社会生活中面临的现实问题为依据：工作、生活、个人情感需求以及提供给他人的需求难以取舍、平衡。首先，为了更加明确地开展研究，通过类比分析对社会化机器人进行概念界定以及对涉及的相关概念进行区分；其次，对社会化机器人造成的人文问题加以剖析，其中涉及社会化机器人引发的社会问题和对人的影响；最后，以一种合理的技术哲学视角进行人文审视，深入分析上述问题并给出规避对策，以引导人与社会化机器人在人类生活中的共同实践。

1.4.2　研究方法

文献分析法。文献分析以前人的研究成果为理论依据，是哲学研究的重要方法。通过借助中国知网、SpringerLink、ScienceDirect 等中外数据资源库进行文献调研，分析已有的国内外论文、论著等资料，深入了解并把握国内外关于社会化机器人的历史沿革、发展现状的研究以及相关的理论知识。

比较研究法与逻辑分析法相结合。在已有理论资料的基础上，宏观上比较机器人、人工智能与社会化机器人的差异以及人文主义与人文审视之间的差异。通过比较把握它们之间的关联性，在此过程中运用逻辑分析法对相关概念进行分析并区分其中的内在差异。

专家访谈法。专家访谈是进行跨学科研究的必不可少的方法，从不同学科视角客观上把握课题研究的准确性。向机器人技术专家、人工智能技术哲学领域权威专家、技术人文专家等，获取社会化机器人发展的前沿理论，了解其主要类型和一般性特征，把握社会化机器人多学科的学理性知识。

案例分析法。案例分析法是技术哲学研究的重要方法，为课题研究提供实证支撑。通过选取典型案例，把握案例中不同因素作用的关联性，并对案例进行深入分析，识别案例中渗入的人文要素，把握公众对案例的评价和反应，明确社会化机器人的应用界限和应用方向。

第2章 社会化机器人人文研究的理论基础

当代技术哲学的研究中，特别是对新兴技术的哲学研究，都需要以往的技术哲学思想作为理论基础，没有任何一种技术哲学研究能够脱离已有的理论范畴，新的技术抑或新的技术物并不以其"新"而具有绝对的独立性，因为无论从技术的发展史还是从技术的哲学批判上来看，技术在某种程度上都具有共同的特性，也正是技术哲学家们对技术及其衍生物深入的思考和本质上的批判，使得在不同历史时期的技术哲学研究有了理论基础，脱离了理论基础的技术哲学研究无异于"空想主义"。

2.1 工程主义与人文主义两种技术哲学传统

美国当代著名技术哲学家卡尔·米切姆（Carl Mitcham）在《技术哲学概论》一书中，从技术哲学发展史的角度进行了考察，指出自恩斯特·卡普以来，技术哲学分为工程主义与人文主义两大传统。在米切姆看来，技术和哲学属于"孪生兄弟"，同属一母体所孕育却彼此竞争。因而二者极为不同。因"技术的"（of technology）作为所属格的不同，所指代的技术哲学意蕴也不同。作为主语所属格，技术哲学指代技术专家和工程师意义下的"技术的哲学"（technological philosophy）；作为宾语所属格时，技术哲学则指代人文学者以技术为对象进行哲学反思。前者属于工程主义的传统，后者属于人文主义的传统。二者在一定意义上形成了相互对立的态势。这种对立植根于哲学上的基础主义，即以精神与物质为各自的哲学理论主张和前提预设。①但毋庸置疑的是，根植于基础主义的两种传统也为技术哲学研究奠定了深刻的理论基础。

2.1.1 工程主义的技术哲学传统

工程主义的技术哲学在时间上有明显先在性，其早期表现形式为"机械哲学"

---

① 易显飞. 论两种技术哲学融合的可能进路[J]. 东北大学学报（社会科学版），2011，13（1）：18-22.

（mechanical philosophy）和"制造哲学"（philosophy of manufactures）。①工程主义的技术哲学的主要代表多为技术专家和工程师，如苏格兰化学工程师安德鲁·尤尔（Andrew Ure）、"技术哲学"术语的创造者——德国哲学家和发明家恩斯特·卡普（Emst Kapp）、俄国工程师彼得·恩格迈尔（Peter En-gelmeier）、作为发明家和企业家的弗里德里奇·德绍尔（Friedrich Dessauer）等。

尤尔是"制造哲学"一语的创造者，意在说明以自动机引导的制造业所遵循的一般原理。他探讨了手工业与工厂机器工业的差异、机械过程与化学过程的区别、机器的分类、技术发明的序则和机器的社会经济意义。②在《工厂哲学》一书中，尤尔已经察觉到机器工业将引起生产方式的变革，由此指出"制造"一词已经与其本来意思有显著差别，"制造"与机器的联系越来越紧密，各种产品都由机器生产完成，越来越脱离手工，最发达的制造就完全不需要手工劳动了，而工厂哲学就是要揭示出由自动机器所推动的工业生产的普遍原理。③在尤尔的阐述中，"制造"已然成为机器的代名词，工厂哲学则是关于机器制造与工业生产之间的一般性理论。他认为手工制品的生产中需要工人付出更多的劳动和精力，生存状况极其艰难，而在工厂中，工人不需要花费大量的劳动，只要具备基本的操作能力即可，生存条件也比较舒适，工作以外的时间更加充裕，且能够在实际的机器操作中拓宽工人的工作面。④这也是手工业与机器工业的差别所在。尤尔将机器划分为三种形式，即以生产能力为主的机器、以转换和控制能力为主的机器、以商业贸易为主的商品类机器。⑤也就是说，尤尔并不局限于从技术维度阐述工厂哲学，而是拓展到经济维度指出机器作为商品的经济效益。相应地，尤尔认为工厂是由机械系统、道德系统和商业系统三个系统组成的，美国学者丹尼尔·雷恩（Daniel Wren）对此进行了解释，他指出"机械系统"指生产技术和生产过程；"道德系统"是相对于工厂人员状况而言的，在一定程度上尤尔处于管理方的视角；"商业系统"则是指使整个组织得以维持的销售和资金筹备环节，可以说尤尔为工厂实践进行了合理性的辩护。⑥在尤尔的思

① [美]卡尔·米切姆. 通过技术思考——工程与哲学之间的道路[M]. 陈凡，朱春艳译. 沈阳：辽宁人民出版社，2008：25.

② 陈昌曙. 技术哲学引论[M]. 2版. 北京：科学出版社，2012：25.

③ Ure A. The Philosophy of Manufactures[M]. London：Charles Knight，1835：1.

④ Ure A. The Philosophy of Manufactures[M]. London：Charles Knight，1835：22.

⑤ Ure A. The Philosophy of Manufactures[M]. London：Charles Knight，1835：27.

⑥ [美]丹尼尔·A. 雷恩，阿瑟·G. 贝德安. 管理思想史[M]. 6版. 孙健敏，黄小勇，李原译. 北京：中国人民大学出版社，2012：53.

想里，机器工业是尤其重要的部分，人反而成为迎合机器生产的"次要品"。尤尔说，"工厂的标志是各种工人即成年工人和未成年的工人的协作，这些工人熟练、勤勉地看管着由一个中心动力不断推动的、进行生产的机器体系，一切工厂，只要它的机械不形成连续不断的体系，或不受同一个发动机推动，都不包括在这一概念之中。属于后一类工厂的例子，有染坊、铜铸厂等。——这个术语的准确的意思使人想到一个由无数机械的和由自我意识的器官组成的庞大的自动机，这些器官为了生产同一个物品而协调、不间断地活动，并且它们都受一个自行发动的动力的支配"①。所以在尤尔的思想里，机器不是单一的生产资料，而是一整个机器系统，该系统受某一动力的驱动持续不断地运转，故生产过程也不间断地持续，工人只是作为机器的"看管者"。因而在安德鲁·齐默曼（Andrew Zimmerman）看来，尤尔并未将工人划出工厂之外，而是认为工人的劳动需要服从机器的控制。②因此可以看出，尤尔的机器思想具有资本主义性质，在某种程度上表现为一种意识形态而控制工人，实际上也可以认为尤尔承认工人在机器生产当中的作用，但这并非不可替代，工人只是生产阶段的一种过渡，因为自动化生产可以替代工人，而无论是哪种生产形态似乎都是为资本主义发展作准备的。

卡普在工具和机器实践上具有丰富的经验。他从事研究的两条基本原理为：对机器的哲学考察；突破社会和文学评论家外在判断的局限对技术进行深入批判。③在他那里最为著名的是"器官投影说"，不同工具被理解为人类自身相应器官的投影，即工具作为器官的扩展和延伸，与器官呈现出一种本质上的关联性联系，人类正是在使用工具中创造自身。其中最为基本的"范本"是人类的手，人类的手具有不同的形态变换（如手指弯曲）和功能（触摸、抓握等），不同的形态对应不同的功能，因此也对应不同的工具，且工具与手的作用不可分离，在这个意义上，卡普认为手是最基本的工具，在它的作用下，其他工具才得以被制造出来。"由于手是天生的工具，所以就成了机械工具的模本，在进行这些物质性模仿的过程中，手起着尤为重要的作用，只有在第一个工具的直接参与下，才有

---

① ［德］马克思，恩格斯. 马克思恩格斯全集：第 31 卷[M]. 2 版. 中共中央马克思恩格斯列宁斯大林著作编译局编译. 北京：人民出版社，1998：88.

② Zimmerman A. The ideology of the machine and the spirit of the factory: remarx on Babbage and ure[J]. Cultural Critique，1997（37）：9.

③ 吴国盛. 技术哲学经典读本[M]. 上海：上海交通大学出版社，2008：9.

可能制造出其他的工具以及所有的所谓的产品。"①比如，各种书写的笔与手指书写形成的痕迹有关，再如插秧机以及收割机等机械设备也对应了手的功能。在工具的发展演进过程中，工具的外观与人体各部分器官的相似度呈现出反比关系，也就是说，工具越低级，工具外观与器官的相似度越高，而工具越复杂，其与器官的相似度越低，但是工具的本质并未改变，仍然是器官的"投影"，器官仍然是工具的"范本"，因此，无论工具再精密复杂，即使看不出来与人的器官有任何联系之处，工具所具有的功能和属性仍根植于人体器官本身所携带的信息，以简单的工具为例，望远镜的功用是眼睛视觉功能的"投影"，复杂些的，各种机械设备的运转对应于人体的骨骼运动。卡普也认为社会与"器官投影"相关，比如卡普将交通网络与人体血液循环进行对比，将国家看作是整体性的构成犹如人体由各种器官构成。除此之外，卡普认为工具制造更多是人类无意识的活动，换言之，人们并不总是有意识地以器官作为"范本"进行工具制造。"人类的对象不是别的，而正是他的对象性本质自身。"②这与人们已经形成的记忆脱离不开，也就是说，人们制作工具是以自身已经形成的认识作为基础的，在卡普看来，我们往往并不是主观地去进行制作，因为形成的认识作为我们的一部分是与人"合一"的，制作也可以由此"无意"地开始。因而可以将工具的发明制作理解为人的认知表达和展现，工具的演变与发展过程也伴随着人的认知发展。

恩格迈尔主张从总体上考察技术，展开其图景，厘清其范围，即从技术及其与人类社会的关涉性层面看技术，包括不同分支的技术的所求，技术所使用的方法，技术领域边界，技术所涉及的人类活动领域，技术与科学、艺术、伦理学之间的关系。③作为一个乐观主义者，恩格迈尔认为技术拉近了人们相互之间的关系，使人类得以迈向新的未知领域，打破了人类时空上的限制，使人类成为一个有机联系的整体，也就是说，技术对于人类的生活有着很大的价值，技术行为是对人有益的行为。在《现代技术的经济意义》一文中，恩格迈尔对技术进行了定义，他认为在广义上所使用的"技术"概念指代对于应用目的而言的人类所有的知识和能力的集成，因此，"技术"这一概念包含了所有的应用型科学，比如应用力学、物理学、化学、工艺学、建筑学等工程建筑艺术一类的学科以及所有的

---

① Kapp E. Grundlinien einer Philosophie der Technik. Zur Entstehungsgeschichte der Cultur aus neuen Gesichtspunkten[M]. Braunscheig: Westermann, 1877: 41.

② 吴国盛. 技术哲学经典读本[M]. 上海: 上海交通大学出版社, 2008: 455.

③ [美]卡尔·米切姆. 技术哲学概论[M]. 殷登祥, 曹南燕, 等译. 天津: 天津科学技术出版社, 1999: 8.

手艺和农业生产技艺，就此来说，技术即为一切与提高人类劳动生产率相关的知识和能力的汇聚。①恩格迈尔通过分析认为，像"技术""工程""机械""机器"等诸多概念的基本含义从古希腊古罗马时期起到现在并没有产生根本上的变化，技术始终是一种目的性的手段。②换言之，人类的技术活动是为了获取点什么，在这个意义上，技术也可以被解读为一种功利性的推动力。在后续研究中，恩格迈尔的思想出现了变化，其《技术哲学》第四卷里面，即"技术主义"中阐释了技术哲学是关于人本身的哲学，而不仅仅是某种能力和手段，技术是使人得以实现自身愿望的可能性和现实性，"而从根本上说，是把人在人世间的技术活动方式看作是了解其它各种人类思想和行为的范式"③。从这种角度来说，恩格迈尔认为技术行为服从人的内在目的和动机，因为技术活动中承载了行为者的意图，以此使技术效果能够向行为主体呈现出来，但又不止于此，技术活动也同样蕴含了人们对生活的期望以及人与人之间的关联。

德绍尔的技术哲学思想与其社会职业——工程师和企业家相关联。他认为描述技术客体特征和在工业生产中都无法把握技术的本质，因为工业生产更关注发明的结果。④由此德绍尔对技术发明进行了界定，他认为技术发明是从思想中获取理念世界本身就存在的解决方案，然后通过人工手段将其转为现实。⑤在这里，我们可以发现他继承了柏拉图的"理念"，其"解决方案"是通过比较技术发明的本质与自然物的本质来阐释的，他厘清了其中的共性与差异，其共同点在于技术物和自然物之表象都能为人感知，而其差别在于对技术物的感知是一种重见。在德绍尔那里，技术物是一种"第三者"——作为技术理念转化而来的现实物⑥，即我们在技术活动中先发现了理念，再通过制造将其转化成技术产品，重见"第三者"涉及主体的思考和制造活动，制造活动涉及对自然物的改造，所以它不是完全自然性和精神性的。因此可以说"第三者"是技术主体结合了精神和实践而成为现实的。⑦对此我们可以看出，德绍尔其实并没有否认人的能动性在技术活动中的作用，反而将其视作技术发展的一种动力。不仅如此，德绍尔还深受康德

① 万长松. П.К.恩格迈尔的技术哲学[J]. 燕山大学学报（哲学社会科学版），2008（2）：1-6.
② 万长松. П.К.恩格迈尔的技术哲学[J]. 燕山大学学报（哲学社会科学版），2008（2）：1-6.
③ [美]卡尔·米切姆. 技术哲学概论[M]. 殷登祥，曹南燕，等译. 天津：天津科学技术出版社，1999：17.
④ 刘则渊，王飞. 德国技术哲学简史[M]. 北京：人民出版社，2019：121.
⑤ Dessauer F. Streit um Die Technik[M]. Frankfurt：Verlag Josef Knecht，1956：55.
⑥ 刘则渊，王飞. 德国技术哲学简史[M]. 北京：人民出版社，2019：122.
⑦ 刘则渊，王飞. 德国技术哲学简史[M]. 北京：人民出版社，2019：122.

思想的影响，他提出了技术的制造批判，指出具有发明特征的制造能够与"自在之物"产生联系，被发明之物原本不是直接的现成物，而需要通过技术发明和创造才能显现于现象界。对于自然物来说，人类无法在认识层面触及其本质，也就等同于康德的"自在之物"，而发明能够触及"自在之物"是因为人是技术物的制造者，技术物的来由可以为人所知，因而其本质对于人来说是可以认识的，在这个意义上，技术发明与"自在之物"形成了联系。就此而言，技术物具有至关重要的地位，它能通向"自在之物"。另外，"解决方案"又是与"第四王国"不可分的。所谓"第四王国"即全部已经存在的解决方案的集成。①在德绍尔看来，康德关于真善美（德绍尔将其称为三大王国）的三大批判体系不尽如人意，因为他忽视了人类有目的性的技术活动，因此德绍尔开辟出了"第四王国"的路径，以技术为切入点来理解世界。"第四王国"是技术发明的范本，发明是具有力量的，是在解决技术问题时对预设方法的"第四王国"的认识中产生的。②换句话说，技术发明打通了由本质而来的存在，是超验实在的物质反映，考察技术的本质时必然要回到技术的初始之地，也就是技术发明，技术发明使"第四王国"由可能变为现实。并且"第四王国"中的可能性领域为现实的技术提供了出场条件，这与德绍尔的观点并不矛盾，因为"第四王国"先于人存在，技术的解决方案和技术客体的构造是既定以潜在形式存在的，因而技术的产生和发展以其为模板。引起关注的是，德绍尔认为技术理念已然以潜在的形式存在，那么这种理念的来源自然会产生疑问。如果不予以回应和解释，"第四王国"就不能自洽了。德绍尔是通过神学的方式来回应并解决这个问题的，他指出这些"理念"并非由人的创造、想象、设计或其他方式产生出来，而是先于技术实现的先天性和本来性存在的，它"存在于全知的上帝精神之中，包含在上帝创造世界的计划之内，而技术是这一计划的实现，是人受上帝之托对创世的继续"③。德绍尔最终通过将上帝引入自身的技术哲学思想体系中使自己的体系自洽。这样一来，技术作为上帝预设的活动就形同科学、宗教、伦理般规定着人的活动，影响着人的本质。④值得一说

---

① Dessauer F. Streit um Die Technik[M]. Frankfurt：Verlag Josef Knecht，1956：154.

② [美]卡尔·米切姆. 通过技术思考——工程与哲学之间的道路[M]. 陈凡，朱春艳译. 沈阳：辽宁人民出版社，2008：42-43.

③ 乔瑞金. 技术哲学教程[M]. 北京：科学出版社，2006：49.

④ 赵阵. 从神学阶梯走向形而上学——德绍尔技术哲学思想研究[J]. 哈尔滨工业大学学报（社会科学版），2008（1）：13-16.

的是，德绍尔从早期的乐观主义认为"技术是通向幸福的道路"转向了后期对技术的一些批判，这是因为他看到了两次世界大战带来的严重后果和技术应用的负面后果，这些后果都与技术有关。在《普罗米修斯和世界的非完美性》一书中，他以普罗米修斯喻技术。某些东西在人看来是愉悦的好事却有其不好的一面，如同普罗米修斯盗火一般，火种作为礼物即使于人有益却也有可怕的诱惑力。①他认为普罗米修斯不是全能的，但是上帝的序则，在创造中会作为自然规律体现出来，上帝的创造力决定了技术活动的功能。②因此现实的人的技术活动都在上帝创造的可能性空间中。可以说，虽然德绍尔认识到技术的负面性，但也是从形而上学的角度加以阐释的。也就是说，技术有其不完美性，但即使如此，他依然是乐观的，愈发强调技术的功用，希望通过技术的发展接近上帝并走向至善，从而来解决所有问题。③也就是说，在现实世界中，对上帝的信仰要求人们从事技术活动要遵守伦理，技术主体需要承担自身的责任，从而使接近上帝成为可能。总的来说，德绍尔意义下的技术超越了世界上存在的其他任何力量，某种程度上被"神化"了，尽管他本人并不认为自身理论是超验的，但事实上，在他的理论中，技术被置于科学之上具有超越常规的功能和价值，具有强烈的理性主义特征和形而上学色彩。

通过考察工程主义的技术哲学家的思想，可以发现他们有很显著的特点，即从事技术实践，与机器和工具打交道，在这种意义上往往表现出亲技术和为技术辩护的倾向，主张通过技术解释世界，并以技术作为衡量其他事物的标准，巩固和强化技术意识，并从内部分析技术，考察技术的本质、细节、产生和发展的内在规律，在某种程度上体现出技术自身的逻辑。④对于技术人工物，工程主义的技术哲学着重探究其结构和运行，以及在发明—制作—应用—维护中的特征，并在最大合理性限度下发挥其价值效应。⑤因而从本体论视角看，该传统中技术的自主性展露无遗；在认识论层面揭示了技术的主体性；在价值论上体现出技术功能和技术发明的重要作用。⑥

---

① Dessauer F. Promesheus und Die Weltubel[M]. Frankfurt: Verlag Josef Knecht，1959：14.
② Dessauer F. Promesheus und Die Weltubel[M]. Frankfurt: Verlag Josef Knecht，1959：23.
③ 赵阵. 从神学阶梯走向形而上学——德绍尔技术哲学思想研究[J]. 哈尔滨工业大学学报（社会科学版），2008（1）：13-16.
④ 王伯鲁. 技术究竟是什么——广义技术世界的理论阐释[M]. 北京：科学出版社，2005：6.
⑤ 盛国荣. 西方技术哲学研究中的路径及其演变[J]. 自然辩证法通讯，2008（5）：38-43，111.
⑥ 易显飞. 论两种技术哲学融合的可能进路[J]. 东北大学学报（社会科学版），2011，13（1）：18-22.

2.1.2 人文主义的技术哲学传统

人文主义的技术哲学大多是从非技术性或超技术性的角度考察技术的，如宗教、神话、诗歌和历史等视角。因而在人类历史起源上，关于人文主义的技术哲学在观念构思上早有不同形式的体现。人文主义的技术哲学的代表人物主要由社会学家、历史学家和哲学家等组成，主要包括芒福德、加塞特、海德格尔、埃吕尔等。

芒福德的旨趣来源于人文学科，他主要通过人性和心理的角度考察技术，其主要著作有《技术与文明》《机器的神话》等。早期他对技术表现出乐观主义的态度，认为技术促进了人类和社会的发展，但在第二次世界大战后发生了观念的转变，意识到现代技术的军事应用导致了人类的危机和灾难，从而转向技术悲观主义。在一定意义上，芒福德认为技术承载了人类的文化，他阐述了技术的心理和文化起源，考究了技术的、物质的和效率的动因。[①]在工程主义传统上，往往从技术和工具主义的角度定义人性和人的本质，强调人借助技术或者工具的益处，以及技术对人类社会的巨大推动力。芒福德则指出通过技术定义人性是非常有误导性的，恰恰相反，需要从人性的角度理解技术。人性由"大脑制造"（mind-making）得到体现，即人脑进化可以使人创造并熟练掌握使用语言符号，在社会活动中，人自身、世界以及人与人的关系都可以被理解，并被赋予意义，由此人获得了社会性和历史性。[②]因此，技术也是"大脑制造"的产物。在芒福德看来，技术是人心理能量的冗余[③]，即人先于技术，发达的人脑赋予了人充足的心理能量，技术"能量"内在于人，技术是人心理能量的外在显现，同时也是疏导性的结果。因而人类通过技术活动获取生活资料源于内在的需求，而并非外在的目的，并且为了获得精神和文化上以及人际的归属感，就必然需要创造技术和工具以疏通能量。这属于对技术的人性化解读，因而合乎人性的技术被他称为"综合技术"，而现实问题在于作为"巨机器"的单一技术不断以追求效率、扩张财富和加大对人类的控制为目的，人性受到奴役。

加塞特作为一名职业哲学家，是提出技术问题的第一人。在加塞特看来，技

---

① ［美］卡尔·米切姆. 通过技术思考——工程与哲学之间的道路［M］. 陈凡，朱春艳译. 沈阳：辽宁人民出版社，2008：54.

② 郑晓松. 从人性化到工具化——论芒福德的生命技术［J］. 哲学分析，2020，11（5）：164-176，199.

③ 吴国盛. 技术哲学经典读本［M］. 上海：上海交通大学出版社，2008：500.

术使人从动物性的自然生存需求转换到超越自然的需求。①生存需求不再是必需，超越自然的需求是精神性的，是以追求幸福和精神愉悦为目标的。加塞特用"活得好"来说明人的存在去向。②技术在其中扮演了至关重要的角色，能够使人"活得好"，使人成为人，自我通过技术得以实现。因此在这种意义上，技术帮助人创造自身，人在技术中实现自身的生命之完满，从而使生命本身具有超越性，最终获得生命的内在安定。也就是说，人、技术与"活得好"需求三者之间具有某种内在统一性。"活得好"这一需求作为动力推动人进行技术实践，技术使人得以实现这一愿景并不断提供构建未来美好生活的可能性。因而技术可以作为人类的规划，这样一种技术实践，在加塞特看来是一种德性实践。因为人与自然界的动物不同，人与自然始终保持一定的"距离"，也就是说人可以抽身自然而去，以"沉思"观照自身，面向内在，而技术就是作为将人从纯粹的动物状态解救出来，走向幸福美好的生活的"钥匙"。因此说技术实践是使人成为自身的德性实践。③而且，这种善的技术实践具有不可复制性，也就是说其不是且不可作为实现其他目的的手段。然而加塞特认为，技术尽善尽美导致了人类创造力的"退化"，这也是他所认为的科技引发的唯一现代问题。

海德格尔往往被归于悲观主义一类，实际上他并没有泛泛反对技术，在其生命的全部阶段，"存在"问题贯穿始终，追问技术也是如此。海德格尔认为技术（早期）的本质是解蔽。技术让存在得以显现，存在的显现也就是真理，真理不为技术主体的目的所左右。"目的因不是施动的操作者，而是增长和展现意义上的存在。"④在技术主体的生产行为中，技术表现了出来，技术主体可以有目的地以实现技术物之所是，但是最终技术产品获得的外在原则并不是来源于任何生产者，不由其赋予，而是存在的推动。因此在技术活动中，技术产品外在原则的显露，标示着存在呈现，揭示了存在之真理，而这种揭示过程必然存在于"上手状态"之中，人与用具的配合使物自然地发挥其有用性，并在活动中使新的物获得外在原则。在其后期思想中，海德格尔在技术的追问中指出现代技术的本质显示于我们所称的集置的东西中，集置不仅仅在人之中发生，而且并非主要通过人发生，集置作为摆置的聚集摆弄着人，使人以订造的方式把现实事物作为持存物而

---

① 吴国盛. 技术哲学经典读本[M]. 上海：上海交通大学出版社，2008：266.

② 吴国盛. 技术哲学经典读本[M]. 上海：上海交通大学出版社，2008：276.

③ 敬狄，王伯鲁. 追求美好生活的技术——奥特加·加塞特的技术实践伦理价值论[J]. 东北大学学报（社会科学版），2017，19（6）：551-556.

④ ［法］贝尔纳·斯蒂格勒. 技术与时间：爱比米修斯的过失[M]. 裴程译. 南京：译林出版社，2000：11.

解蔽出来，作为如此这般受促逼的东西，人处于集置的本质领域中；集置的支配归于命运，这种命运一向为人指点一条解蔽的道路。①海德格尔认为，"技术的本质就是存在本身，技术永远不会允许自身被人类所克服。这意味着，毕竟人才是存在的主人"②。因此在这个意义上，人克服技术等同于克服人自身，而现代技术是一种先验性的东西，即认为事物均可被操作的思维方式，这在某种程度上已经表现为不可克服。对此，他提出的解决方式为"泰然任之"。

埃吕尔将技术作为现代最重要的社会现象加以深入系统地考察，埃吕尔通常被视作技术决定论的代表，其技术系统思想旨在直接论证技术的自主性。埃吕尔在《技术社会》中主要阐述了作为环境的技术，其思想发展在《技术系统》中得到体现，认为技术逐步表现出系统性特征。技术的自主性表现为作为效率存在、环境存在和系统存在的统一。技术呈现为效率存在形式，不单单指技术衍生而来的产物，更表现为人类社会运作提升效率手段的集成物。也就是说，人在社会中处理一切事务、生产生活均以效率为指导原则，那么其思维和行为就不再符合个人的自主意志，而是陷入技术思维，受技术序则的影响和支配。技术序则深入了人的思维并悄然影响人的思维，导致人的活动服从技术调配而失去对技术的控制权。作为环境存在的技术，其往往在人与环境之间扮演着中介的角色，在能力范围内超越了人，能触及并解决人无法触及和解决之事，技术中介的无限渗透，看似是加强了人与环境的联系，实际上恰恰相反，人与环境之间存在的神秘性和象征性联系渐渐退隐，唯独技术中介保留并持续存在，因此在这种意义上，这是技术环境对自然环境的取缔。埃吕尔对"技术系统"概念的使用表明其技术思想的进步，作为系统的技术揭示出不同单一技术逐步融为一体的趋势，理解单一技术要旨在于以整体的方式去考察③，即技术之间相互联系和促进，已经发展成了系统，技术总是不断更新并弥补旧技术，技术系统的发展也是技术整体的发展，表明了技术的自我决定性。技术在现实的其他领域（如社会、经济等）交汇时具有完全自主性，即在闭合循环中作为一种"自因"，不受其他因素的扰动自行运作。与此相反的是，社会领域和人类所有活动均由现代技术范式所决定，因而技术的

①　[德]马丁·海德格尔. 存在的天命——海德格尔技术哲学文选[M]. 孙周兴译. 杭州：中国美术学院出版社，2018.

②　[美]卡尔·米切姆. 通过技术思考——工程与哲学之间的道路[M]. 陈凡，朱春艳译. 沈阳：辽宁人民出版社，2008：69.

③　朱春艳，黄晓伟，马会端. "自主的技术"与"建构的技术"——雅克·埃吕尔与托马斯·休斯的技术系统观比较[J]. 自然辩证法研究，2012，28（10）：31-35.

发展无物左右且不可逆。对于自主的技术，埃吕尔认可一种非权力伦理学来为技术划界，并从技术角度追求自由从而为技术化的世界注入全新的张力。[①]

2.2　技术与人文

技术与人文的关系往往因其复杂性而产生诸多不同的思想洞见，在加深对技术与人文关系认识的同时也引发人们更进一步的思考，从技术哲学层面来看，相关理论基础问题的考察也有助于拓展技术哲学批判性思维，以整体全面的视角来分析其中存在的交织性关系。关于技术与人文的理论探讨，主要分为以下三个方面。

2.2.1　技术与人文的互为促进性

技术与人文的相互促进体现在本体论、认识论和价值论上。

在本体论的意义上，技术是人文的内在要素，人文是技术产生的土壤。自技术产生之始，技术都从人的活动中萌发，作为人类文明发展中的"参与者"。无论是传统技术还是现代技术皆是如此。因而在一定意义上，技术可以视为人文的构成部分，是一种独特的文化主体。由技术及其衍生物所产生的文化成为人类文明和人生存形式不可分割的一部分。如果脱离人文谈技术，技术则成了无源之水和无本之木；如果脱离技术谈人文，人文则显得空洞和虚无。

在认识论的意义上，技术推动了人类认识结构的变革，加速了人类文化的沟通和发展，认识进化后的人文又反过来促进技术的更新换代。技术在此意义上作为人文的一种解释形式，能实现"以技通文"，人文的彰显需以语言符号为载体，但语言符号之间不是天然畅通的，而技术的解析作用能够打通语言符号之间的"关隘"，从而"解码"和发展人文，使不同时空境域的人文得以交流或相容。在一定程度上有了"普遍交往"的可能性。反观人文，人文通过技术引发变革，能够在其辅助性作用下产生质变，并以全新的形式促进技术认识和技术研发。

在价值论的意义上，技术对人类生存生活和文明进程具有重大价值，人文对技术发展也有关键作用。也就是说，技术为人类生活提供了安全和安定，摆脱了自然的压迫和威胁；满足了人类物质的需求，为人类社会勾勒出整体性的图景；

---

① [美]卡尔·米切姆. 通过技术思考——工程与哲学之间的道路[M]. 陈凡，朱春艳译. 沈阳：辽宁人民出版社，2008：79.

通过技术革命推动人类文明的不断进步革新，发挥了技术的价值。人文又作为一种规范支撑着技术的发展，因而可以为技术研究和研发提供自由和谐的环境，提升技术创新意识，丰富技术创新的实践成果，发挥人文的价值。

2.2.2 技术与人文的互为制约性

技术与人文的相互制约体现在建构层面。人文不能脱离人类社会，因而技术必然受人文建构。这就是说，技术不仅受物质条件的影响，也会受人文因素的影响和制约，其中，物质性制约更为明显，而人文的精神性制约是与特定历史文化发展背景相互关联的，精神性制约则更为潜在。

文化背景对技术发明发展的制约。不同国家和地域的人文文化存在较大差异，往往与当地的传统紧密相关，在历史的发展下具有持久稳定的支撑性，而一旦技术不被某一文化所接受，技术的发明创造将会受到影响和抵制。因此在考察技术的发明和演变过程中，需要联系技术所处的人文背景。比如中世纪寺院机械钟表的发明与当地僧侣的规律性生活相关，欧洲的哥特式建筑与教会的影响密切相关，英国近代科技的产生与清教统治的背景有关。如"李约瑟难题"，除了古代中国是农业型国家的原因，还与当时的文化传统有很大关系，技术在总体上被视为"机巧"，另一方面，封建统治对技术发明也有影响，技术不受统治者和社会重视，技术活动者的地位很低，技术发展得不到保证。另外，人文背景对技术活力的制约。不同的人文背景对技术活力有不同的影响，也就是说某些背景下，人文对技术创造有促进作用，而有些人文背景则会抑制技术的创造。在 19 世纪后半叶，欧洲一些地区撤销了反犹太法，从而使犹太人对技术发展产生了极大的推动性，而瑞典取得的技术成就，其原因之一也与法国、德国和意大利对其的文化整合有关。①对比东西方文化传统背景，古代中国文化传统确实在较大程度上阻碍了技术的发展，中国传统文化侧重于从整体性思维看待世界，重经验和感受，在事物的分析上缺少科学逻辑性，因而探求事物的内在机理时未能在细节上进行把握，其中的因果联系属于模糊性的，也就无法深化为科学规律，在近代，西方技术进步带来了大机器生产，古代中国依然停滞在手工技术水平。所以说，如果生产对技术文化抵制，也会导致技术发明被扼制和发展的中断。

文化价值观对技术发展的制约。也就是说不同文化是如何看待技术的，看待

---

① [美]S. 阿瑞提. 创造的秘密[M]. 钱岗南译. 沈阳：辽宁人民出版社，1987：415.

技术的态度不同在一定程度上决定了对技术的认可和接受。比如近代中国对技术的抵制的原因之一在于技术的应用会影响人们长期持有的风水观，各种工程建设技术、电力和交通设施的筹建都会考虑风水，而破坏风水的建设很多是不被允许的。在差异化文化的视域下，技术被塑造成具有明显区别的角色。技术的社会形象有时被归为斯芬克斯式的狮身怪、宙斯式巨人、撒旦式魔鬼，分别对应怪诞之物、至高之物和灾厄之物。①因此技术被塑造的不同形象影响着人类对技术的判断，比如作为怪物和魔鬼形象的技术则会被视为危害社会、危害人类生存，而作为巨人形象的技术则会使人类社会发展进步。那么可以说，技术在一定文化价值观中被人类所认知，其价值形象符合人的意愿和观念，人们往往会接受技术的发展。换言之，如果技术对于社会和人是有意义的，普通人、科学家和技术专家之间会形成一种对技术认可的默契，人们会通过外在行为支持技术实践活动，支持技术的发展来促进社会进步，由此可以形成利于技术发展的人文环境。

　　人类作为社会的主体，其自身的人文素质是人文的反映，因而主体的人文素质不同也会导致技术发展程度的不同。对于现代社会来说尤为如此，人文素质的发展与技术的发展相辅相成，如果人文素质极度匮乏，那么对于任何一个文化，科技进步均是难以实现的。人文素质或称为人文素养，属于人的素质的一个组成部分，是与"人文"范畴指向相关的各种素质的集合，表现为人的文明程度，体现了人的社会性尺度，同时也是人生态度和精神特质的呈现，包括思想境界、道德水平、态度客观性、团队水平和创新力量等，这些因素都会影响技术的发展。②显而易见，知识、文化、技能、道德和效率等因素会影响一个国家的技术成长环境，进而影响技术创新。如西蒙·库兹涅茨（Simon Kuznets）认为技术创新应与社会创新相协调以保证技术创新的潜力。③因此，对于一个国家或地区而言，人文素质提升对于技术发展的重要性不言而喻，技术的进步必然要依赖于社会主体足够的人文素养，而不至于使人文素养的不足成为技术发展的阻碍。

2.2.3　现代技术与人文的关系

　　首先，技术与人文各自偏向。技术不断发展进步，对人类文化产生了巨大"侵

---

① 李伯聪. 略论科学技术的社会形象和对科学技术的社会态度[J]. 自然辩证法研究，1988（4）：29-36.

② 肖峰. 哲学视域中的技术[M]. 北京：人民出版社，2007：271.

③ [美]M. P. 托达罗. 第三世界的经济发展（上）[M]. 于同申，苏蓉生，等译. 北京：中国人民大学出版社，1988：161.

蚀"。在哲学上存在着许多忧思。技术的高速发展在很大程度上造成了一种"文化恐惧",对此,吉尔贝特·西蒙登(Gilbert Simondon)强调技术与人文需重新"携手"①。海德格尔声称"科学不思考",即科技已经丧失了反思自身和"认识自己"的能力。②换言之,基础科学在某种意义上"蜕变"成了现代技术,技术已经对人类世界的文化进行了技术化转换。胡塞尔认为:"现代人让自己的整个世界观受实证科学支配,并迷惑于实证科学所造就的'繁荣'。"③从海德格尔及其老师胡塞尔的论调看,技术与人文的分野主要在于技术背离了人文。从非哲学的视角来看,人文在一定程度上的局限性也导致了人文自身与技术之间的偏向,因而在宏观维度上,技术与人文是"背向而行"的状态。

其次,技术与人文的紧张关系论调。对于海德格尔和胡塞尔的具有悲观性的观点,R.舍普表示并不赞同他们所述的这种偏向,他强调技术与人文的相持性同在。④他在《技术帝国》中坦言:"在技术与文化的争论中,我们不能无条件地向着技术,相反我们必须维持两者间的紧张状态。"⑤由此来看,舍普认为较为合理的态度是保持技术与人文之间形成一种合适的"力量差",不偏向任何一方面。

再次,技术与人文的优势互补。帕梅拉·隆(Pamela Long)主张所谓的技术与人文满足的"交易地带"(trading zones)。⑥技术与人文之间的二元对立意味着无论任何一方发展,另一方的局限性是毋庸置疑的,各自优势也难以彰显,因而需要划出一片"交易地带",充分使二者优势互为补充。

最后,技术与人文的融合/分裂。在美国科技史学家乔治·萨顿(George Sarton)看来,科技史学家需要兼顾技术与人文使其相互融合。⑦在某种意义上,技术是人类文明发展不可或缺的重要推动因素,而人文也承载着人类文化和精神。从科技史学家的角度看,应当建立技术与人文之间的枢纽并使其融合。除此之外,查尔斯·斯诺(Charles Snow)提出关于自然科学和人文社科的"两种文化",即"科学文化"(scientific culture)和"文学文化"(literary culture)。斯诺声称两者之间难以融合,即"斯诺命题"⑧,因为各自的传统存在明显的区别,即技术传统与

---

① [法]R. 舍普,等. 技术帝国[M]. 刘莉译. 北京:生活·读书·新知三联书店,1999:183.

② Krell D F. "Letter on Humanism" in Basic Writing[M]. New York:Harper and Row,1977:191.

③ [德]埃德蒙德·胡塞尔. 欧洲科学危机和超验现象学[M]. 张庆熊译. 上海:上海译文出版社,1988:5.

④ 潘天波. "技术-人文问题"在先秦:控制与偏向[J]. 宁夏社会科学,2019(3):46-52.

⑤ [法]R. 舍普,等. 技术帝国[M]. 刘莉译. 北京:生活·读书·新知三联书店,1999:192.

⑥ Long P O. Artisan/Practitioners and the Rise of the New Sciences,1400-1600[J]. Sixteenth Century Journal,2013,65(3):202-203.

⑦ 孟建伟. 科学史与人文史的融合:萨顿的科学史观及其超越[J]. 自然辩证法通讯,2004(3):57-63,111.

⑧ 顾海良. "斯诺命题"与人文社会科学的跨学科研究[J]. 中国社会科学,2010(6):10-15,220-221.

精神传统的对立，造成了两者的分裂。

2.3　技 术 与 人

从传统的技术到科学理论与实证研究相结合的科技，技术的原始面貌已经产生了明显的变化。技术发展的进程与人往往是相互伴随的，因而在技术演变的同时，技术与人的关系也在这个过程中不断变化。

2.3.1　技术与人的"进化"关系

考察技术与人的关系，可以从技术维度出发。从人的起源而言，技术可以看作人的第二起源。[①]古希腊哲学家苏格拉底提到，人的身体存在不完善之处，人的存在不能仅依赖于此。这与古希腊神话有相似之处，爱比米修斯负责为万物分配本质，而唯独遗忘了对人的分配，缺乏本质的人无法生存，因而普罗米修斯通过盗取火种和工具弥补这一过失。贝尔纳·斯蒂格勒（Bernard Stiegler）以此为例来解释人类起源问题，他认为过失在起源处已存在，即人类具有天然的缺陷和不足，人起源于这种缺陷。[②]人的天然缺陷使人受到限制，人要成为他自身必然要消除这种缺陷，因此技术得以使人弥补自身存在的本质缺失，从而使自身获得相较于其他物种的某种后天"禀赋"。因此人必须不间断地通过技术发明创造自身。在这种意义上，这种"代具性"决定了人可以外在于自身而存在。"人因为自己没有本质，没有自己固有的存在方式，所以他需要获取一种存在方式。技术作为人的存在方式，是在这个意义上说的。"[③]因此可以说，技术是人的存在方式，从这种意义上而言，人是技术性的存在物，因为人的先天缺陷使人不得不依靠技术谋求自身的生存发展。正如培根所说："最初之时，人赤身裸体，没有防护工具，也不善于自助，物质匮乏，因此，普罗米修斯迅速发明了火。"[④]就此而言，火种就是技术的象征，引出一条通向技术弥补缺陷的道路。另一方面，技术建造并塑造人的身心结构。人不具有动物内在的禀赋，因而技术成为弥补性的工具。

---

① 王金柱，边宇桐. 技术人工物的道德地位[J]. 自然辩证法研究，2019，35（11）：29-32.
② [法]贝尔纳·斯蒂格勒. 技术与时间：爱比米修斯的过失[M]. 裴程译. 南京：译林出版社，2000：221.
③ 吴国盛. 技术哲学讲演录[M]. 北京：中国人民大学出版社，2016：4.
④ [英]培根. 论古人的智慧[M]. 李春长译. 北京：华夏出版社，2006：64.

所以，通过外在技术赋予，人的存在本质有了确定的支撑。换言之，人无法脱离技术而存在。就此而言，技术不仅仅限于被理解为人的躯体和心灵的延伸，或者是人自身的物质性外化和能量疏导，因为人在技术中不断创造和不断完善着自身。人的身心进化依赖于技术，在进化历程中，人伴随技术的增强和进化趋于完善。人通过技术弥补了自身本质缺陷，进而脱离生存"压迫"转向对自身的某种"解放"，并塑造和强化了人的身心结构，如感官和感受力的性能。人类与世界的联系逐步清晰。那么，在这种意义上，技术并非单一的器官延伸，技术的演化也是人的身心演化。在时空性上，技术带来人的无限性。技术是时空结构的构造要素，人的存在与技术关联，也意味着人存在的有限不再有限。比如斯蒂格勒将时间与技术联系起来进行考察，人等同于技术，也等同于时间。①人的存在不仅仅是生命性存在，有了技术，人成为历史中的持续性存在，人的记忆在技术中具有了某种历史性。在某种意义上，人在技术中超脱了有限，技术构造了人在时间上的无限。海德格尔在考察诠释存在问题时，将此在的空间性和其存在方式相勾连，因此他认为，此在的空间性源于其本质。②因此人的存在形式是一种空间性存在。技术在不断进化的同时也建构着人的空间性结构，技术解蔽扩展人类空间意味着以外在生命的方式来寻求生命。③

从作为主体的人的角度而言，人建立了技术国度。从传统人文主义看来，人创造技术，技术为人所有并服从于人的意志。技术往往作为一种无机形式的透明工具，它是人类主体性的外化和精神意志的物质化。④这意味着在人与技术的关系中，技术属于后来者，其定义由人而赋予，并且，技术是人类借以认识自然，认识世界的工具。在一种主导和被主导的关系中，人处于世界的居中地位，所有事物都朝向人，人必然借助技术主导所有事物。⑤培根声称人是世界的中心，人的存在使万物的存在有了次序，有了目标和价值。"世上的万事万物一起为人类效劳，后者让每一种事物都发挥其作用，并结出硕果。"⑥根据培根的阐述，世界

① [法]贝尔纳·斯蒂格勒. 技术与时间：爱比米修斯的过失[M]. 裴程译. 南京：译林出版社，2000：137.

② [德]海德格尔. 存在与时间[M]. 2版. 陈嘉映，王庆节译. 北京：生活·读书·新知三联书店，1999：122-131.

③ 王金柱. 审度技术的镜象维度[J]. 自然辩证法研究，2013，29（4）：31-36.

④ 林秀琴.后人类主义、主体性重构与技术政治——人与技术关系的再叙事[J].文艺理论研究，2020（4）：159-170.

⑤ 夏保华. 人的技术王国何以可能——培根对技术转型的划时代呐喊[J]. 东北大学学报（社会科学版），2018，20（6）：551-555.

⑥ [英]培根. 论古人的智慧[M]. 李春长译. 北京：华夏出版社，2006：64.

上所有事物都为人所用，自然中某些事物和现象能够直接发挥其效能，比如可见光视物。但是大部分事物都是散乱无序的，均需经过技术改造才可以产生价值，这些事物天然存在，但并不能直接产生作用，人通过技术对事物的改造使其具有了作用，可以说技术是人赋予事物价值和意义的重要方式。高楼、汽车、衣物、食品等通过技术创制而产生。一方面，在技术创制活动中，一切事物都成为构成创制品的质料，这些质料在人的作用和"摆弄"下"堆砌"成型，技术成品的出现具有了效用，人通过技术也因此成为世界的主导者，既实现了对事物的创制，也赋予了原本事物存在的目的。所以，培根的"人是世界的中心和最终原因"的论断，实质上包含着建立属人的技术王国的要求和可能性。①另一方面，人在构成上具有与生俱来的天赋和优势，这使人本身就具备充分的能力去发展技术。从形而上学来说，人具有上帝赋予的神性，人是理智的存在者。从人之为人的构成上分析，人由多种要素所构成，包含知、情、意等，相对于任何事物表现出高度的绵延性特征，并且在构成上具有秩序之"美"。人有感知、反思、反复实践等所能，这些所能使人本身就得以成为技术发展的条件，所以说人在构成上具有了卓越的优势使人有足够的能力发展技术，而其他一切事物都不具有建立技术国度的能力，技术只有通过人才能不断发展进步。再者，人通过技术使自身成为自身的主宰。这并不是说技术使人的自由无限制肆掠。培根在《伟大复兴·序言》中指出，"在开始工作的时候，真诚直接地剔除掉对人类现有发明的过度推崇和赞美，适当地警惕不要夸大或超估这些发明，这不仅是有用的，而且是绝对必需的"②。这表明他并不赞同也不认可过度夸大技术，过度夸大技术会使人丧失理智，也可能成为技术的发展障碍，当然，从侧面也表现出人对技术的追求，这也是培根所说的"必需"之处。因为只有理智的批判和控诉才能引导技术进步，技术仍然不够完善，人也是如此，相反，人可以通过技术的发展来再次塑造自身的存在，由此，人的存在和命运始终被紧握于自身之中。因此，人要发展并成为自身，必然要建立技术的国度，这样人才能成为自己的"上帝"。从海德格尔的技术本体论视角来看，人与技术表现出的某种依存关系存在转向。人在"抛入"技术场域的情境下，与技术物形成勾连，由此意识到自身存在。因此作为"座架"

---

① 夏保华. 人的技术王国何以可能——培根对技术转型的划时代呐喊[J]. 东北大学学报（社会科学版），2018，20（6）：551-555.

② Bacon F. Preface[M]//Spedding J，Ellis R，Heath D. The Works of Francis Bacon. Vol. 4. London：Longman，1861：13.

的技术不能仅视为主体与客体之间的中介，技术内含于此在之中并成为此在之解蔽的方式。①这表明技术是此在得以显现的基础。在这时，"人-技术"对应为"此在-座架"的关系，即人与技术相互依存。通过座架的结构化作用使技术成为人的主体性内在。再者，技术座架自身存在的内在机制不断"发布"技术法则促逼着主体，在这种意义上，技术座架转变为主体内在的规训者。"技术对人类的内在影响变得具有决定性。从此以后，文明的每一个组成部分都受制于技术本身就是文明的法律。"②从这种意义上而言，技术的内外部差异已经消解掉，技术不再是主体的对象，而成为决定主体演进的内部规约，从人定义技术到人在此时由技术所定义。

从人与技术的演变历程考察人与技术的关系，大体上分为三个阶段：手工技能阶段、机器技术阶段和高技术阶段。③技术实现人的高效率生产创造，从哲学上来说，技术与人的关系就是技术的本质。在手工技能阶段，人与技术融为一体，手工技能是"人体之技"而非"体外之技"，即人体所具有的能力，离开手则不复存在，手工技能是劳动者的"手巧"，因而难以通过言传方式描述和传播，而手工工具的运作则因人而异，也具有一定创造性，并非标准化技术，因而就其特点看，手工技能作为原始技术存在于人体之内，不能脱离人体而存在，是具有个性和富有人性的技术，因而人与技术的关系中多含感性因素和偶然性；在机器技术阶段，人与技术的关系发生了根本性变化，技术有了自己的实物形态和知识形态，并形成了自己的知识体系和发展逻辑，相对于技术使用者，技术具有一定的独立性，可以在一定意义上同人分离，对于机器应用者而言，技术成了外在的、异己的和必须服从的东西，机器是技术的象征，工人成了失去技术和个性的人，人的价值被机器取代，工人成为零件和技术的附庸，技术开始具有反人性的因素，就此而言，人与技术的异化，既是人与其创造物之间的异化，也是人与自身本质之间的异化④；在高技术阶段，人与技术开始结合，既保留了一些机械性技术因素，又使手工技能的某些特点得以呈现，同时对人具有独立性和不可分离性。

从后现象学的视角来考察人与技术的关系，伊德的思想有重要借鉴意义。他认为人技关系有四种，即具身关系、诠释关系、它异关系和背景关系。其一为具

---

① 林秀琴. 后人类主义、主体性重构与技术政治——人与技术关系的再叙事[J]. 文艺理论研究，2020（4）：159-170.

② Ellul J. The Technological Society[M]. New York：Alfred A. Knopf and Random House，1964：130.

③ 林德宏. 人与技术的关系演变[J]. 科学技术与辩证法，2003（6）：34-36.

④ 盛国荣. 人-技关系的认知图景——西方对人与技术之间关系的认识及其流变[J]. 长沙理工大学学报（社会科学版），2014（1）：11-16.

身关系，指的是技术仿佛融入"我"的身体之中，技术成为"我"与世界之间的中介，技术扩大了主体的知觉，融入"我"的经验（如眼镜），这种关系呈现出（我—技术）→世界图示，即"我—技术"浑然合一的方式认识世界，技术在某种程度与主体别无他分，技术（工具）仿佛不存在。伊德提出"谜"这一说法，大意是指"谜"的存在决定人与技术的融合度，即主体在多大程度上掌握技术并达到合一。具身关系一方面具有透明性，另一方面具有差异性，将此二者特征区分为"放大/缩小"结构，也就是说人在使用技术过程中，技术提供了人以某种优势，同时也使某些因素和现象隐蔽起来。

其二是诠释关系，指技术呈现为一个有待诠释的文本，相对于人的认知有限性，世界表现为无限性，技术在此时作为一种语言上的延伸。人不通过技术来知觉而是通过将技术作为知觉对象，需要解读出技术所蕴含的世界意义（如体温计），诠释关系呈现出人→（技术—世界）的图示，技术与世界关联为一个整体，"我"通过技术的诠释达到了对世界的认识和解读，比如温度计的作用等同于文本的诠释作用，其参数是世界的反映，再如不可见光通过某些仪器亦可以解读诠释出客观存在于人认知范围之外的事物，此时"谜"的存在在于技术能否精准反映世界，倘若不能形成对应，诠释就会偏离正确性，此外主体身份不同，揭"谜"也有较大差异，比如专业和外行的不同诠释决定了诠释的准确度，而在这种关系中，人可能会过分偏向技术的诠释效果，而造成了自身感知的弃用。

其三是它异关系，指的是技术成为某种"他者"，人跟技术打交道类似于一种跟他人之间的互动关系（如智能机），换言之，技术作为对象存在有其独立性。其图示表现为我→技术—（—世界），原本认识主体可以通过技术直接达成对世界的认识，而技术的革新使技术成为"我"的客体，此时"我"所认识的世界成为技术化或改造后的世界，技术在某种程度成为"准他者"而存在，也就是说，技术具备了独立性使其自身即可运行、发展、变革，进而导致了人与技术主体性争论。

其四是背景关系，指技术不再明显地处于主体经验中，而成为一种"不在场的背景"，也就是说技术已经成为人生活的构成部分，内在于生活之中，成为广义上的"技术环境"，伊德并未给出其图示关系，不过在一般性理解上，技术作为一种背景而嵌入人的生活，如空调、洗衣机、冰箱、电视、电饭锅、电脑、手机等，"我"通过技术这一背景认识世界，在某种程度上完全的背景关系是对它异关系的克服，即不必考虑主体性的争论，而因此导致的问题恰恰在于对技术背景这一环境的习以为常，从而引发了一系列问题，如环境污染、生态失衡、人的异化等。

　　从唯物辩证的视角出发，以技术为主的劳动创造了人本身。①恩格斯指出："劳动是从制造工具开始的。"②换句话说，劳动与技术密切相关、无法分割，劳动一旦脱离技术将变得空洞。劳动是人类生存生活的必备条件，从这一层面来说正是劳动创造了人。所以在这种意义上说"技术的本质就是人类在利用自然、改造自然的劳动过程中所掌握的各种活动方式、手段和方法的总和"③。在人类的进化历程中，人通过技术性的劳动维持生存，进化中的人通过双手获取自然中的物质材料，人逐步从自然存在物进化成为社会存在物。劳动对于从猿脑进化为人脑的过程具有至关重要的作用，紧接着语言和劳动成为推动人类进化的主要力量。④这意味着，形成自己语言的人类结合劳动朝向社会存在转变。作为社会存在的人不仅具有物质性，同样也具有精神性。这也就是说，人的精神层面的相关活动也是由技术劳动所催生的产物。通过各种丰富多样的精神活动，人与动物有了明确区分，宗教、艺术、政治等往往都是在技术实践活动中呈现出来的。技术劳动促进了人的脑部发展，强化后的人脑促进人对世界进行更深层次的认识和理解，并提供人改造世界的新思维。人在技术劳动中物质性和精神性的统一发展，使人具有了人之为人的独特底蕴。就此而言，人在与自然的互动过程中，以利用和改造的活动方式体现了自身的技术性劳动本质，这也决定着人的发展。再者，技术是顺应人的生存发展要求的必然产物。技术与人类活动密不可分，技术不是凭空出现的，而是人的自我保存要求的，这必然导致人与自然展开"博弈"，自然中的物质生活生产资料等都可以作为人的可支配之物，技术则能够转换物质为人所用。陈昌曙提到："更正统和得到公认的，是技术起源于需求论，可以举出更多的史实，说明人们的生活需求、劳动需求和其他的种种需求决定着技术的发展。"⑤因此，技术要发展也必然以更为科学的途径与生产劳动过程结合起来。人以物为手段，在此基础上根据自身的目的和要求来对其他物产生作用，这主要利用了劳动

　　① 齐承水. 试论恩格斯技术观的人学向度[J]. 自然辩证法研究，2020，36（4）：9-14.

　　② [德]马克思，恩格斯. 马克思恩格斯全集：第20卷[M]. 中共中央马克思恩格斯列宁斯大林著作编译局编译. 北京：人民出版社，1971：515.

　　③ 黄顺基，黄天授，刘大椿. 科学技术哲学引论：科技革命时代的自然辩证法[M]. 北京：中国人民大学出版社，1991：257.

　　④ [德]马克思，恩格斯. 马克思恩格斯全集：第20卷[M]. 中共中央马克思恩格斯列宁斯大林著作编译局编译. 北京：人民出版社，1971：513.

　　⑤ 陈昌曙. 技术哲学引论[M]. 北京：科学出版社，1999：115.

者的物理、化学和机械属性。①换言之，人通过技术来实现自身的需求满足，无论是物质上的还是精神上的需求大都如此。技术的发展不以个人的意志为转移，它合乎历史和社会的发展要求。恩格斯认为，社会发展过程中出现对技术的需求，这种需求会产生胜过十所大学推动科学前进的力量。②因而这既是技术本身发展内在要求，也是社会的本质要求。从时代的变迁来观察技术，技术无疑推动人类经历了不同发展阶段，同样，人的思维方式也在技术的作用下产生深刻的变革，人在技术实践的劳动过程中不断创造自身。

2.3.2　技术与人的"异化"关系

技术的不断革新展现出推动人类发展的巨大力量，也造成了人类社会的各种问题。采取理想化的态度看待技术与人的关系，人无疑应该在技术的作用下实现自身的完善化和精神的自由，然而技术的更新换代导致了人的异化。

现代技术造成人脱离"本真"。海德格尔一直关注技术本质的问题。他认为现代技术的本质是"座架"，即呈现为一种有限定的集成，一切存在者（包括人）都在现代技术的解蔽作用下呈现为持存物。"这样看来，现代技术作为订造着的解蔽，绝不只是单纯的人类行为。因此之故，我们也必须如其所显示的那样来看待那种促逼，它摆置着人，逼使人把现实当作持存物来订造。那种促逼把人聚集于订造中。此种聚集使人专注于把现实订造为持存物。"③这意味着，"座架"将人的命运限制在其形成的架构之内，人的自由和本真状态逐渐退隐。也就是说，人的本真状态在"技术之前"可以通过多种方式达到，人可以通过其他解蔽手段意识到自身存在并成为自身。现代技术座架将人与技术"捆绑"起来，人只能通过这一种方式来寻求通向存在的道路，因而失去了其他通向存在的方式的可能性，这就将引发一个问题，现代技术导致人无法沟通存在，并且人自身存有的本质特征也弱化了。

技术导致人的劳动"异化"。"在马克思看来，科学是一种在历史上起推动作用的、革命的力量。"④科学技术作为第一生产力，无疑推动了社会的发展进程。

---

① ［德］马克思，恩格斯. 马克思恩格斯全集：第 23 卷［M］. 中共中央马克思恩格斯列宁斯大林著作编译局编译. 北京：人民出版社，1972：203.

② ［德］马克思，恩格斯. 马克思恩格斯文集：第 10 卷［M］. 中共中央马克思恩格斯列宁斯大林著作编译局编译. 北京：人民出版社，2009：668.

③ ［德］海德格尔. 演讲与论文集［M］. 孙周兴译. 北京：生活·读书·新知三联书店，2005：17 - 18.

④ ［德］马克思，恩格斯. 马克思恩格斯选集：第 3 卷［M］. 中共中央马克思恩格斯列宁斯大林著作编译局编译. 北京：人民出版社，2012：575.

从技术发展与生产劳动的发展来看待技术与人的关系，由于技术的力量产生了无比巨大的社会和经济效益，而人在这种机械化生产体系中自身的主体性被"剥夺"，呈现出客体化特征。这必将导致人在生产过程中的形象由主人沦为机器的附庸，似乎技术成为主导人的存在。这种困境的出现也意味着人主体性力量的弱化和瓦解。人的劳动在本质上具有创造性，而这正是人在劳动过程中自身价值的实现。但是在大工业技术化的生产体系中，人的劳动转向"机械化"和"工具化"。因此人的劳动异化为操作性的劳动，人的劳动与劳动产品之间的联系遭到割裂。① 正如乔治·卢卡奇（Georgy Lukacs）指出的人在劳动过程中成为机械体系的一部分。② 因而人在技术化的生产过程中泯灭了固有的创造性而无法发挥自身的价值。因此在特定历史背景下，技术进步在社会的发展进程中并未解放人，而让人丧失了主体性，使人的价值受到贬损。③ 当然，技术不仅使工人的劳动异化，资本持有者同样也被异化了。资本持有者借助技术实现了资本的价值增值，从中获取了利益，这得益于技术的力量，同时技术的效益进一步促使资本持有者不断追求利润，资本家在这种意义上沦为技术的"奴隶"，技术的"受控性"成为决定人的"控制性"力量。

技术导致人的精神异化。卢卡奇认为技术导致生产中人与劳动过程的分离，使得人、劳动被物化的同时，向意识形态领域扩散。技术作为商品经济繁荣的合理化基础隔离了人与人之间的关系而表现为物与物的关系，人与人之间的主体互动关系沦为商品的交换关系，因此人难以实现马克思语境下有限与无限的统一，技术消解了人突破自身、完善自身的可能性，技术对人的物化恶化为普遍社会关系，在客观上实现了对人的控制而具备意识形态特征。站在人性的角度，"人"才是技术的价值主体。资本主义制度下的价值主体不再是作为整体的"人"，而是统治阶级，技术蕴含的人性光辉逐步丧失，而转变为统治阶级奴役人谋取利益的工具。"神话就是启蒙，而启蒙却倒退成了神话。"④ 因而技术导致人的本质异化而不自由，也掩盖了社会危机，启蒙精神不再启迪人而沦为一种新的合理化的

---

① 王雨辰. 略论西方马克思主义科技伦理价值观[J]. 北京大学学报（哲学社会科学版），2006（3）：25-32.

② [匈]乔治·卢卡奇. 历史和阶级意识——马克思主义辩证法研究[M]. 张西平译. 重庆：重庆出版社，1989：99.

③ 衣俊卿. 异化理论、物化理论、技术理性批判：20世纪文化批判理论的一种演进思路[J]. 哲学研究，1997（8）：10-16.

④ [德]霍克海默，阿多诺. 启蒙辩证法：哲学断片[M]. 渠敬东，曹卫东译. 上海：上海人民出版社，2006：前言第5页.

意识形态①，而这也必将导致技术本身的异化。科技进步实现了技术对生产关系的替代，技术成为推动社会进步的第一力量，以至于取得了主导性。紧接着，技术实现生产中的统治进而支配着人类社会的需要。②在追求虚假满足的同时，技术压制并消解人的主体意识而成为社会中的主导意识，使人变为"单向度"的生物。

从现代科技发展来看人与技术的关系，彼得-保罗·维贝克（Peter-Paul Verbeek）认为信息技术和认知科学的融合挑战了以往基于人与技术之间的差异和关系构建的主导文化框架，或者更确切地说是人与事物之间的差异和关系。③一方面，技术环境通过一种符合人类认知形式的方式向人类呈现自身；另一方面，技术对人及其行为所产生的影响导致了主体行动归属的一些问题，即谁是施加影响的主体。一般来说，普遍认为人是主动的、有意识的智慧生命，而事物则是无生命的、"沉默"的对象，但新技术似乎跨越了这一界限。因为这些技术有一定的自主性，在自身的系统中具有"自洽性"，并对人有强烈的干预作用，其"驯服效应"主要潜藏在对人类意图的干扰上，即技术塑造人以特定方式行事的意图，人类的意图与技术的意图交织在一起。这意味着当代高新技术的发展使人与技术的关系发生了重要转折：技术的对象转向了生命和人本身，而人类对自然的干预也进一步深入到了它的基础层次。④当代技术诸如人工智能技术、新兴人类增强技术，使人与技术的关系变得更加纠缠和复杂化。人工智能时代的到来导致技术对人的控制和奴役更为隐蔽，出现了机器智能取代人类智能的现象，人类本质面临退化的风险。⑤新兴人类增强技术对人的体内干预，造成了人的"深度技术化"状态，自然人沦为技术人，人的固有属性如情感、道德、认知等都受到技术的控制，造成了人的本质和尊严的淡化。⑥技术成为隐蔽在人体内和周围环境的一枚"定时炸弹"。

① 马广利. 法兰克福学派的科学技术意识形态批判理论及其反思[J]. 社会科学战线，2007（4）：112-114.

② ［美］赫伯特·马尔库塞. 单向度的人——发达工业社会意识形态研究[M]. 刘继译. 上海：上海译文出版社，2008：6.

③ Verbeek P-P. Ambient intelligence and persuasive technology: the blurring boundaries between human and technology[J]. NanoEthics，2009（3）：231-242.

④ 陈万球，丁予聆. 人类增强技术：后人类主义批判与实践伦理学[J]. 伦理学研究，2018（2）：81-85.

⑤ 闫坤如，曹彦娜. 人工智能时代主体性异化及其消解路径[J]. 华南理工大学学报（社会科学版），2020，22（4）：25-32.

⑥ 易显飞，刘壮. 当代新兴人类增强技术的"激进主义"与"保守主义"：理论主张及论争启示[J]. 世界哲学，2020（1）：151-159.

2.4 人 机 关 系

"人机关系"一直是技术哲学研究关注的重点之一，相关问题的探讨从属于"人技关系"这一更大研究领域。在人类文明史中，"机器"扮演着至关重要的角色，它先后大体经历了"手工工具""近代机器""信息化智能机器"三个阶段[①]。一般而言，"机器"是由一系列工具组合而成的，这在生产过程中尤为明显。机器的运行由多种工具共同作用而完成，因而所有工具在此过程都具有时间上的一致性，在空间维度均保持联结性。[②]机器使多种工具形成了时空维度上的运行连续性，即持续完成一系列动作。在这种意义上，机器呈现为既定的整体，工具作为其中的构成要素，在相互联结中使机器具备了具体性。机器也不能与"技术"以及"技术人工物""技术制品"混为一谈，机器毫无疑问包含于"技术"的范围之内且属于"技术人工物"的一个类别。就此来看，人机关系处在"人-技"关系和"人-物"关系之中，但具体特征又与其不同。

2.4.1 传统"人机关系"的马克思主义哲学审视

本书所指的"传统人机关系"，就是指"手工工具""近代机器"两个阶段的人机关系。传统工业社会早期，越来越细的分工导致工场手工业的产生与蓬勃发展，并在此基础上使传统生产方式发生了新转向，因而在考察传统人机关系时也就不可能回避手工工具阶段的人机关系。在手工工具阶段，哲学家往往从物理学、生物学角度解释人机关系，具有显著的机械唯物主义特点。第一次工业革命后，机器的产生与普及推动了生产方式的变革，对人机关系的认识逐渐脱离了庸俗的机械唯物主义认识论范畴，这尤其要归功于马克思对大机器工业的系统考察。

总体而言，传统人机关系可概括为"机械式""有机式""分离式"三种关系。"机械式"人机关系总体上固然具有唯物主义特点，但是却陷入了形而上学的思维怪圈；"有机式"人机关系论述纷繁复杂，其中恩格斯的阐发最具科学性，克服了以往唯心主义与机械唯物主义对人机关系论述的弊端；"分离式"人机关系论述以马克思为代表，其触及了机器"异化"人的本质问题，体现了人与机器的

---

① 于雪，王前. 机体哲学视野中的人机关系[M]. 科学出版社，2022：187.
② 陈飞.《资本论》的机器观及其人学向度[J]. 教学与研究，2017（8）：40-48.

残酷对立及机器与非人性化分离。从马克思主义哲学视角对传统人机关系进行把握，有助于破除关于"人机关系"哲学理解上的思想"迷雾"，引导构建智能技术革命背景下和谐的新型"人机关系"。

2.4.1.1　"机械式"人机关系

随着数学、力学的发展及其在"解释世界"上所表现出来的有效性，人类普遍地以机械论的观点来认识世界。事物的变化现象都可以通过科学规律得到解释，并遵从"严格"的因果律。无论多么复杂的现象，都可归结于机械运动规律的"统辖"。因此，那时的人们都乐于服从机械论的观念来解释自然界与人类社会的各种现象，对"人"本身的理解也是如此。

在机械论视角下，人体的运行被还原为机械运动，"人"本身也被视为机器。持有"人是机器"这一观念的哲学家并不少，如笛卡儿[①]、霍布斯、拉·梅特里等。笛卡儿关于"人是机器"的看法，与其"身心二元"，即身体与心灵（精神）决然对立的哲学思想脱离不开，也正是基于这种二分法来解释"人是什么"。笛卡儿认为动物没有心灵，是机器，其生理功能、感觉功能、知觉功能和行动功能与钟表等自动装置没有区别。[②]对于人来说也是如此，人"是由骨骼、神经、筋肉、血管、血液和皮肤组成的一架机器"[③]，"在这架机器中，身体的职能都自然地因器官的安排而起作用，正如一只表或者其他自动化机器的运动必然因摆锤和机轮而产生一样"[④]。

因此，人也在笛卡儿的解释下"成为"机器。在当时的自然科学背景下，这种理解倒也显得"自然"，在机械力学占主导的时代，"力"是宇宙中一切事物的推动因素，机械装置以及各种机器的运转都受力学规律的支配。在笛卡儿看来，人体内部的构成也可以被"拆解"为类似机器的组成零件，这种理论在某种意义上就是对人体机器化的隐喻。也就是说，笛卡儿是通过"机器隐喻"解读宇宙、动物和人体的，因为在他看来，现实的物质世界是按照数学规律来运动的，物质是无精神可言的。对于人的躯体而言，尽管人是生命体，但其躯体是物质存在，笛卡儿就以这样的逻辑将机械论挪移到了有机生命中。另一方面，笛卡儿认为心

---

① 也可译作笛卡尔。
② [法]笛卡尔. 第一哲学沉思集：反驳和答辩[M]. 庞景仁译. 北京：商务印书馆，1986：88-89.
③ [法]笛卡尔. 第一哲学沉思集：反驳和答辩[M]. 庞景仁译. 北京：商务印书馆，1986：88-89.
④ [美]梯利. 西方哲学史[M]. 葛力译. 北京：商务印书馆，1995：316.

灵（也作灵魂、思想）才是构成我之为我的本质。①这样一来，笛卡儿将人的躯体看作机器，也就意味着他把人的身体和灵魂"切割"开来。很显然，这种说法的不妥之处并不难发现，笛卡儿本人也固然知晓。他尝试运用解剖学的分析来融合这种分裂，即人体松果腺是灵魂的物质存在，提供了灵魂的"安放之地"②。然而这并不完满，如果说松果腺这一物质基础是精神的发源地，那么作为物质的机械性和无意识存在如何能够产生精神？这又与他自身的观点相矛盾。

霍布斯以机械唯物论来陈述"人是机器"。在他看来，物体的空间转移属于机械运动方式的体现，所有物体包括人都服从机械法则。既然如此，所有物体都属于机器，仅有大小之分，与笛卡儿类似，"人是机器"也是通过这种类比得出的。他认为生命通过其内部的主要构成因素的作用表现为肢体的运动，任何类似由齿轮和发条所构成的装置都可以被视为"人造"生命，"发条"可以视作机器的"心脏"，"齿轮"可以视作机器的"关节"③。不同之处在于，笛卡儿仅仅认为人的躯体是机器，而霍布斯则认为任何物都是机器，他并不像笛卡儿一样通过数学还原作为中介来展开他的论述，而是更为直接更彻底地表明他的观念。他把思想归为感觉，认为感觉由各器官赋予，最终将"器官的集合"——身体理解为机器。④同时，霍布斯对"人是机器"的理解与他对制作活动的认识相关，通过霍布斯在《论物体》中频频使用"制造"一词的现象便可证明，更为重要的是，霍布斯认为世界作为一架服从因果法则的机器是由上帝制造的⑤。也就是说，霍布斯认为上帝制造了世界，是"创世匠"，人与自然就成为上帝制造的某种"工艺品"，所以说人这个"被创造者"就是按照其创造者（上帝）的意图所制造出来的由不同部件构成的一架机器。

拉·梅特里继承了笛卡儿视动物为机器的观点，从机械唯物论的角度指出"人是机器"。他的这一观点建立在物质概念的基础上，由于大脑和身体各组织等物质基础的一体化作用，心灵的作用才得以呈现，心灵必然依赖于这些物质基础，而这一体化的组织本身就是一架机器，自然法则在人这架机器上体现出来，相对于动物，因为人的物质构成更多样，大脑与心脏的距离更近，由此获得更充足的

---

① 李珂. 灵魂的陨落与身体的解放——试寻笛卡尔身心观之文艺复兴渊源[J]. 同济大学学报（社会科学版），2018，29（5）：8-20.

② 计海庆. 人的信息化与人类未来发展[M]. 上海：上海人民出版社，2020：44-45.

③ [英]霍布斯. 利维坦[M]. 黎思复，黎廷弼译. 北京：商务印书馆，1985：1.

④ 计海庆. 技术哲学视野中的"机器人"[M]. 上海：上海社会科学院出版社，2008：114-115.

⑤ 计海庆. "机器人"观念的形成及其影响的哲学考察[D]. 上海：复旦大学，2005：60.

血液，理性就是源于此而产生的，并无他因。①就此来看，人与动物没什么大的区别，唯一的区别只是在物质构成的方式上不同。这表明了拉·梅特里的唯物主义立场，即思维或精神有其存在的物质基础，思维和精神属于大脑的物质属性的体现，仅仅是身体器官的组织上的差异产生了理性，这也为他的下一步论证做了奠基。既然理性是器官功能产生的，是物质性存在，那么自然而然地，下一步就过渡到"人是机器"的论断。他认为，"人体是一架会自动发动自己的机器：一架永动机的活生生的模型。体温推动它，食料支撑它"②。"人的身体是一架钟表，不过这是一架巨大的、极其精细、极其巧妙的钟表，一切生命的、动物的、自然的和机械的运动，都是这些机器的作用所造成的。突然面临一个万丈悬崖，不是大吃一惊，身体机械地向后退缩么……一棒打下来，眼皮不是机械地闭起来么？瞳孔不是机械地在日光下收缩以保护网膜，在黑暗里放大以观看事物么？冬天我们身上的毛孔不是机械地闭起来，使寒气不能侵入内部么？胃脏在受毒物、一定量的鸦片、呕吐剂刺激的时候，不是机械的翻扰起来么？心脏、动脉的肌肉在人入睡的时候，不是和人醒时一样机械地不断收缩么？肺不是机械地不断操作，就像一架鼓风的机器一样么？"③人乃至人的身体各个部分都成了机器，是遵守机械法则运动的机器。

在这种机械论观念的主导下，人类出现了对机器的崇拜现象，机器运动遵循自然力的法则，机器秩序下的社会呈现一种精密的、齐一的状态。从某种意义上来说，对机器的赞颂实际上是对自然法则和规律所表现出来的完美性的崇拜。"规律"可以被认为是当时最终极的力量，是驱动一切事物的因素，世界上甚至宇宙中的所有客观事物的状态和变化都可以还原为机械论的物理过程。人和机器可比性的实质在于"功能等价"的机械化思维，即人的外在行为和功能可以被定义为人躯体的某部分或精神的本质。④现实中的工业生产方式也服从机器运行过程中精密性和高效率的特点，在具体生产过程中，人的劳动与机器工作无异。机器运行属于物理性过程，而人存在的复杂性不可能简单地归结为物理的机械方式或者化学方式，这种将人视为机器进行的生产生活方式，难免造成人的"异化"。这种机械论人机关系在当时特定的时空背景下有其必然性甚至也有某种合理性，但

① ［法］拉·梅特里. 人是机器［M］. 顾寿观译. 北京：商务印书馆，1959：52.
② ［法］拉·梅特里. 人是机器［M］. 顾寿观译. 北京：商务印书馆，1959：20.
③ ［法］拉·梅特里. 人是机器［M］. 顾寿观译. 北京：商务印书馆，1959：56.
④ 计海庆. 人的信息化与人类未来发展［M］. 上海：上海人民出版社，2020：43.

其存在的弊端，也迫使人类进一步考量人机关系。

在马克思主义哲学视野中，对一切客观存在的理解都离不开人的实践。人之所以与机器、其他生物不同，其标志性区别之一就在于人具有"主观能动性"，而这种主观能动性往往体现在人进行实践之前就已经"预置"的某种目的与意识。这就像马克思指出的，"蜜蜂建筑蜂房的本领使人间的许多建筑师感到羞愧。但是，最蹩脚的建筑师从一开始就比最灵巧的蜜蜂高明的地方，是他在用蜂蜡建筑蜂房以前，已经在自己的头脑中把它建成了"[①]。把"人"简单、机械地喻为"机器"，也是对人的主观能动性的"视而不见"。当然，必须指出的是，这种"预置"好了的意识或思维，并不是空穴来风，而是像马克思所阐明的那样，"观念的东西不外是移入人的头脑并在人的头脑中改造过的物质的东西而已"[②]。这说明其本质是人脑的机能和属性，是物质的产物，是"更早"的实践的结果。

2.4.1.2 "有机式"人机关系

基于"机械式"人机关系的有限性，哲学家开启了关于人机关系再认识的进程。得益于生物科学、医学等的进步，人类认识到仅以机械论来阐释自然界和回应"人是什么"的问题是不尽合理的，因此便借助生物学来理解机器，试图通过生物体的静态构成及其生命动态过程达成对机器的认识。有机论往往将机器看作一种生命体，将机器的进化与生理活动进行类比，机器的进化和更替如同生物细胞更新一般，以新取旧。可以作此理解，机器生命的"繁殖"通过机器工具来实现，只是其本身以及新的机器并无繁殖能力。在生命过程上，机器体与人体有某种一致性，人通过一系列生理过程和化学反应吸收食物中的营养获取支撑自身生命活动的能量，机器则是通过能源的化学反应过程汲取并实现能量的转化。还有，包括生物的分泌过程以及器官的损害等，也都可作同理类比。这样一来，有机论视域下的人机关系与"机械式"人机关系在本质上似乎基本一致，只是说以一种更为"前沿"的理论基础理解和解释"人是机器"或机器也是一种生命体的观点。不论是机械式还是有机式的人机关系，都与"根隐喻"有关。斯蒂芬·佩帕

---

① [德]马克思，恩格斯. 马克思恩格斯选集 第二卷[M]. 中共中央马克思恩格斯列宁斯大林著作编译局编译. 北京：人民出版社，2012：169-170.

② [德]马克思，恩格斯. 马克思恩格斯选集 第二卷[M]. 中共中央马克思恩格斯列宁斯大林著作编译局编译. 北京：人民出版社，2012：93.

（Stephen Pepper）认为，"机器"就是根隐喻之一，通过这一根隐喻，人类便可将机器作为可比拟的对象认识，以理解人自身以及与他者之间的关系。因而，在"机器"这一根隐喻的范畴下，人及其他物都被理解为机器。

莱布尼茨的哲学当中也透露出有机式的人机关系观点，他认为机械式地理解自然界存在破绽与不完备性。在他看来，宇宙变化过程的机械作用其实是宇宙这个"有机体"的自我实现，同时也是宇宙"生命力"的表现。更为具体地说，莱布尼茨认为所谓的运动仅仅是一种漂浮在事物上面的表象，其推动力来源于某种有机的活力。也就是说，仅靠机械运动的作用不可能生成任何有机生命，要使生命之为生命则必然存在一种确定的有机活力作用。此外，在莱布尼茨看来，机器作为物质性的存在，通过无限分割必然会在最终得到一种不同于物质的"活力之源"，即被其称为"单子"的微观实体。①故此，这种有机论视域下将机器看作有机体或等同于人的存在也就可以理解了，但其缺陷也很明显，即对物质的分割何以得到非物质的"东西"，对于机器则更加谈不上具有"活力之源"了，因为如果具有，机器显然可以呈现出"有机性"。

如果说上述"有机式"人机关系依然具有机械论的形而上学意味，那么在康德那里，基于有机物的认识来理解人机关系则实现了某种超越。对于康德而言，有机论的解释力显然突破了机械论的局限。他指出，"所以，一个有机物不只是机器：因为机器只有运动力；而有机物则在自身中具有形成力……它单凭运动能力（机械作用）是不能解释的"②。就此来看，康德是从本质层面来区分人与机器的不同，机器是被动的，人是主动的，固然可以通过自然或物理上的因果关系来解释机器的运作，但是凭此来解释"人"却是乏力的。为了超越"机械式"人机关系，康德提出了"自由因果"，"它被康德规定为意志的绝对自发性原因（先验自由）与感性世界中结果的连接，用以促成知识的统一性并落脚于实践理性的道德立法"③。在"自由因果"这个层面，人不会受到机械法则的支配和统摄，机械法则蕴含的因果性被消解了，这种法则成为服从人自身目的的一种手段。换言之，在人的"绝对律令"下，所谓"合目的性"与"合规律性"实现了统一。然而我们依然可以发现，虽然康德是为了留出"自由"的空间从而企图超越"机械式"人机关系，但事实上，这依然是在主观上"兜圈子"，无法完全克服"目

---

① 张殿全. 化学论哲学、机械论哲学、有机论哲学与近代化学的建立[J]. 化学通报，2002（10）：712-718.
② ［德］康德. 判断力批判[M]. 邓晓芒译. 北京：人民出版社，2002：224.
③ 甄龙. 马克思对机械论问题的双重超越[J]. 哲学动态，2021（12）：18-27.

的"与"规律"的矛盾。这也就是说,人还是在非自由领域受到机械论的支配,因此,人是机器的机械思维还是无法消弭。

恩格斯曾指出了根源于机械论的认识论的弊端,"当我们在这里研究运动本性的时候,我们不得不把有机体的运动形式撇在一边。因此我们不得已只好局限于——按照科学的现状——无生命的自然界的运动形式"①。无论是"机械式"人机关系还是"有机式"人机关系,其根源均在于对人的机械论的理解,要么对人的有机性欠缺考虑或忽视,要么就像康德那样在保留人的自由之地的同时也为机械论空出了地盘,其本质是孤立了事物本身、事物与事物之间的发展过程与有机联系。恩格斯认为,"这种甚至把化学过程无条件地归结为纯粹机械过程的做法,是把研究的领域,至少是把化学的领域不适当地缩小了"②。不管是将人这一有机体看作纯粹的机器还是将机器看作一种"生命体",最终都将陷入唯心主义。

对此,恩格斯指明了两条正确的路径,这形成了可以超越机械式与庸俗有机式的人机关系的通道。一是科学、哲学与古希腊朴素的有机论哲学相结合,二是与黑格尔关于联系的辩证法相结合。③因为古希腊的哲学家在自然观方面更多是以整体角度看待人与自然,"形而上学就是以这些障碍堵塞了自己从了解个体到了解整体、到洞察普遍联系的道路。在希腊人那里——正因为他们还没有进步到对自然界的解剖、分析——自然界还被当作一个整体而从总的方面来观察"④。由此观之,人自身是一个"小世界","小世界"作为一个整体存在,将人看作是可拆解的"机器"实属谬谈。至于主张与黑格尔联系的辩证法相结合,是为了实现主观符合客观的认识转向,即"事情不在于把辩证法的规律从外部注入自然界,而在于从自然界中找出这些规律并从自然界里加以阐发"⑤。循着这一见解可以得出,我们发现了机械运动规律,固然机器服从机械运动规律,但是我们不能将机器服从机械运动规律这一认识生硬地灌注到人身上,否则就会出现一种认识的离奇颠倒。机器是反映了人与自然关系的一种方式,作为马克思主义哲学家,恩

---

① [德]恩格斯. 自然辩证法[M]. 于光远,等译. 北京:人民出版社,1984:124.

② [德]恩格斯. 自然辩证法[M]. 于光远,等译. 北京:人民出版社,1984:152.

③ 李国. 机械论范式的有机论转向:科学知识"绿化"的起点[J].西南大学学报(社会科学版),2007(4):72-76.

④ [德]恩格斯. 自然辩证法[M]. 于光远,等译. 北京:人民出版社,1984:48.

⑤ [德]恩格斯. 反杜林论[M]. 中共中央马克思恩格斯列宁斯大林著作编译局编译. 北京:人民出版社,1993:11.

格斯的阐发有利于克服对人机关系的形而上学认识。

2.4.1.3　"分离式"人机关系

"机械式"和"有机式"的人机关系虽然在认知次序上表现出一定的递进作用，但是在理解深度上还稍显不够，尤其是唯心主义与形而上学唯物主义哲学家的考察与客观现实更是不尽相符，并未触及机器"异化"人的本质问题，很难从根本上说服人。马克思从社会现实维度来考察人机关系，将哲学家思维里面机器的"幻象"理性地拖拽到真实世界当中。可以说，马克思对人机关系的理解是技术哲学上的一场革命。

马克思的"器官延长说"，主要从生产劳动的视角来谈人与机器，即由劳动者能直接掌握的是劳动资料，劳动者通过与劳动资料的结合从事劳动生产便使得自然肢体得以延长。这说明人与机器具有一定的关联，机器作为一种"客体"，可以通过客体主体化的方式强化人的"本质力量"，这毫无疑问是其积极价值。但是，在马克思主义哲学的"异化"语境下，人机关系更多地表现出来一种"对立性"。这种人机对立关系的形成与机器对人的取代有很大关系，在资本主义生产早期，人机的对立尚不明显，生产还是以工场手工生产为主，人的劳动在本质上没有发生根本性变化，资本支配劳动也更多的是作为形式而存在的，资产阶级也主要是靠延长工人剩余劳动时间来榨取剩余价值。19 世纪以来，机器大规模地进入生产领域，生产方式出现了大变革，这预示着资本对劳动的支配已经在实际上得到了确立，生产方式实现了协作→分工→机器的根本性转化。也就是从此时起，劳动工具与劳动关系看上去呈现出"倒错性"。需要说明的是，马克思并不是一味地否定机器，毕竟机器的作用、人与机器的关系会随着社会形态的变化而呈现出不同的本质。在资本主义的社会背景下，机器是囚困人自由全面发展的牢笼；而在共产主义的社会形态下，机器则能成为人类解放的有利条件。可以说，马克思对机器的批判实质上是对资本主义的批判，因为在资本主义条件下，机器不仅具有纯粹的工具属性，更具有了资本属性，或者说机器的资本化，唯有这样，机器才能"异化"人。

马克思对机器及以机器为主的生产方式进行了深入考察，提出异化理论。他认为，所有发达的机器都由三个本质上不同的部分组成：发动机、传动机构、工具机或工作机。有了这些，便可以实现能量的连续转化与传递，完成连续的生产。在这个过程中，机器替代了以往人力的操作，人启动机器，机器按照设定程序自行运作就可以完成生产过程，不需要人更多地参与，其生产效率大幅提升。以往是人主导工具进行生产，在机器工厂则是相反，人需要配合机器并服从机器的运行方式，否则整个机器生产环节就会中断。进一步地，由于机器的使用，劳动和劳动力都被同一化了，也就是说劳动成了简单劳动，劳动力成了简单的劳动力，劳动者长期生产实践形成的专业性被消解了。机器规格越高，人的作用和劳动就越单一和简化，操作动作就越固定不变，"整个过程是客观地按其本身的性质分解为各个组成阶段，每个局部过程如何完成和各个局部过程如何结合的问题，由力学、化学等等在技术上的应用来解决"①。这意味着，人反而无需熟练的"技能"和"经验"就可以从事生产，从以往生产过程中得到的精神满足和人的创造性也因此消失了。人与机器呈现分离状态，人似乎成了机器的一个零件，颠倒了"主客"位置。

"人机对立"还表现为人受到的剥削程度与日俱增，失去生产资料的工人只有服从配合机器的运行才能发挥劳动力的价值从而勉强维持生存。工人与机器的结合不仅创造劳动力的价值，也创造出剩余价值，不断扩大的生产也创造出了更强大的支配关系，这种生产关系反而导致人被统治程度的不断加强。换言之，人与机器"合伙"制造出的东西成为支配人的东西，且劳动量、劳动时间与受支配程度呈现出线性递增关系，越生产就越加重人的被支配程度。机器生产在结果上并未使人的生存境况有真正的改善，机器的资本属性导致了生产强度的不减反增，无法满足生产要求更会导致工资的降低，工人的生存与健康困境愈发严重，在这种情境下，机器的奴役使熟练工人同样会面临失业的危机，被童工和女工替代的现象屡见不鲜。资产阶级宣扬机器的应用能够缩短工人的劳动时间，从而带给工人福利，这就显得更加虚伪，因为在机器的作用下，工人的劳动并没有减轻，工人必须鼓起十足的精神伴随着机器的运转而"运转"，没有丝毫劳动内容可言。在资本与机器应用的双重作用下，工人失去生产资料而必然要依附机器，明面上工人作为机器的主人，实质上，机器成为人的主人，人被降格为机器。

进一步而言，相对于过去资产阶级对工人的监工，在机器生产阶段，机器对人的支配是隶属于资本逻辑的内在支配，人成为机器运作的手段。人这一有思想、有意识的生命体成了机器的附属物，人的肉体和精神受到机器的统治和操纵，这必然导致人的双重不自由，即肉体层面和精神层面的不自由，这种双重不自由直

---

① [德]马克思. 资本论 第一卷[M]. 中共中央马克思恩格斯列宁斯大林著作编译局编译. 北京：人民出版社，2004：437.

接造成了人的生存不自由。如尤尔在《工厂哲学》中指出，资本主义形态下的工厂如同"一个由无数机械的和有自我意识的器官组成的庞大的自动机，这些器官为了生产同一个物品而协调地不间断地活动，因此它们都从属于一个自行发动的动力"①。所以，工人在这种条件下仅仅如同机器的"器官"一般，即使工人与机器相比表现出一定的思想意识，也在附属机器的过程中被消解掉了。

综上所述，传统人机关系的哲学理解可以概括为三种形式：机械式、有机式与分离式。从马克思主义哲学语境来理解，"机械式"人机关系总体上固然具有唯物主义特点，但是却陷入了形而上学的思维怪圈，他们不能够通过实践正确地认识"人"，认识人的意识（思维）。"有机式"人机关系论述纷繁复杂，在诸多"有机式"人机关系论述中，恩格斯的阐发最具科学性，尽管在他的相关著作中并没有太多直接讨论人与机器关系的内容，却从中透露出一种考量人机关系的有机论指向，克服了以往唯心主义与机械唯物主义的人机关系论述弊端。"分离式"人机关系主要体现了人与机器的对立与分离，以机器的出现与大规模应用为开端，人的机器化实则指向的是资本对人的反人性统治。在这种语境下，也可以说人是被资本奴役的机器，马克思对此作出了深刻的哲学批判，这种批判与其说是批判机器，毋宁说是批判资本主义。人机关系是历史的、动态的。机器的"进步"使其在某种意义上僭越了人的存在，或表现出弱化人的自然属性，或表现出挑战人的主体地位。当前，机器已经发展到"信息化智能机器"阶段，人机关系也出现了根本性的范式变革，衍生出形形色色的人文风险和价值危机。从马克思主义哲学的角度反思传统人机关系，要求我们在新兴技术背景下，不能缺乏理性地去崇拜机器而物化自身，而是需要更"人文"地正确理解机器，严审人与机器的关系。人机关系理应朝着人机协同配合的方向发展，不能一味地批判反对机器，也不能忽视已经深度纠缠的人机关系中潜藏的人文风险。人类需要更加审时度势，避免出现各类"无效"争议，从而保持足够的人文力量来引导人机关系的积极建构。在认识当下的新型人机关系过程中，同样不能陷入唯心主义或形而上学甚至某种神秘主义，而是要紧紧抓住马克思主义哲学，以其为"秤"来进行哲学衡量，对于新技术形态下的人机对立，要注重以马克思主义哲学所蕴含的人文向度来关怀"现实的人"，使机器像其他积极要素一样，成为人类福祉提升的推动力量。

---

① Ure A. The Philosophy of Manufactures[M]. London：Charles Knight，1835：482.

2.4.2 现代技术条件下人机关系的人文考量

自现代技术发源以来，技术的复杂程度与精密程度已超出人的朴素想象，如今的机器作为现代技术创制而生的"人工系统"携带了技术的复杂性和精密性。数字技术、人工智能、生物科技、机器人技术，以及新兴人类增强技术的不断发展导致传统人机关系不断发生新的转向：人的肢体功能与感官功能在机器的作用下持续高效地倍增，机器由外在于人的状态转变为内嵌于人的状态，人在机器的计算逻辑下成为一组数据资源，机器的"人化"导致人文问题丛生，等等。这些转向致使现代人机关系呈现出不同的形式，人与机器的关系由此变得更密切、更紧张，因此有必要以人文的态度立足于现代技术背景重新考量人机关系。人机关系在现代技术的演进过程中不断切换着形式，在一定程度上冲破了传统人机关系的桎梏。立足于现代技术背景，人机关系主要呈现出四种形式："延展式"人机关系、"互嵌式"人机关系、"控制型"人机关系、"人际型"人机关系。厘清现代人机关系的"面目"，有助于在技术哲学层面把握人与机器、人与技术的纠缠状态，从而回到关怀人的人文向度，审视人机关系的发展与走向。

2.4.2.1 "延展式"人机关系

在技术哲学思想史上，卡普的"器官投影"理论认为机器是器官的投影，工具或机器是人体器官的外化，其呈现方式内在于器官本身。人与机器具有一定的关联，机器可以看作人的延展。现在的高铁、电脑、雷达分别可以延伸人类的腿、脑和眼的功能，可以"作为"身体器官的一部分存在。这也是客体主体化的一种表现，对象物褪去作为客体的形式，从而转换为人这一主体的生命结构和本质力量的一部分。

人本身存在某种"缺陷"，或生理层面的，或智能层面的，克服"缺陷"的最优方式就是借助机器。阿诺德·盖伦（Arnold Gehlen）的"器官补偿"和"器官强化"理论说明机器可以弥补人体器官的不足并具有强化器官的作用，因此人可通过机器达到器官层面"省力"的目的。盖伦认为技术来源于人类对自然的性质和规律的把握，借此利用并控制自然，从而使得自然为人类自身服务，在这个过程中，技术便体现为人类"征服"自然的各种能力和手段。[①]因此作为技术人

---

① ［德］盖伦. 技术时代的人类心灵：工业社会的社会心理问题[M]. 何兆武，何冰译. 上海：上海科技教育出版社，2008：4.

工物的机器，同样是人"补偿"并服务自身的有力手段。"器官补偿"说与 19 世纪下半叶有机论中对人机关系的理解有相似之处，但其并不是单纯刻板地以人生命活动的生化过程来阐释机器，而是以一种更加显著的"关系性"来理解人机关系，这也是 20 世纪初期在人机关系认识上的一个进步。

从现象学视角出发，在伊德的"放大/缩小"的理论表述中，机器具有居间调节作用，以各种形式对人的能力进行延展。由于机器的延展性，人对机器产生了强烈的依赖感，人愈发倾向于通过机器来认识世界。这似乎仍符合机器是人的工具这一陈旧的说法，但在认识论层面并非如此，它早已突破了传统观念中利用机器挑战自然的人类中心主义思想，机器已经逐步成为人们生存生活的不可缺少的一部分，人机关系似乎变得"融洽"起来。如延展认知技术，就是分析从用户那里获取到的数据，待分析完成，又将结果反馈给用户，从而达到增强用户认知或调节用户行为的目的。[①]然而，机器在扩大和增强人某些能力的同时，也表现出"缩小"的一面，比如放大仪器和显微仪器，我们只是专注于发挥其对应的功能（放大和显微），却忽视了它们所具备的其他功能。毫无疑问，我们的感官体验在机器的帮助下得到了延伸，无论是宏观还是微观现象，我们都可以借助机器来进行"透视"。正因如此，人们往往沉浸于机器的放大或增强效应，而忽视了机器的缩小或减弱效应，也就是说，人与机器的关系在某些方面被遮蔽了。

关于机器延展性的解释有很多，但每种解释都是基于各自的理论视角和文化背景做出的，因此在不同视角的转换下，其内涵也会有较大变化。"延展式"人机关系主要指外在于人的机器对人本身能力的极大延伸。采取对象化的思维方式来认识"延展式"人机关系，则人属于主体一方，机器作为中介或客体而存在。虽说机器不等同于工具，但其已成为一种高度复杂的工具，在实际的人机关系中，人在一定程度上依旧需要依赖机器而存在。马歇尔·麦克卢汉（Marshall McLuhan）提出的"媒介是人的延伸"的观点，也可以被理解为"机器是人的延伸"。总之，在"延展式"人机关系中，尽管视角不同，或者层次有所递进，机器在本质上也大都表现出客体主体化的特点，不过并没有在实质上成为人体不可分割的一部分。

技术进步导致机器的复杂性和精密性出现质的跃升，特别是随着以物理增强、认知增强、道德增强、情感增强为主的当代新兴人类增强技术的出现，机器

---

① 易显飞，王广赟. 论延展认知技术及其风险[J]. 科学技术哲学研究，2020（1）：57-61.

逐步实现了对人的"渗透",人机关系出现了全新变化。不过,机器表现的渗透性并没有磨灭其延展性要素,比如脑机接口,它在一定程度上实现了对人的脑部"侵入",在人体与机器之间构建了相互作用的通道,能够发挥弥补、延展或增强运动系统、语言系统、思维系统的功能,当然,这同样伴随着一定的风险。

2.4.2.2 "互嵌式"人机关系

随着机器的发展与演变,人机关系呈现出"互嵌式"特征,亦即我们常说的"人机融合"。人的各种能力在机器功能上得到了一定体现,机器被嵌入人体内部,成了人体的一部分,在这里,机器不再仅仅是普通工具,而变成了一个个复杂精密的系统。在这种情形下,人类身躯与智能化机器融合而成的耦合体随之而生,它被称为"赛博格"。通常而言,赛博格有两种类型,即人与机器(技术)的结合体和进入赛博空间的虚拟主体,这里仅针对第一种进行讨论。

一般认为,赛博格是从"控制论"的概念衍生而来的。赛博格是 cyborg 的音译,其原词由 cybernetics(控制论)和 organism(有机体)组成。美国航空航天局的科学家曼弗雷德·克莱因斯(Manfred Clynes)与内森·克兰(Nathan Kline)首次使用了赛博格这一术语,并设想通过借助"技术设备和生物学改造"[1]的手段满足人类在太空中获得适应性生存的需要,从而使人类在太空中遇到的问题被赛博格系统自动处理,而不会妨碍人的感觉、思维、创造和探索的自由。所以,赛博格展现的是人通过技术改造自然躯体以适应原本不适应的环境的生存逻辑。如果说赛博格在最初只是一种"科幻"设想,那么在人工智能、数字技术、生物工程技术等不断发展的情况下,赛博格已从可能性转变为某种现实性,随之,人机关系也演变出新的形态。赛博格的出现预示着人与机器之间形成了"互嵌式"关系。也就是说,机器作为身体中的存在物起到了某种枢纽的作用。唐娜·哈拉维(Donna Haraway)将赛博格定义为"一个控制论的有机体,一个机器与生物体的杂合体,一个社会现实的生物,同时也是一个虚构的生物"[2]。按照该定义,我们可以推断赛博格显示出的人机互嵌关系至少有三个层次。第一层次是人与机器的物理性嵌入:机器在某种意义上成为人体器官或躯体的一部分,代替器官执行相应的功能,比如,机械手臂可以"复制"手臂的功能,甚至还有所强化。第二层次是人与机器的思维性嵌入:将机器嵌入人体而导致人的思维产生变化,比

---

① 姚禹. 技术史视域下人的"赛博格化"研究[J]. 长沙理工大学学报(社会科学版),2021(2):8-15.

② Haraway D. Manifestly Haraway[M]. Minnesota:University of Minnesota Press,2016:5.

如，植入载有大量数据的"电子系统"，并且针对输入的信息形成一种较为精准的反馈性通路来提升人的思维"效率"，某些认知增强技术就属于此类。第三层次是人与机器的精神性互嵌。换言之，通过机器嵌入所产生的电-生物化学效应，改变人的精神状态，比如使主体心理上与情感上更加积极。

机器的嵌入可以使人具有原本不具有的物理属性或者化学属性，各项功能也前所未有地得以提升。如利用"侵入式"脑机接口增强人类认知能力时，有时无法判断出人是依靠自身还是借助机器来达成认知目的的，因为机器已经从外部空间转移到了"脑空间"，这时，人与机器呈现出深度融合的特征，成为一个整体。人与机器、生命与非生命、身体与非身体的界限被打破了，人或许不能被称为纯粹的"生物人"或"自然人"了，被称为"技术人"或"生物机器人"也许更贴切。如同哈拉维所言，机器已全然虚化了自然与人工、思想与身体、自我发展与外部设计之间的界限，通过以往的标准来区分有机体与机器已经愈发困难了。[①]而今在新兴人类增强技术的加持下，人与机器的"互嵌式"关系似乎离我们更近了，在本体论层面重新理解"互嵌式"人机关系及可能由此引发的人文问题或许成了哲学与伦理学的重要任务。

2.4.2.3 "控制型"人机关系

在计算机技术和人工智能技术出现之前，对人机关系的解读主要有"工具论"和"奴役论"两种。前者将机器看作人达到自身目的（改造对象或世界）的一种工具或作为人体器官的延伸；后者则体现出人与机器的"对立关系"，具体地说，"奴役论"式人机关系可以被解读为三种情况：人类奴役机器、机器奴役人类、人类通过机器去奴役人类。在计算机和人工智能技术出现以后，人机关系是否契合"工具论"和"奴役论"并不能简单地下定论。从"奴役论"视角看，计算机和各种人工智能技术产物确实在某种程度上呈现出奴役人的特点，但是又不仅限于传统的奴役形式，而是形成对人的某种"控制"。

希拉里·普特南（Hilary Putnam）提出了计算主义的设想，认为人的精神状态（如思想）是依赖于一定组织才有的状态，所以精神状态既可以依赖大脑产生，也可以通过计算过程来定义。计算主义认为"认知即计算"，泛计算主义认为"万物皆为计算机"。智能可以通过计算实现，或者说"智能即计算"，也即通过一系

---

① Haraway D. A manifesto for cyborgs: science, technology, and socialist feminism in the 1980s[J]. Australian Feminist Studies, 1987（4）: 1-42.

列程序系统的运行来赋予机器智能。既然机器具有智能，那就意味着智能不独属于人，人在智能层面的优越性便丧失了。另外，在计算的支持下，机器决策显得更理性、公正，非理性因素（如偏见、情感）难以对其产生影响。相较于人的决策，机器决策的优势更加明显，这将使人逐步把决策权让渡给机器。换言之，计算使人"降格"了，机器决策使人类被置于机器或者计算之下了，这似乎是人"被奴役"的一种体现。不过休伯特·德雷福斯（Hubert Dreyfus）对人工智能进行了批判，他认为人工智能程序是受指令驱动运行的，因而其智能层级较低，也就是说，人类智能的层级是高于机器智能的，甚至可以说人类智能处于"元层级"，即使人工智能将来会出现更高层级，人工智能也是隶属于人类智能的。

机器的"思维"与"智能"仅仅是语言和思维的隐喻，机器能否模拟人类思维以及机器智能是否会超越人类智能等问题本身都不重要。①但从现实的角度看，由此引发的人机关系问题却需要被密切关注。人工智能确实是人类的工具，但并不仅仅是工具。计算机技术、虚拟技术、人工智能技术等将人带入一个新的生活空间和生存环境之中，我们的各种感官感觉也被延伸、扩张，在虚拟空间和现实空间叠合的环境下，人的生活方式、文化样态也与虚拟空间交融。可以说，对虚拟空间这一"虚存"对象的创造和使用亦是人之为人的体现。②积极地看，人类从中获得了极大的便利，人与机器共建人类美好生活，但问题在于人们未曾很好地关注自身失去的东西。举一个简单的例子，以前我们要去某地，要凭借我们自身的记忆，或者在实际探索中达成目标而形成记忆，而现在，即使要去一个全新的地方，我们也可以直接通过导航实现，这既是对机器指令的服从，也是人自身对未知的无决策行为。再如，网络购物过程的背后是智能算法的推荐，个人的选择被机器决定，智能机器对人形成了日常化的控制。进而言之，在由机器的日常化控制所形成的空间中，个人偏好等信息与利益形成关联，个人信息沦为一种"商品"③。

这种"控制型"人机关系是一种"信息茧房"，以网上浏览信息为例，在当今的网络环境中，人们可以自由地分析和获取大量的信息，但也使自己陷入一个"回音室"当中。因为公众自身的信息需求并非全方位的，人们习惯性地将自己

---

① Heim M. Heidegger and computers[C]//Stapleton T J. The Question of Hermeneutics. Dordrecht: Springer, 1994: 397-423.

② 张吕. 元宇宙中的"虚存"与媒介"代现"[J]. 南国学术, 2022（2）: 199-208.

③ 李亚薇，周建鹏. 大数据背景下隐私伦理问题研究[J]. 牡丹江师范学院学报（哲学社会科学版），2018（4）: 23-27.

包裹在由兴趣引导的信息中，如同将自身桎梏在一个"茧房"中。①因此，在数字智能技术高度发达的时期，人们在许多时候都会受到机器的"监视"，这如同边沁设想的"环形监狱"升级版，也就是数字化、虚拟化空间取代了现实的、物理的空间而实现对人的控制，人们的学习、生活、工作等方面的喜好都会遭到智能算法的主宰。需要肯定的是，我们确实能够从中受益，但在我们反思时，我们确实也会产生一种被机器"窥视"的感觉，而且我们往往只能接受与服从。这种"虚拟主宰"只需要人们提供"偏好"或"需求"，此后，人们将只能遵守智能算法的逻辑"办事"，主体被异化为一种信息、一种资源。

2.4.2.4　"人际型"人机关系

当代智能机器具有了"交互性"特征，人机关系在一定程度上转向了"人际关系"。当然，这并不意味着人机关系简单地局限在话语交流上。软件作为人与机器之间的交互通道，使机器更显"智能"，这不仅使人机交互得以进一步发展，而且在一定程度上促进了人与人的交互，并且基于融合与协同，人机实现了一种共生关系。②抛去生物学和社会学上的对立，人与计算机、智能机器成为互相促进的存在，机器可以帮助人发展，人可进一步完善机器并强化人机协同，不仅人与他人的关系是互利互惠的，人机关系也是如此。在这个意义上，人机关系也可以视为"另一种"人际关系。

随着计算机科学、认知科学、心理学、人机工程学与材料学的融合发展，表现出人格化特征的社会化机器人出现在大众眼前。需要说明的是，此处不是说机器具有我们所理解的主体地位，也不是站在一种本质主义的立场认为思维、情感、道德是人独有的本质特征。从功能主义视角看，人们之所以认为社会化机器人能表现出某种似人的思维特性和情感特性，从而与人产生比较"融洽"的"交谈"或"贴心"的"关怀"，是因为语言、思维、情感甚至道德等特征具有可编码性。③

这类机器人能够表现出情绪，在功能上能够以一定的方式关怀人、照料人，比如陪伴儿童和护理老人，可以在一定程度上满足人的情感诉求。人在某些方面缺失的情感能够被机器弥补，人机关系似乎有了"人与人"关系的意味。很显然，此类人机关系会引发大量的人文问题：作为主体的人会担心丧失主体地位，恐惧

① 凯斯·R. 桑斯坦. 信息乌托邦：众人如何生产知识[M]. 毕竟悦译. 北京：法律出版社，2008：7.
② 陈鹏. 人机关系的哲学反思[J]. 哲学分析，2017（5）：40-50，196-197.
③ 易显飞，刘壮. 社会化机器人主要特征的技术哲学审视[J]. 晨刊，2022（4）：21-24.

人机关系对人际关系的替代；人不再被他人所需要，人对他人的价值被机器所代替，人的价值在人机关系的深化中"跌落"。人与社会化机器人的关系"深化"，会使人的情感认同的"真实性""安全性""对等性"等遭受前所未有的严峻挑战。这种新型关系导致人的情感受到机器"欺骗"，人会认为机器"情感"是真实的，原本"人-人"的认同关系被"人-机"的依恋环境"弥散"，本来的"当局者"反而成了"旁观者"，取而代之的"当局者"是社会化机器人。现阶段，人机情感反馈在技术上并不成熟，人所期待的情感反馈与人类传递给社会化机器人的情感在比例上也并不协调，这种不"和谐"的人机关系就有可能致使人与自身及他者关系的价值"贬损"①。

人如果以工具化的态度对待机器人，比如将情侣机器人视作"玩物"，可能会产生诸多扭曲的行为，甚至危害到人自身。在这种情境下，人机关系似乎"重返"工具性关系，人是主人，机器是奴隶。但进一步思考后会发现，人在这个过程中实则物化了自身，甚至褪去了作为人的理性，回归到自然性当中。如国外部分激进主义者倡导"人机婚姻"，提出"人机婚姻"的种种优越性并加以宣扬，但倘若"人机婚姻"合理化与合法化，这必然会给既有婚姻伦理乃至社会伦理带来很大的挑战。接受"人机婚姻"的人应当如何面对其原生家庭？接受群体与反对群体之间会不会形成一种更加对立的局面？在智能机器人的法律地位、道德主体地位的争议还未解决的情况下，"人机婚姻"会不会诱发新的纠缠性争议？此外，在社会层面、道德层面、法律层面与人文层面，"人机婚姻"是否会引发更多的"臃肿问题"？这些由"人际型"人机关系引发的问题是学界不得不加以审度的，这毕竟关乎现代人与未来人的权益和福祉。②

在现代技术发展的条件下，人机关系呈现出明显的"纠缠态"。在任何一种形式的人机关系中，人与机器都呈现出"若即若离"的矛盾形势，换言之，人在现代技术环境中很难不趋近机器，而机器携带的技术与人文风险又导致人们"畏惧"而试图与机器保持距离。从根本上来说，人与机器之间的关系是对人与技术之间关系的反映；从伦理上来说，有必要考量并规避机器（技术）可能引发和已经引发的风险。在价值论层面，应该认识到现代技术与机器蕴含的价值意蕴，关键在于把握好人与技术（机器）的"最后一公里"，还应该看到人类社会处于一

---

① 易显飞，刘壮. 社会化机器人引发人的情感认同问题探析：人机交互的视角[J]. 科学技术哲学研究，2021（1）：71-77.

② 计海庆. 人类中心主义视角下人工智能道德风险防控与治理[J]. 长沙大学学报，2022（4）：10-15.

种不断变化发展的状态，社会的各结构、要素之间是相互作用、相互联系的。①因此对待现代技术要抛去静止、孤立、片面的形而上学态度。对现代人机关系的人文审视不能局限在"正 - 负"价值的对冲阶段，而要以觉知"本我"来构建良善的人文环境，从而打造出相对和谐的人机关系。②

2.5　技术哲学的"经验转向""伦理转向""文化转向"及对本研究的启示

现代技术哲学研究大致经历了三个转向，即"经验转向""伦理转向""文化转向"。"转向"的出现意味着技术哲学的关注焦点和研究方法产生了转变，也意味着技术哲学研究领域的"思想革命"，因为原有的研究纲领与现实的技术哲学问题存在种种不接洽的情况，因而必须转换思路实现技术哲学的转向以适应日益发展的技术社会。另外，转向的出现也对应着技术哲学研究所面对的新课题的出现，对于本研究而言具有重要的借鉴意义。

2.5.1　技术哲学的"经验转向"

技术哲学的"经验转向"是在 20 世纪 80—90 年代出现的，一般认为，克洛斯（P. Kroes）和梅耶斯（A. Meijers）是"技术哲学的经验转向"研究纲领的共同发起人。该纲领强调："关于技术的哲学分析应该基于可靠的、充分的关于技术的经验描述（和技术应用效果）。"③在此之前，技术哲学多受海德格尔和埃吕尔等人影响，充满了较多的抽象性和悲观性的论调。因此在 20 世纪 80—90 年代，技术哲学家意识到传统的研究路径过度抽象和悲观而具有较大的缺陷，导致技术哲学"呼吁"新的模式出现，故沿袭分析哲学和大陆哲学传统的经验性技术哲学研究模式应运而生。

"经验转向"意为对技术哲学的背景假设进行转换，将传统上被视作整体的技术转向为实在的技术。④通过"经验转向"，现实的具体技术成为技术哲学的研

---

① 冷梅. 历史唯物主义方法论的三维阐释[J]. 牡丹江师范学院学报（社会科学版），2019（3）：1-7.

② 易显飞，万礼洋. 深度反思脑机增强的人文风险[N]. 中国社会科学报，2022-08-16（6）.

③ Kroes P，Meijers A. Introduction: a discipline in search of its identity[M]// Kroes P，Meijers A. The Empirical Turn in the Philosophy of Technology. Amsterdam：JAI Press，2000：XXIV.

④ Verbeek P P. What Things Do: Philosophical Reflections on Technolgoy，Agency，and Design[M]. University Park：The Pennsylvania State University Press，2005：6-9.

究对象，技术不再被视作先验性的，或者作为超验存在的解蔽手段，而是关注技术自身，可以通过经验把握，将技术看作一种实在物，并在此基础上考察技术的本质以及技术与人、技术与社会的关联性。由此突破传统技术哲学的悲观主义、决定论和单向性论调三个方面的缺陷。

与此同时，"经验转向"也分为两类。第一类产生于 20 世纪 80—90 年代，主要代表人物有阿尔伯特·伯格曼（Albert Borgmann）和布鲁诺·拉图尔（Bruno Latour）等，主张对经典技术哲学的适度扬弃，但依然关注经典技术哲学的主题和问题，他们在摆脱经典技术哲学研究范式的同时也注重研究具体的技术和相关问题，通过借鉴社会技术系统的研究要素将其纳入自身的理论研究框架，继承实证主义和后建构主义，他们以社会技术系统为指导，综合多元研究领域来考察技术，意图以实证方式保持技术与现实的均衡，呈现出一种非决定论的理论特征①；第二类出现于 20 世纪 90 年代和 21 世纪初，它完全脱离传统的技术哲学研究范式，主要代表人物有卡尔·米切姆（Carl Mitcham）、皮特·约瑟夫（Pitt Joseph）、皮特·克洛斯（Peter Kroes）和安东尼·梅耶斯（Anthonie Meijers）等，主张技术哲学研究不能忽视对工程和技术本身的描述②，这也是技术哲学最先需要关注的，而不是直接考察技术的社会影响，因为归根结底，对技术后果的评价和判断是建立在对技术本身的可靠性认识的基础上的。这一类属于力图以更实证、更客观的态度审视技术，以此消除技术悲观论和决定论。

因两类"经验转向"研究范式的不同，其特点也存在某些差异，汉斯·阿特胡斯（Hans Achterhuis）指出了第一类"经验转向"的三个特点：一是使技术发展的黑箱得以呈现，技术哲学家们突破了原先对技术的固有理解，技术不再被视为自主的，技术物也不再被视为预先规定好的，而是通过社会因素的集成效用而产生的，因此应当考察其实际的发展与构成；二是将技术从一个"整体"变为可拆解的具体对象；三是考察技术与社会的相互影响和发展，因此其重点在于讨论社会和文化对技术发展的影响。③第二类"经验转向"并不注重考察社会因素对技术发展的作用，相关技术哲学家认为以社会因素为重点来打开黑箱过于片面，"经验转向"的实现在于工程师和技术哲学家的共同协作，且技术哲学家需要谙

---

① 潘恩荣. 技术哲学的两种经验转向及其问题[J]. 哲学研究，2012（1）：98-105，128.

② Mitcham C. Thinking Through Technology：The Path Between Engineering and Philosophy[M]. Chicago：University of Chicago Press，1994：267.

③ Achterhuis H. American Philosophy of Technology：The Empirical Turn[M]. Bloomington：Indiana University Press，2001：6.

熟工程实践中所涉及的概念系统，才能考察技术哲学中的基础问题，如本体论、方法论和认识论。由此可以看出，第一类"经验转向"是以技术与社会全面的具体互动为经验的，而不仅仅局限于技术对社会的负面性，并从传统对技术的批判性视角转变为描述性分析。第二类"经验转向"则是以工程师的研发经验为经验，从"外在进路"转为"内在进路"，即抛弃传统上对技术使用的研究和技术导致的负效应批判，转向对技术本身的内在技术哲学的研究。

虽说两类"经验转向"存在一定的差异，即第一类被称为"面向社会"（society-oriented）的技术哲学，第二类被称为"面向工程"的技术哲学[①]，但其统一之处在于均是以认识和评价现代技术与社会的互动关系为目的的。

2.5.2　技术哲学的"伦理转向"

"经验转向"过度推崇技术哲学研究的描述性，而忽视了其本有的规范性意蕴，且在"经验转向"的框架中，技术作为一种可研究的实在对象，其与现实之间也存在密切关联，因此技术与社会的互动就不能回避伦理。自 20 世纪 70 年代起，欧美技术哲学学界已表现出较为显著的"伦理转向"的倾向，现代技术已渗透进现实生活的每个领域，技术后果所引发的伦理问题越发严重，关于技术及技术主体的伦理研究迅速扩增。所以在"经验转向"以后，21 世纪初，现代技术哲学自然而然地产生了新一轮的转向——"伦理转向"。

随着"伦理转向"的出现，规范性被重新纳入技术哲学的研究范畴之中。技术哲学领域的伦理研究主要包括：面向工程师职责范围的系统性伦理，通过一系列的伦理规范培养其作为技术主体的责任，以及将伦理学引入"社会-技术"互动领域之中，主要关注点在于公众对技术的社会应用的态度。[②]需要说明的是，"伦理转向"并非浅显地再次"退化"到经典技术哲学，而是摆脱了传统上对技术无休止的批判态度，走向了关于技术更深刻的反思，逐步过渡到对现实中"实在的"技术导致的人类社会伦理后果上的考量。[③]

汉斯·萨克塞（Hans Sachsse）和汉斯·伦克（Hans Lenk）是德国最先察觉

---

① Brey P. Philosophy of technology after the empirical turn[J]. Techné: Research in Philosophy and Technology, 2010, 14（1）: 36-48.

② 黄柏恒，林慧岳. 超越"经验转向"和"伦理转向"：略论特文特的伦理与技术研究[J]. 科学技术哲学研究, 2011, 28（5）: 56-61.

③ 张卫, 朱勤, 王前. 从 Techné 特刊看现代西方技术哲学的转向[J]. 自然辩证法研究, 2011, 27（3）: 36-41.

技术责任和伦理问题的代表者，萨克塞在《技术与责任》一书中将伦理范畴中的"责任"引入技术哲学当中。同时他也强调需要重新关注技术的伦理向度。不得不说的是，关于技术伦理研究的"扩张"，主要来自汉斯·约纳斯（Hans Jonas）的影响，其著作《责任原理——工业技术文明之伦理的一种尝试》在整个技术哲学界引起了关于技术伦理的讨论，随后米切姆、安德鲁·芬伯格（Andrew Feenberg）和弗里德里希·拉普（Friedrich Rapp）等人加入了现代技术伦理、技术发展进步的未来图景、技术主体的责任伦理等研究行列。

随着科技的不断发展和进步，现实中的社会伦理问题逐步成为应用伦理学研究的对象，譬如生命与医疗伦理方面的伦理问题、纳米伦理以及计算机伦理问题等。菲利普·伯雷（Philip Brey）认为，20 世纪的科技发展呈现迅猛的态势，特别是以生物技术和信息技术为代表的技术，它们的不断发展以及在现实社会中的应用导致了未曾预料到的伦理问题，工程伦理学随之兴起，关于工程师、科学家和有关的科研技术主体的伦理素养的相关研究备受关注。①因此，从某种意义上可以说，应用伦理学和专业伦理学为技术伦理学的形成与发展奠定了一个牢固的基础。"伦理转向"也是以应用伦理学和专业伦理学为基点的，由此而来的技术哲学的"伦理转向"主张以道德理论为自身的指导原则，并在此基础上寻求缓解和消除科技研发与现实上的应用所引发的具体的伦理问题。另外，技术伦理的研究对象不仅仅局限于工程师和科研技术主体的伦理规范，同时还需注意到技术的负面影响所导致的人与自然、人与人关系等伦理问题。②因此，工程师、技术专家等主体必然要作为一个良好的责任主体，因为其专业性实践可能导致他们对社会上的个体及其生存环境造成很大的影响，与此同时，在对待技术引进和应用的过程中，要分析考量技术伦理的本质问题，从而避免技术产生消极后果。

技术哲学的"伦理转向"使技术哲学的研究转向了道德实践领域，相关的技术哲学家和学者为技术哲学的发展开辟了新航路，其中主要的代表者有汉斯·伦克（Hans Lenk）、克里斯多夫·胡比希（Christoph Hubig）和赫内尔·哈斯泰特（Heiner Hastedt）等。伦克在《技术社会学》中呼吁要关注技术应用所引发的伦理问题，不仅要注重因果之间的关联，还要承担对未来的责任，且考虑到制定一套一劳永逸的伦理框架来应对未来伦理挑战的有效性，因此要更加强化责任主体

---

① Brey P. Philosophy of technology after the empirical turn[J]. Techné: Research in Philosophy and Technology, 2010, 14（1）: 36-48.

② 刘则渊，王国豫. 技术伦理与工程师的职业伦理[J]. 哲学研究，2007（11）: 75-78, 128-129.

的道德意识。此外，伦克确立了责任的五要素，即责任主体、行为结果、监管和评价机构、评价标准、归责范围，并依据主体及其行为的不同划分了十种责任类别，即因果责任、过失性责任、负责任、预防性责任、当事责任、关怀责任、道德责任、能力责任、职责和元责任，以此为基础的情况下通过对责任层次的划分指出主体的道德权利高于利益，道德责任高于职业责任，直接道德责任高于一般性间接责任，整体性责任高于个别性责任。①胡比希在《技术伦理与科学伦理导论》著作中对化解技术伦理问题展开了阐述。他认为以个人行为理论为基础构建技术伦理框架是有局限的，现代技术伦理问题的影响是系统性和广泛性的，很难将责任归于某一个体身上，也就是说责任主体和对象消失了，而制度和相关机构需要承担对群体的责任，而这正是现在缺乏的，因此需要发挥制度作用来构建伦理框架从而承担起集体责任，因此他明确了不同机构的差异和职责范围，主张建立不同协会机构作为个体伦理的延伸。由此他强调沿用"智慧伦理"作为治理技术伦理问题的着力点，以"遗产价值"和"选择价值"为指导原则，确保个体人格的统一和未来的选择性，并提出了一系列方案来解决技术伦理问题。②但是实际上，责任主体并不是消失，而是技术伦理的相关问题比较复杂，涉及相关的责任主体较多，当然胡比希指出的制度伦理构建对滞后的伦理理论和框架也有很大的补充性，对解决技术伦理问题有很强的建设意义。哈斯泰特提出"启蒙-技术"关系的三种模式：过时模式——技术发展使启蒙不再可能；同一模式——启蒙融于技术理性使二者相适应；反思模式——在启蒙上对技术的哲学性反思。借助商谈伦理和正义论，他指出合理的技术应与确保人类平等、自由和公正的制度保持一致性。哈斯泰特还主张技术伦理问题的解决需要技术评估作为引导。

总的来说，技术哲学的"伦理转向"是伴随新技术的发展所导致的合乎历史逻辑的必然性哲学思考的，将技术伦理与人类社会发展紧密结合，不仅关注新技术所带来的伦理问题，也从伦理的各个层面贡献了方法论的思考，如工程师和技术专家的伦理职责培养、技术伦理框架建设的再推进、技术伦理法则与未来的前瞻思考等。因此，这些关于"伦理转向"的基础思想理论对当今技术哲学及技术伦理研究有重要参考价值。

---

①　王国豫. 德国技术哲学的伦理转向[J]. 哲学研究，2005（5）：94-100.
②　王国豫. 德国技术哲学的伦理转向[J]. 哲学研究，2005（5）：94-100.

2.5.3 技术哲学的"文化转向"

当代新兴科技迅猛发展，原有的技术理念也不断革新，技术所产生的影响也变得更为广泛和复杂，这给技术哲学的研究也造成了明显的挑战，尤其涉及技术哲学研究范式的再次转变，以往的"经验转向"和"伦理转向"呈现出了一定的局限性，不足以提供解决现实技术问题的新思路，当代技术问题不仅影响人和社会，也危及文化和价值等层面，而这也是之前较少考虑的因素，那么，这就要求技术哲学的"文化转向"这一新转向的出现，将文化因素引入技术哲学的研究范式当中。

从一定意义上来说，技术哲学的"经验转向"和"伦理转向"为"文化转向"提供了有利的基础，"经验转向"使技术哲学研究朝向了具体的技术并凸显了技术与社会密切的互动关系，"伦理转向"使技术哲学研究领域扩展到了更为广泛的社会层面，即对技术引发的伦理问题给出多维的关注和解答，注重伦理建设对治理现实技术难题的作用。其实，两次转向也暗含着"文化转向"的意蕴，技术与社会的互动以及技术伦理问题的消解都与文化相关，因为"技术-社会-文化"整个系统是交织一体的，因此文化要素自然会向下一转向展开。

要理解技术哲学的"文化转向"，应首先把握其内在动因。其一，技术已然浸入文化。从整体上来说，人类生存生活发展出了技术（包括传统技术和当代技术），技术的发展同时也构成了文化进程的一部分，当然，传统技术浸入文化的方式极其"温和"，技术与文化是趋于一致的，在超越传统界限的技术中，越新的技术对文化的影响越显著，这导致了人们不得不重视技术对文化的影响，并且必须将文化"提取"出来作为技术哲学研究的对象。比如，与互联网相关的技术，线上购物促进了消费，产生了一种新的"消费文化"，就消费本身来说，这是人的一种行为，关键在于这一消费行为对人的固有观念产生了"误导"，使消费呈现一种不理性的状态，技术"操控"并加剧了人的消费行为，造成并扩展出不健康的理念，这实则是技术影响文化在消费上的一种表现形式，如何看待这种现象并正确地保持合理的塑造是需要从文化上加以考量的；技术的进步大幅度地普及了线上教育，这有其积极的一面，即技术有利于文化的跨时空传导，如何考量技术引导文化也作为重要的关注点；再如人工智能技术，在展现其有益的同时也带来了文化忧思，数据推送逐步与个人的部分取向一致，单一的和机械式的信息无法对应人的整体需求，导致了人接收开放信息的"封闭"现象，在科学研究上则导致了一种"锁定"，对其他领域则表现为"隔离"，使科研文化的传递呈现为弱联结性；另外，当代新兴人类增强技术挑战了传统的认知、情感和道德等社会属性，这意味着价值观的"裂解"，是技术对文化基础的冲撞。故此，从伦理层面审视技术是有一定不足的，价值与文化紧密联系，技术导致的价值冲突在根本上是对文化的冲击。所以应从系统的文化维度思考技术与各社会价值的交互性，维系技术与文化的和谐，逐步促成技术哲学形成一套文化解析架构，这也正表明了实现"文化转向"的必要性。

其二，"文化转向"受技术批判理论思想的推动。技术批判理论考察了现代社会中存在的新压迫形式，这要求更为直接地面对技术问题，"技术批判理论必须跨越将激进知识阶层的遗产与当代世界的技术专业知识分离开的文化障碍，并解释如何重新设计现代技术，以便使它适应一种更自由的社会的需要"①。就此而言，突破这种"文化障碍"也是批判主义努力的目标，单向度的工业社会在很大程度上压迫了人的自由，这种压迫直接表现为对自由的诘难，同时这也是人类文化的困境。技术批判表明人类生存已经陷入新的文化忧思，是危机的一种体现，技术批判在根本上是文化的批判，其出路也在于对文化的重建。②正如伊德所指出的："感觉能力上的任何更大的格式塔的转换都是从技术文化之中产生的。"③有关新技术的讨论往往不仅涉及技术，也与文化相关。技术可以增加潜在的文化趋势，控制系统的失效便于在文化上产生自我发展的新范式。④因此，诸如计算机和人工智能，其设计意义不仅限于工具意义，与人性也密切相关。因为在对工具进行设计的同时也设计了人的存在方式。⑤也就是说，人以技术展开自身活动，技术又塑造人类的文化和生活等领域。因此，技术批判理论认为技术与文化关联甚大，技术所造成的异化现象危及了人的存在和人类文化，一方面，需破除"异化"来跨越文化障碍；另一方面，在新的技术化设计中重建人类文化并引导新的健康文化。技术批判思想对"技术-文化"的考察为技术哲学的"文化转向"提供了理论补给，这需要在新的文化背景下对旧有的文化展开合理批判，也需要构建技术哲学的文化识别途径。

---

① ［美］安德鲁·芬伯格. 技术批判理论［M］. 韩连庆，曹观法译. 北京：北京大学出版社，2005：14.

② 林慧岳，陈丹. 当代技术哲学文化转向透视［J］. 西南石油大学学报（社会科学版），2014，16（3）：84-88.

③ Ihde D. Technology and the Lifeworld［M］. Bloomington：Indiana University Press，1990：200.

④ Hirschhorn L. Beyond Mechanization：Work and Technology in a Post-industriai Age［M］. Cambrige：MIT Press，1984：4.

⑤ Winograd T，Flores F. Understanding Computers and Cognition［M］. Reading：Addison-Wesley，1987：xi.

其三，技术哲学的"文化转向"受科学哲学理论的影响。托马斯·库恩（Thomas Kuhn）所提出的范式理论象征着科学哲学的"文化转向"①。科学与技术的不断发展与交融使二者相互关联，呈现密不可分的态势。库恩及其之后的科学哲学家强调哲学知识与社会科学（社会的或文化的）经验事实的连续性，通过借鉴科学哲学的相关理论，发展了有关技术与工程设计方面的独具特色的认识论问题和推理逻辑问题。②这就是说，文化不仅属于科学哲学领域的研究范畴，同样地，也应当归于技术哲学的研究当中来，哲学内部的交融会促进哲学的发展，科学哲学的研究揭示了文化的重要性，这使技术哲学研究更加关注现实技术设计对文化的塑造，因为技术和工程设计有其文化价值，于人而言也是如此，能够显示出技术的文化价值意蕴。就此来说，技术哲学的"文化转向"脱离不开科学哲学的推动。

其四，文化导向对于技术问题治理的必要性。技术的发展使技术物不仅仅呈现为一个规定性的物，而且不简单地表现为主体各项功能和能力的延伸，而是具有某种取代主体的可能性。由此对于表现出一定自主性的技术物，在日常生活中的使用中，以及商业化等各领域的应用中，往往会直接或潜在地危及人的生存，包括人类环境、资源利用，也危及人的本质，包括人格和人性等层面。要化解这些技术引起的负面影响，消除普通公众对消极后果的恐慌，仅仅从单方的技术手段或管理手段是不足以完全解决的，而需要以一种合乎情理的文化导向，为社会机构提供方法论，并进行具体的实践，从而在文化基础上处理技术困境，消除人对技术的忧虑。

因此，通过哲学内部因素和外部因素的共同作用，技术哲学研究进入了"文化转向"，由此技术文化成为技术哲学的研究范畴，在技术实践中，建立了考察技术活动模式的文化区块，确立了技术实践的伦理考察维度，以及构建了一系列规制来规约技术的操作和实践，另外还通过引入文化人类学的研究范式，评估技术的未来走向和可能性后果。③由此来看，技术哲学的"文化转向"在很大程度上填补了"经验转向"和"伦理转向"的"短板"，毋庸置疑，前两次转向各有其优势，然而"经验转向"更多地朝向技术实践，忽视了技术与社会各要素的关联性，如经济、政治等。"伦理转向"将目光更多地转向工程师的责任领域，尤其强调他们的责任以及需要遵守的伦理规则，这也导致"伦理转向"与技术本身

---

① 林慧岳，陈丹. 当代技术哲学文化转向透视[J]. 西南石油大学学报（社会科学版），2014，16（3）：84-88.

② 潘恩荣. 技术哲学经验转向纲领与自然主义[J]. 自然辩证法研究，2014，30（3）：41-46，64.

③ 林慧岳，陈丹. 当代技术哲学文化转向透视[J]. 西南石油大学学报（社会科学版），2014，16（3）：84-88.

渐行渐远，忽视了技术与社会密切交织的关系。"文化转向"进入技术哲学的视野，有极大的理论价值和实际意义，就当前来看，技术哲学的"文化转向"依然在进行中，而不论其对当代技术视野下的价值意蕴如何，抑或是未来是否在技术哲学研究领域还会有进一步的转向，"文化转向"依然有巨大的导向性作用。可以说，技术哲学的三次转向有一定的继承关系，通过不断地挖掘以往的遗漏之处来完善技术哲学的研究重点，并且愈来愈从人类社会的整体角度审视技术与人、技术与社会及其构成要素的互动关系。那么，就所有技术哲学相关领域的研究来说，不论是理论研究，还是应用研究，都绕不开技术哲学的三次转向带来的意义。

2.5.4　技术哲学的三次转向对本研究的启示

本研究属于与高新技术相关的技术哲学研究范畴，当然对社会化机器人相关的技术的全盘考量也需要吸纳三次转向的重要理论价值，因此这对本研究有巨大的启示作用。

第一，摒除技术悲观主义的消极影响，以更为去抽象化的客观态度面向社会化机器人技术本身。无论是哪种技术，固然有其负面效应，但用充斥着悲观的态度看待技术是极其片面的，同时如果以抽象的哲学反思分析技术是背离技术本身的。因此对于社会化机器人的研究，需要回到这门技术本身，社会化机器人是面向现实的技术，所以更应该意识到这一点。同时，社会化机器人是一系列技术综合设计出来的技术产物，这也就意味着它与过去的技术相比更为复杂，涉及的技术系统更为庞大。那么回到技术本身，就不能单一地回到某一技术本身，而是要在整体层面具体地来考察这些技术，分析各个技术之间的组合与协调性，这也就防止了研究的片面性。另外，对于"经验转向"中设计情境与使用情境的分裂（也就是两类经验转向的分裂），是本研究需要注意的地方，因为任何技术的设计和使用不应是割裂的，而是相互统一的，因此对于社会化机器人，其设计和使用必须相互统一以促成其协调地面向社会。

第二，"伦理转向"表明了技术设计主体以及监督管理机构中伦理规范建设的必要性，在此基础上需突破其局限性。对于社会化机器人这一新兴技术物，当前并未普及其应用，因而有必要借鉴"伦理转向"中面向未来的伦理思考，其中尤其指出工程师和责任机构应遵循的法则，对于社会化机器人的设计主体而言，一旦出现技术问题是与其有责任关系的，如何确保自身的伦理责任正当执行是至关重要的。除此之外，相应的监管机构可能并不完善，职责划分可能也需要进行细致的规划并预备出翔实的部署。同时，不能仅仅停留在伦理思考和伦理规范建设的有限区域内，因为脱离技术本身的伦理思考是与具体技术不相契合的，技术伦理与技术本身的发展应该相互协调，所以更应当结合具体技术的实际情况来进行有效的伦理规制，其意义在于一方面可以对社会化机器人的相关技术发展进行有效评估，另一方面在前者的基础上有助于对社会化机器人作出初步的未来发展规划和问题备案。

第三，通过"文化转向"挖掘出本研究的文化价值，将有利于从文化维度审视社会化机器人相关技术的文化意蕴和把握该技术与社会的文化互动问题。技术与文化之间的互动是双向的，社会化机器人的问世渗透着文化因素，同时又会影响着文化，这种影响是正负两面兼而有之的。因此，必须摒弃独断论的态度，要以一种辩证的视角看待其文化影响。例如，社会化机器人发展给社会带来的益处使人们认识到技术创新的重要性将有助于塑造创新氛围发展创新文化，这是技术的文化价值，另外，不可避免的是，也存在某些问题影响人类文化，对人类价值观有重大的影响。本研究需要对此进行把握，并且以文化导向从对人性的理解上来理解该技术，注重"文化转向"对本研究的指导意义，应该全面审视社会化机器人的价值内涵和价值困惑，以图达到技术与文化、科技与人文的和谐发展，工具价值和伦理价值的有效统一。

总的来说，本研究应该吸取三次理论转向的积极价值，对于其存在的缺陷应该克服，另外，三次转向也表明了"人-技术-社会-文化"是一个相互关联的整体，因此本研究也需要全面把握这一大系统的互动与冲突，揭示出其中的人文意蕴。

第 3 章　社会化机器人的发展历程、基本类型与主要特征

本章主要从社会化机器人发展的时间维度探究其发展历程。我们知道，并不是任意一种机器人都可以归进社会化机器人的范围内，我们判定一种机器人是否属于社会化机器人要依据它在现实生活中所表现出的功能特性进行衡量。也就是说，从机器人发展到完全社会化机器人需要一个较长的时期，这一时期的转变结果呈现为其新的功用。随着机器人发展的深化，其功能呈现出多维性，借此可以区分为不同类型的社会化机器人，最终从具体把握实现抽象概括，从而厘清其一般性特征。

3.1　社会化机器人的发展历程

机器人的发展一般分为三个阶段：第一阶段为 20 世纪 60—70 年代，主要表现为示教再现型，如搬运机器人，此类机器人结构较为简易；第二阶段为 20 世纪 80 年代，该阶段的机器人以传感技术与系统论为技术基础，具有一定程度的环境感知能力；第三阶段为 20 世纪 90 年代之后，以智能机器人出现为标志，具有较好的逻辑运算能力和信息处理能力。如果按此划分，社会化机器人则属于第三阶段的产物。当然，如果将社会化机器人单独列为考察对象，其发展也必然有一个过程。

机器人具备社会化属性源于社会化机器人的出现。关于社会化机器人的研究，日本和美国开展得较早。道滕哈恩认为通过添加"社交技能"和社会认知的一些因素，从而使机器人具有认知能力，或者通过对人类和其他社会动物的社会智能的研究，来获得社会化机器人的设计启示，因此社会智能应该被看作是智能机器人和社会化机器人的一个基本组成部分，换句话说，开发一个智能机器人意

味着首先要开发一个社交智能机器人，尤其希望在机器人上实现社会智能目标，这是"发展机器人"的研究方向。这也意味着，社会化机器人应具备智能和社交性。1999 年，日本索尼公司就研发出第一代"爱宝"（AIBO）机器狗，它是最早进入家庭的社会化机器人。①至 2002 年，美国麻省理工学院（Massachusetts Institute of Technology，MIT）媒体实验室也成功研发出早期的社会化机器人 Kismet②和 Leonardo③。随后，英国与德国等也普遍开始了对社会化机器人的相关研究。我国在 20 世纪初开始出现社会化机器人的相关研究。④其中由哈尔滨工业大学研制的 H & F robot-Ⅲ 机器人比较先进，它已经实现了语音交互和面部识别，并引入了人工情感概念模型，具备了一定的交互和情感表达能力。⑤邓卫斌和于国龙通过对国内外社会化机器人的发展研究，发现人机交互和情感化始终是其研究的重点，其中日本更多专注于机器人的情感表达，欧美等国则往往关注机器人的社交性。⑥基于此，可以将社会化机器人的发展历程分为以下几个部分。

3.1.1　工具性社交的发展阶段

这一阶段的机器人主要以完成任务为主，有区别的是参与到人和人的社会环境当中，可将其定位为服务性质，最早的为 1984 年 TRC 公司约瑟夫·英格伯格（Joseph Engelberger）推出的 Helpmate，不依赖于导航控制，可在无预先规划的情况下通过自带的编程完成自主式服务，主要为需要帮助的医护人员和患者提供可传递性的相关服务，配备了多种类别的传感器以及定位导航系统。从其发挥的效用来看，本质上无疑是承担体力劳动的角色，但是从其应用环境来说，这一类机器人进入到了公共领域与人进行接触并提供便利服务，而非在生产领域与生产产品"打交道"，也就是说，早期的社会化机器人是脱离了非社交环境的，其规划、推理、导航、操作等技能集中于社交环境的互动中。基于其"工作"属性和

---

① Ruvolo P，Fasel I，Movellan J. Auditory mood detection for social and educational robots[C]//IEEE International Conference on Robotics and Automation，Pasadena，CA，USA：IEEE，2008：3551-3556.

② Breazeal C. Emotion and sociable humanoid robots[J]. International Journal of Human Computer Studies，2003，59（1-2）：119-155.

③ Ruvolo P，Fasel I，Movellan J. Auditory mood detection for social and educational robots[C]//IEEE International Conference on Robotics and Automation，Pasadena，CA，USA：IEEE，2008：3551-3556.

④ 王炎，周大威. 移动式服务机器人的发展现状及我们的研究[J]. 电气传动，2000（4）：3-7.

⑤ 吴伟国，宋策，孟庆梅. 仿人头像机器人"H&Frobot-Ⅲ"语音及口形系统研制与实验[J]. 机械设计，2008（1）：15-19.

⑥ 邓卫斌，于国龙. 社交机器人发展现状及关键技术研究[J]. 科学技术与工程，2016，16（12）：163-170.

环境，这一阶段可被视为工具性的社交阶段。

3.1.2　行为引导社交的发展阶段

由于设计机器人的技术的提高，具备一定智能和交互特征的社会化机器人开始出现，该阶段技术发展主要集中在日本，自此社会化机器人逐渐走入私人生活领域。该阶段的社会化机器人并不是一定以人形出现。1999 年，日本索尼公司推出"爱宝"机器狗，主要以犬型的外观设计来吸引儿童，配备了人工智能模块，能通过各种动作来赢得使用者的好感，并具有一定的记忆和识别功能，使用者的外观、声音和动作均会随着使用时长形成记忆，其交互性主要体现在讨人喜欢的外观和智能化的动作上，适用领域主要在家庭内部以及使用者本人，私人领域的使用更容易营造一种融洽的互动环境，并在互动过程中建立类似人与动物之间的伙伴关系。从一代到五代，其在功能上不断升级，互动效果也见长，通过机器人的行为引导实现与人的互动，可以说在设计思路上有独到之处，通过对行为心理的解构，再以控制机器人的"行为技术"达到了一定人机互动的效果，然而另一方面，这种互动的极致也仅限于人与动物的伙伴关系，而且通常难以达到，这也是动物型社会化机器人的局限之处。

3.1.3　类人化社交的发展阶段

类人化可以通俗地理解为与人相似，也就是说此阶段的社会化机器人具有了某些人的特性，如外观、行为方式或情感表达。21 世纪初，日本本田公司制造了ASIMO 机器人，具有仿人形的外观，可以做出类似人的行为，其多自由度的设计使其具有较高的灵活性，能够较好地完成跳跃、奔跑等动作，具有一定的智能特征并可与人进行实时交互，同时还具备多人交流功能，但在交互中仅限于预设性的内容。2016 年，戴维·汉森（David Hanson）创造出女性人形机器人索菲亚。其设计蕴含了更多的细节，皮肤由橡胶构成，也就意味着肢体接触形成的感觉在一定程度上接近于人，除此之外，还可以表达出多样的面部表情，并通过算法识别交互对象的表情并进行眼神交流，在记忆和理解上，具有形成过往的交互记忆历史并理解人类语言等功能。类人化社交的发展阶段表明社会化机器人的发展越来越期望更加全面地赋予机器人更多的人类特征，从仿人到人化的发展，意味着人机互动真正地要迈向情感层面的交互，当然，当前还处于不断深化的过程，业已研究的仍属于对应领域的应用研究,其适用环境往往属于非开放式环境,真正类人化或者人化的社会化机器人若要如智能手机那样普及,还需要很长的时间以及实践。

3.2　社会化机器人的基本类型

现如今,机器人在社会上扮演全新的角色,已超越一般性的工具意义,相较人类的能力而言,机器人不存在身体和精神的局限性,而且表现出智能和社会性特征,因此不能将其视作纯粹的"物"。通过机器人的能力可以在更大程度上满足自身需要,这种能力不仅仅是认知能力,还要有社交能力和情绪能力。基于社会化机器人的角色定位,将其主要划分为以下类型。

3.2.1　助老型

助老机器人,简言之是对老年人生活提供帮助,满足其需要的机器人。老年人的身体机能退化,低于正常水平,在这种意义上,助老机器人是作为工具而得以弥补老年人身体机能不足的问题的。助老机器人的功能性具体体现在:延伸主体的行动能力,如帮助老年人做饭;扩展主体的活动范围,如帮助出行;增强主体的认知能力,如帮助获得信息;等等。因此需要较高的机动性协助老年人处理日常事务,以及具备一定的"智慧"促进人机交流和社交关系。譬如德国公司研究的 Care-O-bot3 可以处理简单事务并提供健康监测和陪伴。对于社会效益而言,助老机器人在一定程度上增强了老年人自主生活的独立性,减少了对子女以及护理机构的依赖。从文化角度而言,助老机器人是"孝"文化在社会生活中的技术化显影,缓解了现实因素与"孝"文化观念之间的冲突。但是严格来说,现阶段的助老机器人发展尚浅,只是具备少许的社会化特征,比如就形体而言并不是拟人的,功能也比较偏向机械化,智能性和互动性亦有很大欠缺,更多的是作为工具性的物接收人类指令行动。

3.2.2　儿童陪护型

儿童陪护机器人,即在儿童成长和社会化方面扮演着某种角色。以照顾者的身份提供娱乐和教育辅导并保证其安全，与儿童建立伙伴关系①，展现出启蒙式教育与场景式陪伴的特点。儿童陪护机器人的意义在于其在儿童社会化过程中的推动作用。其价值首先体现在引导儿童形成正确的价值观，对于儿童来说，其社会化程度处于人的一生中最初步的阶段，儿童陪护机器人需要正确引导儿童增强认知事物、辨别是非的能力；其次，为儿童塑造正常的情感观，机器人在某种意义上是对监护人的替代，具有情感替代性，而在这个替代过程中儿童陪护机器人与儿童进行语言和行为上的情感交流必不可少，弥补儿童社会化过程中的情感体验；最后，辅助儿童提高社会技能，这也是儿童完善社会化的必要方式，儿童陪护机器人凭借智能化系统的支持提供教化作用，使儿童掌握必要的技能以更好地参与社会生活，因此也表现出较好的指导性作用。就目前来看，儿童陪护机器人如 Dorothy Robotubby、ibotn、OHaNAS 等都可以在一定程度上陪护儿童，提供交流娱乐和学习教导功能，且不论其形态和功能特征。但是，总体来说并不足以在儿童社会化的形成上发挥很大作用，其一是技术的局限性导致机器人社会化程度较低；其二则是在情感等方面，机器人不足以替代父母建立与儿童的血脉联系。

3.2.3 家务劳动型

专门进行家务劳动的社会化机器人，也可称作机器人保姆，其具有多样化智能程序以适应不同的劳动。这里所说的机器人保姆不包括单一性家务机器人，比如扫地机器人等，因为它还算不上社会化机器人。机器人保姆能做的家务劳动更加细致化，即成为新的"家庭主妇"。其意义包括以下几个方面：第一，机器人保姆的工作内容就是家务劳动，使原本作为劳动者的人得到了替代，部分地使人实现了自身的"劳动解放"；第二，机器人保姆作为人类通过劳动改造自然的物质活动的产物，是以人的需求为目的创造物质价值的体现，因而人在自身的劳动中获得了短暂的自由，在两者间构成了人类社会发展的新形态②；第三，机器人保姆较大程度上为扩展人的精神世界提供了可能，使人们摆脱陷入物质化享受的境地；第四，对家务劳动承担者的再反思，在传统观念上包括如今的大部分家庭

---

① Sam S，Khatib O，et al. Proceedings of the Fourth International Conference on Social Robotics，October 29-31，2012［C］. Berlin：Springer，2012.

② 陈学明，姜国敏. 马克思主义的"劳动解放"理论及其对当代中国的启示［J］. 上海师范大学学报（哲学社会科学版），2016（4）：5-13.

生活，女性大都是家务劳动的承担者，机器人保姆无疑部分替代了女性的家庭职务，这必将引导我们对日常观念进行再反思，即是不是女性必须是家务劳动的主体角色？基于机器人保姆对部分劳动的"包揽"，将有利于摒弃旧有的非理性观念，优化家庭中的责任和义务关系，推动家庭关系的健康化发展。

3.2.4　情感关怀型

情感关怀型的社会化机器人，即为人们提供情感陪伴和情感关怀的机器人。儿童陪护机器人、助老机器人固然有陪护功能，也可以在一定意义上称之为情感关怀类机器人，但它们在功能上并不是完全主打情感陪护，比如还有更为重要的"监护"功能，与此不同的是，情侣机器人则更侧重于情感关怀。情侣机器人在人工智能基础上，结合了感官感知、合成生理反应和情感计算，其目的是促进性互动，为人们提供陪伴。①但是不限于此，情侣机器人还需要与人建立情感上的联系。因此它需要体现出理性化特征。理性化特征即机器人情感的多样化表达甚至超越了人的情感层面。乌苏拉•胡斯（Ursula Huws）提醒，"虽然对情感需求的满足已经成为现今交易的一部分，但满足情感需求的义务仍然落在家庭主妇的肩上"②。那么情感关怀型的社会化机器人无疑会作为"情感主体"产生情感替代的作用，而同时又不仅限于此。首先，社会化机器人对人的情感给予。给予是对缺失情感的满足，其中包括长期性和短暂性的缺失。长期性的情感缺失能够通过机器人进行情感弥补，短暂性的情感缺失则主要借助机器人"修复"情感。目的都是对人的情感的满足。其次，社会化机器人对人的情感调控。人的情感受外界环境影响而处于变动的状态，呈现出二极性。在主体出现情感波动产生负向情感时，社会化机器人通过情感调控使主体情感趋于正常，维持主体情感的稳定性。最后，社会化机器人实现人的情感进化。在人机关系当中，情感关怀的最重要目标是推动人情感的积极进化，人的情感进化包含多个阶段，社会化机器人能够在引导人形成高阶情感上发挥重要作用，建立理性情感而走向成熟。现阶段的一些社会化机器人，如情侣机器人或伴侣机器人，关注点更多在性需求、情感的满足上，而忽视了人机共处过程中机器对人的情感塑造。

---

① Gutiu S. The roboticization of consent[M]//Calo R，Froomkin M，Kerr I. Robot Law. Cheltenham：Edward Elgar Publishing，2016：186-212.

② ［英］乌苏拉•胡斯. 高科技无产阶级的形成：真实世界里的虚拟工作[M]. 任海龙译. 北京：北京大学出版社，2011：5.

3.2.5　医学治疗型

医学治疗型的社会化机器人主要用于医学领域，通常在医疗机构中应用，一般将其称为医疗机器人。医疗机器人是结合了医学、机器人技术、计算机科学、生物力学等多种学科领域发展而来的产物，根据医疗领域的应用也可划分出不同的种类，按照用途可划分为手术类、康复类和服务类。手术类的医疗机器人主要是协助医生进行手术操作，属于纯技术型机器人，用以提高手术精确度和避免人工操作造成的失误，不能完全归于社会化机器人，因而在这里主要介绍康复类和服务类这两种表现出一定社会性的医疗机器人。康复类的医疗机器人主要用于辅助疾病患者和身体有缺陷的群体，在没有人工智能技术嵌入康复类医疗机器人之前，其主要提供工具意义上的功能补充，结合人工智能系统的康复机器人则可以帮助并引导患者更精确地识别周围环境，具备人机交互的功能，更有利于辅助患者的日常生活来缩减康复周期。对于在治疗孤独症谱系障碍中应用的医疗机器人，可通过模拟表现出一些面部情绪，在与儿童的实际交互中在一定程度上缓解他们的心理障碍，另外对于抑郁症患者以及孤独症患者，相关的医疗机器人通过对话交谈的方式也有利于在一定程度上缓解患者的病情。当然，还有用于帮助患者治疗性障碍的医疗机器人，在心理学意义上有一定治疗依据和治理效果。服务类的医疗机器人主要可以在一定程度上替代人力，比如可以接送和转移严重疾病患者和伤员，或者协助医生或护士进行办公。20 世纪 80 年代，美国 TRC 公司研发的医疗机器人助手就具备运输医药设备、药品、日常用品、文件等功能，极大程度上减轻了医护人员的工作量。因此，医疗机器人也可以在其"工作"中与医护人员以及患者建立一定的关系。

机器人以及相关技术的发展使社会化机器人趋向于更多领域的应用，就目前来说，医疗型机器人在辅助手术上的效能相对较强，效果更为直接且历时较短，但是现阶段并未表现出很明显的社会化特征。因此目前的医疗机器人在功能上还具有一定局限，即在医疗诊断过程中仍然不能缺少医生的在场，在某种程度上可以被视为医师的辅助型医疗用具[①]；在辅助性治疗上则需要相对较长的过程，比如缓解患者的心理障碍等；协助医护工作方面的机器人减轻了医护工作者的日常事务，在未来可能更加人性化和智能化。社会化机器人的社会性体现在不同的层面，但总的来说，在现实生活中是以关怀人和服务人为目的的，上述五种类型的

---

① 陈皓，兰候翠，刘伶俐. 医用机器人的伦理问题及应对之策[J]. 中国医学伦理学，2019，32（6）：724-727.

社会化机器人在一定程度上呈现出相近之处，也源于"利人"这一设计目的的要求。

3.3　社会化机器人的主要特征

社会化机器人，作为融合多种新兴技术发展而来的产物，愈来愈显现出"人格化"趋势，它能够以"人"的方式与人相处并进行交流互动。[①]这种具有一定"社会化"属性的机器人，通过呈现自身具有的思维状态，在与人的接触中能够形成某种新的人机关系。[②]需要指出的是，这种新型人机关系由设计者、用户和受机器人影响的其他行为主体主动建构而成。[③]按照功能上的差异，社会化机器人大致可分为助老型、儿童陪护型、家务劳动型、情感关怀型和医学治疗型。当然，上述几种分类在功能上有一定重叠，但侧重点有所不同。社会化机器人是面向"人"本身制造出的技术人工物，在人机"打交道"的过程中，往往呈现出正负两面的影响。以情侣机器人为例，其在诊断和治疗、情感陪伴和"身体刺激"、性互动与"本体安全"方面有着积极的一面；但同时也可能会造成性的"物化"、强化"非正常"的性行为、诱发"性上瘾"、强化"性成瘾"等消极的一面。[④]社会化机器人与传统机器人有很大区别，可以说在一定程度上已经超越了传统意义上机器人的界限，呈现出一些新的特征。

从技术哲学角度看，社会化机器人作为一种新型的技术人工物，与传统机器人相比，呈现出的新特征主要包括：预设其"本质"可还原为"数"的前提"假定性"；技术深度集成和作用"转向"所表现出的功能的"价值性"；技术"法则"支配和"跨越指令"所表现出的运行的"自主性"；作为"在场的物"体现出来的"情境-技术"式的"社会性"。基于上述基本特征，社会化机器人的出现及发展或已实现对传统机器人的"范式"变革。

---

① Breazeal C. Designing Sociable Robots[M]. Cambridge：MIT Press，2002：1-6.

② Turkle S，Taggart W，Kidd C D，et al. Relational artifacts with children and elders：the complexities of cybercompanionship[J]. Connection Science，2006，18（4）：347-361.

③ Sabanovic S，Chang W L. Socializing robots：constructing robotic sociality in the design and use of the assistive robot PARO[J]. AI & SOCIETY，2016，31（4）：537-551.

④ 易显飞，刘壮. 情侣机器人的价值审视——"人-机"性互动的视角[J]. 世界哲学，2021（4）：144-151，161.

3.3.1　"万物皆数化"：前提的"假定性"

社会化机器人的核心系统是人工智能模块，基于此，它才能够具备一定"智能"，从而能与人"打交道"。人工智能源于"机器可以思维"的假定，这个假定属于功能主义的假定，即依据两种或两类不同事物在其功能表现上呈现的方式是否一致的情况，进而根据其表现效果进行判定，来实现对事物的区分。也就是说，如果人有思维，机器人在其表现上能够进行与人相类似的行为，且让人评定它是能够思维的，这就说明机器人能够思维。假定的建立条件则是以数学语言为基础的，即机器智能以可编码的逻辑语言——二进制语言和逻辑关系的数理化等来体现，人工智能则是在此基础上不断发展起来的。可以说，机器的思维是基于思维可被编码的假定前提的，而此类意义上的"思维"并不是人的独有特征。

按照上述思路，社会化机器人的设计思路沿着功能主义的假定进行，且已经涉及"情感计算"领域。这似乎表明，"情感"也是可被编码的，通过情感的数理化，可使社会化机器人以外在化的方式显露出一定的情感。也就是说，我们看到社会化机器人能够通过"思考"，与人进行非常融洽的互动或"表达"情感来关怀人和安慰人，这些最直观的认识都源于功能主义上语言、思维、情感甚至道德等特征的可编码性。如果始终保持"本质主义"的立场，即思维、情感等属于人"独有"且多数具有不可编码性特征，社会化机器人也就不会诞生。在这种意义上，社会化机器人可以被设计出来的前提则源于功能主义假定，其基础就是"万物皆可数化"。

这里同样存在一个问题，即原先认为的人的某些特有本质并不是人独有的，社会化机器人等其他智能产物也都可以"被赋予"这类本质，那么这里所谓的本质主义的说法也就不复存在了。人与智能体的区别，也仅仅表现在"算法本体论"层面上算法的不同，人变得与物齐一化。①进而言之，算法依然是"数"的体现，最终可还原为"数"。依照这样的逻辑，人与社会化机器人的可区分性在降低，似乎人机（物）皆"数"。在哲学上，这种在根本上对人的本质概念提出的挑战，或许需要进一步回答。

3.3.2　深度集成与作用"转向"：功能的"价值性"

技术的深度集成和融合是社会化机器人发展进程中的关键环节，也是区别社

---

① 李河. 从"代理"到"替代"的技术与正在"过时"的人类？[J]. 中国社会科学，2020（10）：116-140，207.

会化机器人与传统机器人的重要标志之一。在此，我们并不否认传统机器人也是以多种技术为基础发展而成的产物，但社会化机器人在技术构成的深度与广度上更为复杂与精密。社会化机器人类型的多样性特征，也说明其背景技术的复杂多元性。

总体上，社会化机器人的相关背景技术涉及人工智能技术、机器人技术、计算机科学、认知科学、心理学、人机工程学与材料学等学科领域的技术，且由其高度协同融合而成。技术的深度集成也进一步成为社会化机器人在功能上区别于传统机器人的标志。毕竟，后者在功能上偏向于对"物"的作用，而前者偏向于对"人"的作用。可以说，技术由"外在的工具性辅助"作用到"内在的情感心理调节"作用的转向，是将社会化机器人与传统机器人区分开来的明显标志。

传统机器人如扫地机器人或分拣机器人，其作用往往是"工具"意义上的，是以达成人的减缓体力劳动强度的诉求为目的的。对于弱意义程度上的所谓智能机器，也仅限于智力劳动的工具性特征，如有些智能机器仅仅能帮助人们处理复杂数据等数理化的逻辑过程，不涉及深层次的人机关系，依然如同一架"冰冷的机器"。

当然，社会化机器人仍然具有工具性作用，但更多的技术效用指向人的心理和情感并对其产生作用，也可以说是从对人的外在辅助向对人的内在调节的"转向"。整体上，它在内在调节的过程中，以一种"温和"的方式对人的生理状态、心理状态、情感状态产生一定程度上的影响。例如，助老机器人和儿童陪护机器人可以分别照料老人和儿童，提供情感慰藉和陪伴；情侣机器人可以弥补人的某些情感需要；等等。人们尽管在理性层面"知道"这是机器人，但是在情感或者心理上，在同其交互时还是会向其"流露"出一定的情感，或者说"不知不觉"地把它当成一个"伙伴"。因此，传统机器人在单一的体力或脑力上表现的外部辅助性作用更加偏向于"工具"意蕴，而社会化机器人表现的情感、心理的安慰和调节作用则更加偏向于"价值"意蕴。可见，作为具有深层调节内在状态功用的社会化机器人，通过各种技术深度集成产生的技术系统，满足了人的心理层面和情感层面的内在诉求。

3.3.3 秩序统摄与"指令跨越"：运行的"自主性"

社会化机器人作为"技术综合体"，具有明显的自主性特征，这可以从两个方面来分析。其一，社会化机器人服从于技术的自主性法则。在埃吕尔看来，现代技术属于自主性的技术。其自主性体现在多个层面，围绕技术自身的发展角度来说，技术的发展和进步依靠技术系统内部的法则和秩序而实现。社会化机器人自身可以视作一个高度发达的技术系统，也就是说，它可以不从属于其他事物，凭借技术系统"约定俗成"的内在运行逻辑来呈现自身，因此必然要受到技术逻辑的支配。具体来说，社会化机器人所涉及的技术中的各个环节构成了一个自主运行的系统，人所看到的无非也就是技术"决策"的表现结果，而其中的支配过程，也就是技术如何驱动它运作对于人而言往往是"隐而不显"的。我们"看到的"仅仅是我们能够看到的和感知到的，而这个过程在某种意义上来说属于"自在之物"，人是无法察觉的，在这个意义上，也可以说社会化机器人的运行过程是"自主"的。

其二，对于社会化机器人，其外在化的表现具有自主性特征。与传统的工业机器人或者自动装置相比，自主性的体现方式并不是指从启动机器开始就一直"按部就班"地运行，因为"按部就班"地运行也可以说是机械化或无变化的"相对静止"状态。社会化机器人虽然也"接收指令"，但并不局限于指令。换言之，机器不只是服从人的指令，或将指令作为信号而动作，而是有"跨越"指令的能力，能够在一定程度上"自主"地行动。社会化机器人具有对周遭环境的感知以及反应等能力，能做出一定的行为判断和行为执行。这也就是说，其行为去除了单一的机械性，而具有了一定的"灵活性"，比如，它能够在察觉到人们情绪低落的表现后给予安慰，而不需要人来提出如"我心情不好，我需要安慰"的指令。在这种意义上而言，社会化机器人具有显著的自主性特征。

由此看来，社会化机器人的自主性特征一方面遵循技术系统的自主运作过程，而另一方面在外在的行为上，它不再是一架"僵化的机器"，而是可以在一定程度上实现自主性行为的机器"人"。需要注意的是，技术具有属人和属物两种维度，前者强调受控性，后者强调自主性①，从后果论的视角来看，对于社会化机器人，要在最大限度上确保其"属人"的维度高于"属物"的维度，也就是说无论其表现得多么"自主"，对于人类来说，应该都是可控的。

3.3.4　"机器的在场"："情境-技术"式的"社会性"

一般而言，社会性指个体的存在以对集体的依附为前提的属性。就此而言，

---

① 孙玉涵. 技术的多元本质观：比较及其融合[J]. 长沙理工大学学报（社会科学版），2021，36（1）：24-32.

社会性不仅是人的独有属性，其他生物也具有"社会性"（譬如蚂蚁）。对于技术物这一类非生物存在而言，其社会性并不明显，但并不表示它们不具有所谓的社会性。社会性体现在社会关系中，应当从社会维度加以思考。换言之，"技术人工物"已然迈入了向"社会人工物"转变的社会化过程，人与物的关系不再是形而上学式的。①因而，在技术化社会中，应从"人-技术-社会"的动态发展向度分析社会化机器人的社会性。

社会化机器人作为技术物，其社会性体现在具体的社会情境中。社会化机器人与一定的社会情境相互依存，它对社会各要素有深层的依赖，比如社会结构、社会组织、社会秩序等。也就是说，社会情境赋予了社会化机器人的在场空间和意蕴，并使其不断地发展、调整和进化。另一方面，其社会性也通过技术化的社会属性体现出来。人要体现社会性，就需要人参与到社会关系当中，而社会化机器人则需要参与到人和社会的互动当中，社会化机器人的社会性离不开人，也就是说社会化机器人需要与人形成"交互关系"。从具体的人机互动实践来讲，它的社会性表现在技术式的行为和表情上，展现出拟人的和人性化的某种特质。正是在这种条件下，作为技术物的社会化机器人与人类建立了密切的联系。②换言之，人与社会构成了社会化机器人社会性特征的"背景"。

社会性表现为自然属性和社会属性，这是传统意义上的界定，对于社会化机器人则表现为"技术式"的社会性特征，属于非生物意义层面。生物的自然属性，即由机体组织和结构作为物质基础延伸而来的特性形成于漫长的进化过程中；而社会化机器人的自然属性是以技术为基础的各种物质材料的整合并实现其自身的非自然演化，是技术和人工共同促成并赋予其的"生命周期"。于人而言，社会化机器人既具有"积极社会性"，即对人或是人类整体有促进的一面；也有"消极社会性"，即对人或是人类整体有负面作用。其社会性对人的消极作用可能有三种表现：一是社会化机器人积极社会性的呈现导致人的心理或情感恐慌，比如在机器人陪护中，人们害怕机器人与人的关系替代了人与人的关系，或者机器太像人产生"恐怖谷效应"等；二是人为设计上的缺位导致社会化机器人可能表现出消极社会性，如在机器学习上表现出对人的歧视或偏见，这也恰恰再次反映了人的环境和社会情境是机器社会性形成的背景；三是将来可能不受控的社会化机器人所表现出来的"完全社会性"，如科幻题材上有诸多关于人机关系深度对立

---

① 李福. 从"技术人工物"到"社会人工物"[J]. 长沙理工大学学报（社会科学版），2021，36（4）：1-7.
② 李福. 人工物的社会性存在与生成及其四种社会情境[J]. 科学技术哲学研究，2019，36（2）：73-77.

的描述。当然，需要说明的是，作为社会化机器人表达社会性的社会情境是多变的，现阶段社会化机器人本身的"技术式社会性"也有很大的拓展空间。

　　基于上述基本特征，社会化机器人的出现及发展或已实现对传统机器人的"范式"变革。传统机器人总体上偏向于工具性的辅助作用，注重"物（机器人）-物"作用；而社会化机器人彻底改变了这种传统作用模式，它以相关背景技术的深度集成为基础，以前提的假定为条件，更加注重"人-物（社会化机器人）"作用，表现出更加显著的自主性和社会性特征。通过对社会化机器人特征的把握，或许更有利于在将来的机器人设计上和"人-机"关系实践中实现"科技向善"的价值目标。

第4章 社会化机器人的人文价值

在传统的价值哲学看来，唯有人具有价值，事物不具有价值，对价值的传统解释无疑将主体与客体割裂开来，因为否认物的价值，也意味着人的创造性、生产性劳动是无意义的，这同样是对人的价值的否定，显然不合乎逻辑，也脱离了客观实际。技术价值中立论认为技术（物）本身是中性的，仅仅是工具，关键在于人如何使用。技术价值论的相关思想指出技术负载价值，这与现实是相符的。物或者客体也同样具有价值，物的价值表现在主体与客体之间的相互作用关系中。另外，抽象地谈论或赋予技术价值是不合理的，因为技术负载价值并不是技术本身固有的属性，也并非对于任意技术都无条件地成立，分析某一技术是否具有价值需要回到现实，结合具体的技术展开对应的讨论。[①]社会化机器人作为人的创造性劳动的产物，即由技术实践而来的人工物，属于具体技术的衍生物，且与现实密切关联，因此并非虚无的、抽象的理论思辨产物，基于现实审视社会化机器人，无疑是有其价值可言的，并且在多个维度，都体现出有利于人的方面，简单说来也就是具有人文价值。

4.1 个体层面的人文价值

社会化机器人作为技术人工物，无疑有其人文价值，人文价值首先体现在个体层面，对于作为个体的人有积极效应，因此这也需要在主体与客体的相互作用上来理解其于个体而言的人文价值。

4.1.1 引导与教育：个体成长环境塑造

社会化机器人在与人进行交互的过程中，能够体现出对人的引导与教化作用。在传统意义上，人的社会性的完善需要通过他人的引导，引导者和引导对象

---

① 肖峰."技术负载价值"的哲学分析[J]. 华南理工大学学报（社会科学版），2017，19（4）：47-55.

往往都以人为主体，即使在发达的信息科技社会，引导关系中的主体也依然是人。例如在线教育，引导者通过互联网的信息交互作用使对象可以收获有利的知识或教育，虽然不是同时身处于一个共同的环境，但主体与主体之间也能够实现即时的理念传播，这无非只是一种在场形式的转换，引导者依然是以人为主的。当然也可能提出疑问，即其他的发达机器，比如手机和电脑等也同样有此效用，但是需要明确的是，手机和电脑通过信息推送体现出的引导性是微乎其微的，因为"信息洪流"相对于人教化层面的知识可以说是特殊与一般的关系，不具有对应性，因此并不能实现足够或者较好的引导作用。另一方面，引导效用的实现，可能需要人自行甄别信息，并在此基础上吸收信息，而这恰恰脱离了引导的范畴，主要源于人的主观能动性。也就是说，手机和电脑与人之间不属于引导关系，是单向的。社会化机器人则不同，尽管只是发达的机器，也同样可以对人进行教化，引导者是社会化机器人，人是被引导的对象，并且二者处于同一时空维度，在人机交互中塑造引导和教育，在一种程度上可以视为"活灵活现"的互动环境。在基础的儿童教育中，社会化机器人能够塑造儿童的兴趣和爱好，并教会一些简单的技能，特别是在儿童成长环境中，引导和教化有至关重要的意义，人机之间的趣味互动使机器本身不再以干瘪、机械的死板方式呈现，而是以一种人性化的方式表现出来，在某种程度上甚至越过了人可能出现的固化引导模式，比如在实际教育环境中，人可能受限于自身长期以来形成的性格特点，在引导他人时造成固化模式传导，也不利于他人的接受和采纳，在均值比较上，社会化机器人的引导方式具有一定的优势，因此社会化机器人可以通过给定的特征较好地实现这一价值，因而在基础层面无疑是具有积极效果的。在一般的交互中，可以借助人工智能系统赋予的知识体系，其知识的精炼程度往往优于人并且容错性极高。另外，人的行为与认知具有误差，不可能完全精准，而社会化机器人相对于人来说则呈现出较大的优势，在实际交互中，能够实时传递更有效力的思想，以此可以塑造一个有利的成长环境，对个体进行正确和必要的引导。

4.1.2　监护与管理：提供个体的安全保障

个人安全是人文价值不可忽视的环节，在日常生活环境中，有利的监护条件是对人身安全状态必要的保障。通常监护者为亲朋好友等，而监护手段则无非是以看护照料为主，通过监护人的注意力和判断力实现对人的健康或安全状态的确定，依据状态的具体情况进行相应的行动进而达到照料的目的。社会化机器人也有这样的作用，与人力相比，社会化机器人的监护更加全面，因为在有充分能量供应的前提下，其监护工作不会中断，并且注意力更集中，几乎不可能出现注意力疲劳和"开小差"的情况，也不会受监护环境以外的因素影响，能够起到更好的监护作用。当然，智能设备的发展也出现了多样的监护工具，比如小米等公司的智能监控，即使监护人外出，通过智能手机与监控设备的连接也可随时关注家中老人或儿童的情况，其局限在于，家用监控设备尽管可以转换镜头，但其自身的位置是一定的或需要人为移动，这就可能导致被监护人出现在监控无法"涉足"的区域，如果出现突发状况即使有监控也无法解决问题来确保人的安全，也无法检测人的健康状态。社会化机器人则不同，首先其具备移动式监护功能，能够跨越固定式监控存在的空间屏障，全方位地照看被监护人，并可以识别环境，对人由于自身行为可能导致的意外进行预判和提醒，同时能够对人的日常生活进行管理，在一定程度上很好地保证了健康的日常起居；其次，由于其具备识别作用以及传感器，对人面部和体温的识别可以进行一个大致健康状态的判断。因此，就当前来说，社会化机器人显露出在监护和管理上更高的价值，相比来说，除去监护力极强的人，对于其他的监护工具或设备，社会化机器人能够对人起到良好的安全保障作用，更进一步讲，它不会伤害人类，没有"私心"，这就体现出相较于人的监护的优越性，也是其人文价值的凸显。

4.1.3　关怀与回馈：调节个体的情绪值和情感值

情感是人的内在本质构成，对于人的现实生存与生活尤为重要。一般来说，情绪是感情反应的生理变化和外部行为表现，属于躯体性表现过程，而情感则常被用来描述具有深刻而稳定的社会意义的感情，相比情绪更为深刻，它是在长期的社会生活环境中逐渐形成的，因而具有更强的稳定性和持久性。①换言之，情绪是身体对来自外部环境刺激的直接反应，因此可以不通过大脑的分析而作出反应，情感则由人脑长期的活动并通过个体对自身所接收的信息、经历过的体验进行甄别与判断形成的稳定"体系"。因此情感注重内心体验，其生成伴随着人脑的加工，情绪则更易变动，但是如果对情绪进行加工也可以实现其向情感的转换。情感或情绪调节一般只能由个人消化和反思或由他人的劝导来完成，如今社会化

---

① 易显飞，胡景谱. 论情感增强技术的人文风险[J]. 探求，2018（2）：102-107.

机器人可以成为调节方之一，由此能够凸显出其意义。

在以往，情感可能会被视为与机器毫不相关的部分，除了在人的固有直觉上的否定，也是由于情感和情绪与大脑神经系统这一生理基础息息相关。社会化机器人在一定程度上具有调节情感的可能性，或者说在某种意义上有情感。神经调节已经被模拟的技术突破恰恰促成了这种可能，"在 GasNets 技术中，散布在网络中的一些节点能够释放模拟的'气体'。这些气体可以扩散，并根据浓度以不同的方法调节其他节点和连接的固有属性……研究人员发现，一个特定的行为可能包含两个未连接的子网，由于调节作用，二者能一起工作"①。也就是说，GasNets技术可以模拟生物神经调节活动，并使人工神经网络形成相互影响、联通的反应机制，从而实现机器情感的生成。

以诸多形式出现的社会化机器人也是得力于此，人机交互的案例很多包含情感的部分，比如日常任务提醒、编写日志和制作食物等。社会化机器人能够以多种途径识别人类情感，以生理方式如监测人的呼吸频率和皮肤电反应、以视觉方式识别人的表情或者通过人的语言（语调、语速等）进行识别。也就是说，通过这些方式社会化机器人可以对人类情感进行识别并加以回应。

那么，在实际的人机互动中，社会化机器人可以承担调节人的情绪和情感的角色。对于婴幼儿来说，情感尚未定型，表现出来的更多是情绪，如果个人的要求得不到满足，往往会作出情绪化的反应，如发怒、哭闹等，社会化机器人通过识别可以侦测出情绪反应，因此可以以诙谐的方式与婴幼儿进行互动，通过言语上的诱导或者行为上的互动来帮助孩子抵消过度的情绪反应，而家长在手足无措后，可能会直接给出奖励来满足，进而产生一种线性刺激，即哭闹意味着有奖励，长此以往不利于孩子的情感培养和塑造，而通过社会化机器人的讨喜互动调节孩子的情绪则可以在一定程度上来避免这种错误刺激的产生。因此，社会化机器人能够调节人的情绪值，为建立稳定的情感系统提供现实支撑。对于已经具备稳固情感系统的人来说，其情感相对不易产生剧烈"突变"，但就实际来说，无论情感如何稳定，人依然是存在情感"突变值"的，即对于来自外界的刺激和影响一旦超过正常情感水平的上限，个人自我调控便较难进行，生活情境遭遇巨大困境的个体尤其如此。对于社会个体，有时在经历波动起伏后不太愿意寻

---

① ［英］玛格丽特·博登. AI：人工智能的本质与未来［M］. 孙诗惠译. 北京：中国人民大学出版社，2017：112.

求他人的疏导，会呈现出情感低迷的状态，此时社会化机器人就可以通过对个体的情绪情感识别，通过"贴心"的陪伴和安慰，从而对个体进行情感疏导，在一定程度上具有调节情感值的作用，使个体的情感值趋于正常，帮助其渡过情感"难关"。

4.1.4 诊疗与保障：性层面的三维价值

"性"往往带有敏感的色彩，使人谈"性"色变。性需求作为人类需求的一种基本形式，时常处于变动状态，除了人自身的生物因素和心理因素，人类的性行为在很大程度上是一种社会建构的体验，在这种体验中，社会行为的变化与技术进步联系在一起。[①]社会化机器人作为新的技术变革发展下的产物，在人的性互动方面存在的影响主要体现在作为其代表类型之一的情侣机器人上，属于伴侣机器人的一种。达纳赫将之定义为一种用于性刺激和性满足的具体化的人工智能体。[②]通过定义，可以将情侣机器人与其他机器人以及其他性工具区分开来。它必须具备四个要素：区别于虚拟机器人的实体性、身体和外观上的类人化、用于性互动的目的性以及具备一定程度的智能性。这就保证了情侣机器人在性互动相关的特征上与人类相似，换句话说，它们有作为人的性对象的因素。[③]其"双刃剑"效应是难以回避的问题，在性维度到底是利大于弊抑或是相反，学界对此争议很大，也需要着重进行考量。同时在探究过程中，由于"性"本身的敏感性加之可能造成的严重风险，不得不客观慎重地审视，既要关注积极效应，也要正视风险，以免避重就轻。

情侣机器人的影响之所以能够引起如此激烈的争论，并非毫无根据可言，因其"入场"具有相当大程度的可能性，在究其影响之前需澄清可能性的前提，否则就是空穴来风。

在以往，情侣机器人多存在于科幻作品中，而人工智能、生物工程、机器人学等领域的进步使存在于科幻作品中的人形机器人作为一种真实的可能性出现，

---

① Zhou Y, Fischer M H. Intimate relationships with humanoid robots: exploring human sexuality in the twenty-first century[M]//Zhou Y, Fischer M H. AI Love You: Developments in Human-Robot Intimate Relationships. Cham: Springer, 2019: 177-184.

② Danaher J. Regulating child sex robots: restriction or experimentation[J]. Medical Law Review, 2019, 27(4): 553-575.

③ Johnson D G, Verdicchio M. Constructing the meaning of humanoid sex robots[J]. International Journal of Social Robotics, 2020, 12(2): 415-424.

导致了从想象到现实、从虚构到真实的根本性转变。[①]以至于有学者认为，到 2050 年左右，机器人技术获得突飞猛进后，机器人将改变人类传统爱情和性的观念，在择偶问题上，机器人伴侣对人将具有更高的吸引力，更符合人类的偏好和需求。机器人将能够与人们相爱结婚，与机器人相爱就像跟其他人相爱一样"正常"，还能够满足人类的性生活需求。[②]就现阶段来看，虽然总体上尚未普及，但已有少部分情侣机器人现身于人类世界。比如国外某报刊在 2017 年 5 月 15 日刊登了一篇名为《情侣机器人"Harmony"是一百万个男性幻想的女朋友——售价 11700 英镑》的报道，描述了 Harmony 的人形外貌，并介绍了这是一个具有可定制性以及具有可编程的各种个性特征的人工智能系统机器人。[③]

实际上，"人机之恋"并不是情侣机器人出现后才有的事情，在历史上，人类已经与某些事物有过所谓的"性依附"，古老的"皮格马利翁神话"也证明有这样的事实存在。这在文化史上、文学上、影视上和现实中属于一个共有的现象，性依附对象呈现出以下几种类型：人形雕塑、机械或硅胶人偶、机器人及虚拟人偶。[④]就如马切伊·穆西尔（Maciej Musial）所说，"倘若人不与具备拟人化和情感化的情侣机器人进行亲密接触，这将会使人感到惊讶，毕竟在几个世纪以来，人们已经通过不太复杂的非生命物体做到了这一点"[⑤]。因此在某种意义上，人赋予无生命物体以生命、人格并在情感上附属于它，那么就有理由相信，人会通过设计技术物，即精致的机器人来刺激这一行为的继续。[⑥]换句话说，技术的进步非常可能强化人类的这一倾向。从现实上看，这无疑对情侣机器人的"入场"提供了极大的说服力。

从现实来看，情侣机器人的出现也是"需求"的产物。因为存在文化差异和个体差异，人类对情侣机器人的需求占比并非百分之百，但这并不妨碍它投入现实应用。通常而言，人对事物的态度在一定程度上反映了人的需求。在西方社会

① Kubes T. New materialist perspectives on sex robots. A feminist dystopia/utopia？[J]. Social Sciences，2019，8（8）：1-14.

② Levy D. Love and Sex with Robots：The Evolution of Human—Robot Relationships[M]. New York：Harper Collins Publishers，2007：21-22.

③ Döring N，Poeschl S. Love and sex with robots：a content analysis of media representations[J]. International Journal of Social Robotics，2019，11（4）：665-677.

④ 程林. "皮格马利翁情结"与人机之恋[J]. 浙江学刊，2019（4）：21-29.

⑤ Musial M. Enchanting Robots：Intimacy，Magic，and Technology[M]. Cham：Palgrave Macmillan，2019：15.

⑥ Sharkey N，Sharkey A. Artificial intelligence and natural magic[J]. Artificial Intelligence Review，2006，25（1-2）：9-19.

中的调查显示，关于人们对机器人性爱的积极态度，各国数据存在较大的差异：在美国[①]高达86%，但在荷兰[②]只有20%。此外印尼建国大学（BINUS）的学者对人们是否接受与情侣机器人发生性关系等方面展开调查，调查显示[③]：42%的受访者（24%的男性，18%的女性）会接受人类与机器人发生性行为的现象，而55%的人会拒绝（32%的男性，23%的女性），3%的人不确定；只有16%的受访者（12%的男性，4%的女性）想尝试和机器人进行性行为，而71%的人拒绝（36%的男性，35%的女性），13%的人不确定；14%的受访者（8%的男性，6%的女性）会接受人类与机器人结婚的现象，而81%的人拒绝（48%的男性，33%的女性）和5%的人不确定。上述调查结果在一定程度上可以说明情侣机器人在生活中占有市场，而且也有较多人接受与其进行性互动，并且对于不确定群体而言，他们有可能会成为接受群体中的一员。值得进一步说明的是，第二点与第三点是密不可分的，既然已经存在性依附历史，那么基本可以推测，这部分群体显然可以成为情侣机器人的直接用户。

上述调查结果可以在一定程度说明，情侣机器人从 "入场" 到较广泛应用只是时间问题，那么在此时把握情侣机器人在性维度对人造成的影响显得尤为必要。本书将先后从宏观维度和微观尺度两个层面探讨其影响，宏观维度从生命本能的整体上析之利弊，微观尺度则更重批判性，但依然合乎理性。并在此需要澄清的是，相关讨论严格控制在 "性" 的范围，尽管性关系与其他亲密关系也有交叉（如婚姻和夫妻等关系），但那将又是另外的问题，在此对交叉点不多作讨论。

在情侣机器人对人的性需求满足上，生命本能地实现 "是" 与 "非"。这体现在三个层面：诊断和治疗；情感陪伴和 "身体刺激"；性互动与 "本体安全"。在此不是鼓吹性放纵的主张，也不是无根据的拒斥和保守，只是为了探究情侣机器人的合理性，因此其影响的正面与反面皆会呈现出来。

第一，情侣机器人可以用于诊断和治疗。这在一定程度上指向了特定的目标群体，使其实现或恢复生命本能。比如患有性心理障碍的人，心理上的障碍压制

① Scheutz M，Arnold T. Proceedings of the Eleventh ACM/IEEE International Conference on Human-Robot Interaction（HRI），March 7-10，2016[C]. Christchurch：IEEE，2016.

② de Graaf M M A，Allouch S B. Anticipating our future robot society: the evaluation of future robot applications from a user's perspective[C]. 25th IEEE International Symposium on Robot and Human Interactive Communication（RO-MAN）. New York，2016：755-762.

③ Yulianto B，Shidarta. Philosophy of information technology：sex robot and its ethical issues[J]. International Journal of Social Ecology and Sustainable Development，2015，6（4）：67-76.

了人的生命本能而无法排解，情侣机器人则可以解除这种心理障碍，释放患者的性张力，这是对人与人性互动愿望的补充，因此是具有积极意义的治疗作用。由此看来，情侣机器人似乎可以"消解"性压力，"促进"性需求。迪·努奇（Di Nucci）认为，严重精神和身体残疾的人以及那些患有神经退化性疾病的人可以通过使用情侣机器人来实现他们的性权利。[①]然而，研究这项技术的心理学家和社会科学家认为，情侣机器人才最有可能导致心理疾病而不是减轻心理疾病。[②]但需要思考一点，这是否意味着情侣机器人对疾病患者无诊断意义上的作用，如果确实如此，那么这就阻断了情侣机器人的辅助治疗效果，反之，我们不能盲目否决而需要保持客观的认知，因为研究者并未指出调查对象是属于正常健康群体还是患者。但与此同时，这又从正面反映了情侣机器人确实可能会消解人的正常心理。

第二，情侣机器人可以用于身体上的刺激或情感上的陪伴。一方面，情侣机器人可以部分地缓解现实压力，提供陪伴。这对于部分基于现实因素的影响而产生"恐婚"思想的社会群体来说无疑是"完美"的选择。传统意义上，爱是相互需要的，但社会上并不是所有人都有相爱的对象。在机器人日渐"人格化"发展的趋势下，情侣机器人可以满足人的这种需求，充当人的"另一半"，这会使在社会上找不到伴侣的人群"受益"[③]。因此，在现实压力如此大的境况下，这可以作为部分人的选择以获得情感上的陪伴，并且可以在一定程度上缓解性张力，实现生命本能的释放。另一方面，与情侣机器人的性体验带来幸福感。因为生命本能的实现不仅仅是"性"，也与幸福相关联。尼尔·麦克阿瑟（Neil MacArthur）认为，情侣机器人是好东西，它们的存在甚至应该受到鼓励，因为它们可以为我们提供一个"现实的和非常令人满意的性体验"[④]。比如在弗洛伊德看来力比多的有效利用可以造就幸福。[⑤]所以情侣机器人对人情感上的作用是符合力比多的有效利用这一特点的，"有效利用"一词在该语境下意味着一个好的性体验可以给人带来幸福感。然而迈克尔·豪斯凯勒（Michael Hauskeller）认为，如果情侣

[①]　Halwani R. Book review of "Robot Sex：Social and Ethical Implications"[J]. Bioethics，2018，32（9）：639-640.

[②]　Sullins J P. Robots，love，and sex：the ethics of building a love machine[J]. IEEE Transactions on Affective Computing，2012，3（4）：398-409.

[③]　杜严勇. 情侣机器人对婚姻与性伦理的挑战初探[J]. 自然辩证法研究，2014，30（9）：93-98.

[④]　Danaher J，MacArthur N. Robot Sex：Social and Ethical Implications[M]. Cambridge：MIT Press，2017：33-34.

[⑤]　[奥]西格蒙德·弗洛伊德. 弗洛伊德文集：文明与缺憾[M]. 傅雅芳，等译. 合肥：安徽文艺出版社，1996：23-24.

机器人仅仅只是模仿人类的行为，那么它们就不足以作为人类合适的性伙伴，因为良好的性互动涉及各种交流，而情侣机器人并不能做到这一点，因此它并不能使人获得好的性体验而获得幸福感和满足感。①那么现在至少不能完全确定情侣机器人可以带来幸福感和满足感，但毋庸置疑的是，它在情感陪伴和身体刺激上具有一定意义上的促进作用。

第三，情侣机器人可以塑造安全的性体验。简而言之，与情侣机器人进行性互动可以减少甚至避免性传染病的传播（如艾滋病）并降低流产率。②在此引入一个由安东尼·吉登斯（Anthony Giddens）提出的名为"本体性安全"（ontological security）的概念，本体性安全是指个体在社会上对物质环境和生存环境的稳定性所具有的信心。③这种安全感的获得来源于个体稳定的、有意义的日常生活并由其维持，而担忧和焦虑以及其他的风险则会摧毁这种稳定性，从而威胁本体性安全。因此，从这种意义上，情侣机器人是用户的专属，与情侣机器人的性互动消除了意外怀孕和传染病的风险和焦虑感，不仅保证了个体的身体安全，更根本的是保证了个体本体意义上的安全。换句话说，与情侣机器人的性互动可以说是"性无忧"，性互动具有高度的稳定性和无风险性，以至于利维认为机器人在这方面比"百忧解"还有效。④当然，可以确信在情侣机器人与人的性关系中可以给人制造本体性上的安全感，然而需要进一步追问的是，这种由情侣机器人提供的本体性安全是否是长期稳定的，如果是，这就意味着人与情侣机器人将长期保持性互动而排除了人与人性互动的可能性，因为只有这样人才会持续获得性互动层面的本体安全，而这实际上是很难的。

可以看出，情侣机器人确实在不同维度对人生命本能的实现有促进作用，一些拥护者具有极其积极甚至可以称为激进的态度，他们往往看到的是"好处"，与此同时一些否定性的声音也预示着情侣机器人具有消极影响的可能性，同样需要引起人类的重视，因为从某种意义上来说，过度关注情侣机器人的"好处"是人的动物性、非理性的"肆掠"，而人在自然和社会进化中具备了理性，因而需要保持客观理性来看待情侣机器人。

① Halwani R. Book review of "Robot Sex: Social and Ethical Implications" [J]. Bioethics, 2018, 32 (9): 639-640.

② Yulianto B, Shidarta. Philosophy of information technology: sex robot and its ethical issues[J]. International Journal of Social Ecology and Sustainable Development, 2015, 6 (4): 67-76.

③ ［英］安东尼·吉登斯. 现代性的后果[M]. 田禾译. 南京: 译林出版社, 2000: 80.

④ David L. Love and Sex with Robots: The Evolution of Human-Robot Relationships[M]. New York: Harper Collins Publishers, 2007: 105.

4.1.5　促进与修复：增强个体社会交往力

技术物的产生是社会交往活动的体现，一切技术物都凝聚着人与人之间的关系，同时作为某种要素影响人与人之间的关系。社会化机器人相较于其他的技术产物，对人的社会交往影响程度更深，模式更为多样，因此产生的积极因素也更为显著。其积极因素不仅体现在作为社交主体的人的层面，而且拓展了社会交往系统中的部分要素。

社会交往关系指人与人之间以某种方式在现实的社会生产生活中形成的关系。且社会交往关系仅限于人与人之间的相互作用，这是一直以来的固有认知，都是为人所认同的，即交往关系属于主体际互动关系。[①]由于社会化机器人的特殊性，即表现出一定的主体性，具备与人进行互动的能力以及更深层次的人格化表达等。因此社会化机器人在现实生活的应用中，可能会与人形成一定的关系，这可能导致产生新型社会交往关系，即"人-机-人"社会交往关系，因此不可仅仅将之视作中介存在于人与人的社会交往关系中，而可以同时视之为"类社会主体"，并促进"人-机-人"社会交往关系。

人在社会中会进行相应的社会活动，一定程度体现在互动和社交上。社会化机器人目前多应用于非开放式环境中，往往作为人的交互对象，在长期的交互作用中，建立起人机交往关系。第一，人机交往关系直接体现在人与社会化机器人的日常互动中。社会化机器人的功用不仅仅局限于其使用价值上，相较于传统意义上的交往中介，它表现出主体化的交互特征。比如通过助老机器人，可以在一定程度上减轻家庭负担，无须子女持续陪护老人而缓解了压力，助老机器人通过自身的优势可以在任意时间提供陪护，从而满足老人多方面的社交生活需要。[②]在一定意义上，可以说对老人需求的满足直接促进了人机关系的形成，并在某种程度上实现了两者之间的精神交往。再如儿童陪护机器人或者机器人保姆，通过与家庭成员的交互以及任务的完成，直接促进了人与机器的关系深化。不同于工业机器人，仅仅作为劳动工具无休止地进行流水线生产，不存在主体际间的关系，即无交往关系可言。人与社会化机器人之间则不同，正是人机交往互动确立了人与机的社会交往关系并以一定形式维持着人机交往关系。

第二，新型交往关系的形成体现在社会化机器人对人与人开展活动的促进，

---

① 侯振武，杨耕. 关于马克思交往理论的再思考[J]. 哲学研究，2018（7）：10-18，127.
② 杜严勇. 关于机器人应用的伦理问题[J]. 科学与社会，2015（2）：25-34.

即可以作为新的交往力促进交往。社会交往力，即开展和把握交往活动的水平、能力。①交往力的程度决定了交往的优劣程度，社会化机器人这一技术产物无疑是一种"特别"的交往力。当不同交往主体同时处于非开放式环境下，在这时社会化机器人作为"管家"可以协助人群开展社交关系，从某种角度来说它是工具，但同时它是重要的依托，提供人以精准性指导，社会化机器人以其系统优势，在辅助人与人的社会交往中可以拓展大量社交话题，在交往中更能作出专业而理性的判断而为人的决策提供依据，并且在一定程度上即时消解了社交活动中主体间的认知差异，从而确保了社会交往的有效性和满足感以及交往的成功，能够在较大程度上保证交往的质和量，促进人更好地塑造社会交往关系。就这方面而言，社会化机器人是一种新的交往力。因而在这个过程中，看似是促进了人与人的关系发展，实则也间接促成了人机关系的发展，且社会化机器人在主体间的社交活动中，更是以"参与者"的身份与不同主体间保持具有调剂性的社会交往，人也会逐步意识到社会化机器人作为"类社会主体"的强辅助性作用，而正是社会化机器人表现出的类人的"调节性"，才能在与人形成"类主体际"关系的基础上使得"人-机-人"这种新型的跨人际交往关系得以成立。

因此，交往关系中融入了新的交往要素——社会化机器人，而这一新要素促成了"人-机-人"新型社会交往关系，同时在非开放式环境中与人形成稳固的关系，不再是传统的人与技术物的关系，而更似介于"人-技术物"和"人-人"之间的关系甚至具有更进一步的可能，而这也导致了人机关系的迅速升温，因此对于上述，无论是直接促进还是间接促进，最终都满足了人机关系的发展以及"人-机-人"新型社会交往关系的确立，增加了社交系统的组成要素。可以说在非开放式环境下，社会化机器人有助于社会交往的加强。

此外，人与人之间的社会交往能力存在一定的差异，处于正常水平标准下的交往主体，往往难以主动地进行社会交往。人作为交往主体，自身具备一定程度的交往力，而交往力能否正常表达则与较多因素相关。与很多新兴技术相似，社会化机器人在一定程度上表现出治疗的功用，有利于修复交往"障碍"，能够将处于正常水平以下的交往力进行"拔高"，在这种意义上可将之看作一种人类交往"增强"技术。

首先，社会化机器人可以有效缓解"社交恐惧感"。以孤独症儿童为例，瞿

---

① 王武召. 社会交往论[M]. 北京：北京大学出版社，2002：103.

患孤独症的儿童难以进行社会交往，并持续长期抑制其进行正常交往的可能。研究发现，社会化程度较低的社会化机器人可能对孤独症儿童的治疗有促进作用，这种机器人具有面部表情简化性及肢体动作趣味性等特点，对于孤独症儿童而言具有较好的吸引力和亲和力，对于缓解孤独症儿童的"社交恐惧"具有促进作用，使他们有产生正常社会交往的可能。①由此来看，社会化机器人的行为模式恰好符合孤独症儿童的心理接受度，社会化机器人既不同于单一的玩具，也不同于其他正常人类儿童，玩具缺少了必要的丰富性，正常儿童之间的社交多样性的行为可能更会对孤独症儿童的心理形成某种刺激导致他们难以缓解"社交恐惧"。因此，社会化机器人对孤独症儿童的干预，能够消除他们的社交心理"枷锁"，从而产生交往心理。

其次，社会化机器人可以"增强"孤独症儿童的社会交往能力。这建立在孤独症儿童突破社交恐惧心理的基础上。在孤独症儿童治疗上，治疗医生建立心理模型并以语言为载体对儿童进行深层次的心理干预来达到治疗目的，意图激发孤独症儿童的社交兴趣，实际上这种治疗方式对于孤独症儿童的治疗效果并不明显。相比于治疗医生，孤独症儿童更倾向于与社会化机器人的互动，社会化机器人与孤独症儿童的互动行为能改善他们的社会交往技能，诸如交往主动性、模仿力、注意力、眼神交流等。②这些能力恰恰是个体交往力的重要组成要素，具备良好的交往力关乎儿童在成长过程中能否正常开展交往活动，交往力也是影响正常社会化的关键因素之一，这对于孤独症患者具有更重要的意义。社会化机器人对儿童孤独症患者干预的案例可以说明，孤独症患者在与社会化机器人互动中能够"增强"他们的社会交往能力，为治愈孤独症儿童，使其恢复正常社会交往提供了一种可能性。

4.2 群体层面的人文价值

社会化机器人的人文价值不仅体现在个体层面，也体现在群体层面，在群体

---

① 张静，常燕群. 人工智能和虚拟现实技术在孤独症患者康复训练中的应用[J]. 中国数字医学，2013（7）：83-86.

② 王永固，黄碧玉，李晓娟，等. 自闭症儿童社交机器人干预研究述评与展望[J]. 中国特殊教育，2018（1）：32-38.

层面中表现的价值意蕴更为广泛，不仅是满足不同群体的直接需要，也可以在各群体以及社会中彰显其人文价值。

4.2.1　利于科研群体的研究和探索

在科学界、哲学界和心理学界等科研群体中，智能、意识、情感、创造力等一直都是饱受关注的对象，然而却一直未曾揭开它们神秘的面纱，单凭抽象的思考往往无法获得相关的研究进展，而负载人工智能系统的社会化机器人则可以提供这些关乎人本质问题的解锁思路。通过前文内容可以知道，社会化机器人的智能是建立在智能或者思维的可编码计算上的，其技术发展也是沿着这一道路来展开的，这给科研群体研究思维（智能）是如何产生的或者思维是不是人独有的提供了线索，也就是说，科研群体可以以此为基础探索智能的本质，从智能假设到技术跟进，以具体的科学或技术实践为基础，然后再通过技术人工物来考察智能的起源和本质，从而再对假设进行判定和证明，进一步验证假设的正确性。社会化机器人作为科学家和哲学家的研究对象，在当前阶段无疑可以说明假设的正确性，也就是说，智能在某种程度上是可以被模拟出来的，这对于科研群体验证科学猜想以及对本质问题的思考具有重要人文价值，因为这首先是关乎人的问题的思考，但是普通人不会对这些问题做过多的思考和关注，基于此，科研群体在解构社会化机器人这一技术物过程中推进了对科学研究富有价值的发现。

再者社会化机器人所表现出来的情感，也有利于科研群体的研究，如提供情感如何发生的基础线索，情感如同智能一样，在某种程度上也是能够模拟的，通过剖析社会化机器人内部各组件的相互作用并进行观察，可以发现其作用过程，也能持续推动科研群体的研究。另外，社会化机器人还有利于在科研中解释创造力，诸如组合型创造力、探索型创造力和变革型创造力。[①]也就是说，通过测试社会化机器人各种风格形式下产生的行为，来了解它可能生成的想法或者出现的变化，比如它可能会编造出未曾出现的诗歌或绘画，这是来源于它本身的创造行为，那么对于创造力的思考，科学界和哲学界就可以以此为落脚点，从而在理论层面和现实层面进行解释研究；在学术上，科研群体可以挖掘社会化机器人的学术价值，以供学界研究，哲学界可以在本体论、认识论和价值论层面考量社会化

---

① ［英］玛格丽特·博登. AI：人工智能的本质与未来［M］. 孙诗惠译. 北京：中国人民大学出版社，2017：81.

机器人与人的相关性研究，以及技术（物）与人的本质联系和区别。另外，科研群体通过在构想上和设计上调整社会化机器人的技术架构来适应人的使用，既赋予了物的价值，同时物也促进了科研群体的自身价值实现并提升其自身的研究价值，这是相互连通的。总的来说，社会化机器人对科研群体的研究有重要作用，为认识世界和认识人提供了条件。

4.2.2　促进社会经济的发展

技术人工物的发展不能脱离市场经济的背景，换言之，技术人工物一方面具有某种经济价值，这是社会条件提供的客观环境，另一方面，它又同时可以作为推动经济发展的力量。经济发展必然建立在市场对技术人工物的经济价值的认同上，也就是说，从最基本的经济层面讲，能够满足人以及社会各领域的需求，也是其现实条件。目前，世界上老龄化问题较为严峻，2019 年世界各国的老龄化从高到低排行为：日本（27%）、意大利（23%）、德国（21%）、法国（20%）、英国（19%）、加拿大（17%）、澳大利亚（16%）、美国（15%）、俄罗斯（14%）、中国（11%）。①上述十个国家老龄化程度均超过了 10%，其中不乏人口基数小而老龄化程度高的国家，因此老年人的赡养与照顾问题需要解决，这就要求社会化机器人能够满足如此庞大人口的需求，同时这也意味着社会化机器人的经济价值，类似的情况还有儿童照顾需求、医疗的需求、伴侣的需求等，这很可能会使社会化机器人成为市场交易中的热门，大规模的市场交易将会促进市场的经济流动，从而产生更多的经济价值，当然，通过需求性交易产生的经济价值是最直接的。另外，由社会化机器人所产生的经济价值不仅仅是贸易层面的，社会化机器人在某种程度上也成了生产手段的一部分，也就是说，它可以刺激其他商品的生产，以其经济价值产生的效应来形成另一种积极的经济价值，比如由它衍生的子领域的相关工具和技术制品，以及工厂公司等机构对关键部件的生产制造和销售，从而形成一个循环的"经济链条"，进而实现利益和收入的提高，促进经济循环。再者，社会化机器人在各行业领域的使用，在一定程度上节约了经济成本，在商业化社会，成本的减少同时意味着经济利润的增加，比如在医疗和护理机构，以及现在的服务行业，引入社会化机器人相当于节省了人力，也就是以往必须考虑的

---

① 管小红. 2019 年全球人口老龄化国家排行情况、发达国家人口年龄分布预测、未来全球平均年龄趋势及全球人口老龄化的影响分析[EB/OL]. https://www.chyxx.com/industry/201910/799000.html[2019-11-01].

支出现在得到了节省，只需要付出初期成本和后期更新支出，而创造的经济价值在长远来看却是颇为可观的。从整体上来说，对于社会相关机构，采用社会化机器人后其获利是不会减少的，甚至有增加的可能性，还可以在节约原来成本的同时再次缩减支出，比如社会化机器人在所有服务型的行业中，既可以节省人力成本，同时不需要对这一技术人工物增加较于人力的额外支出。以消费者和生产者的喜好需求为准绳，社会化机器人能够促进经济的循环和增长，无疑在相当的程度上提高了社会的经济价值。

4.2.3 婚姻上的人文价值

第一，保证婚姻的合范性。在现代社会，离婚现象时有发生，原因之一在于婚姻中存在着失范现象，即违背忠诚的行为产生，这被视为对婚姻的背叛，背离了忠诚往往也导致婚姻的失败。合范与失范相对应，合范性则体现了婚姻的忠诚。随着机器人领域的发展，情侣机器人可视作婚姻伴侣。并且由于其"特质"符合了人的理想型要求，从而可能保证理想化的人机婚姻关系，因为它对人永远忠诚并且不会背叛，保证了婚姻的合范性。从人机交互环境上来说，情侣机器人的设定决定了其仅能应用于封闭式环境，也就是说它仅能和唯一的使用者处于相同的环境，它的对象是"一"而非多者，这就避免了像人一样会受到开放社会中外在因素影响而诱发失范行为从而导致婚姻破裂的可能性。

再者就是，从功能角度而言，其初始设定上就保证了它的专一性和高等阶的忠诚度（尽管是人为赋予意义上的），因而它不会背叛另一方。所以，倘若人机婚姻可能的话，情侣机器人不会对人产生背叛，将会在很大程度上保证婚姻的合范性。

第二，消除婚姻中的矛盾。在人与人的婚姻关系中，双方存在矛盾是较为普遍的现象，矛盾是多元的，此处所谈及的主要为婚姻中缺乏理解和信任所产生的矛盾。在现实中，忠贞并不是决定婚姻长久的唯一因素，信任和理解也至关重要，也是维系和谐婚姻的根本要素，而理解和信任依赖于有效的、理性的沟通。缺乏信任和理解则易于使人情绪化，而无法在双方之间搭建理性沟通的桥梁，导致婚姻双方的非理性因素激化而可能产生难以调和的矛盾，影响婚姻的和谐。对于人来说，社会化机器人是完全可信任的，在某种意义上，社会化机器人具有足够的理性沟通能力以及最理想的耐心，因而几乎不会产生沟通上的崩溃现象，可以达到在婚姻关系中去矛盾化的效果。

更为关键的在于，社会化机器人能够感知人的情绪变化，从而判定人的情绪特征，并给予相应的关怀和慰藉，超过了人所具备的"耐心"，而给人一种"贤淑"之感，从而在特定境况开导人，消除了人可能产生的情绪、情感"暴动"，在一定程度上，这种近乎完美的消解力正是机器人无限性的体现，同样，这也是它完全信任和理解人的体现，作为婚姻伴侣可以成为完美的"贤内助"，从而在可能的人机婚姻关系中，消解了婚姻关系中因理解和信任导致的矛盾。

第三，祛除婚姻中的功利性。当代在"人-人"婚恋关系中，结婚的"筹码"之一就是彩礼，这也是由传统继承而来、普遍公认的部分。然而"筹码"过度则会造成不能结婚以及感情破碎的现象。人机婚姻中，最直观的就是在婚姻目的上祛除了功利性。不需要为某些"筹码"发愁。这也就是说，一方不用对另一方提供难以支撑的经济支出，从而满足对方家族通过子女婚姻而实现功利性的目的。从某种意义上而言，这是法律承认人的平等性地位后被曲解利用所诱发的现象，最终因经济问题而无法结婚，人与机器人之间则消除了这种境况。另一方面，与情侣机器人结婚避免了功利性因素掺入婚姻关系中，因为人不需要在结婚前或者婚后考虑各自的权益。在传统封建制度下，婚姻的缔结包含了功利性因素，表现为家族联姻的形式，现代婚姻中的功利性目的则呈现出新的形式——法理化。法律可以保障婚姻中的个人权益，现代婚姻关系中的功利性存在与婚姻法理化增强有很大关联，因对婚姻关系中自身权益的过度保护和重视，产生了较大的功利性权衡。[①]

在婚姻中掺杂了过度的功利性因素的境况下，和谐而美好的婚姻关系往往不能得到保证。人机婚姻则不需要权衡婚姻中的个人财产权益问题，也不需要为可能的离婚结果进行法律层面的"未雨绸缪"，换言之，人不必忧虑于婚姻风险引发的双方利益纠纷。因而存在于人-人之间的财产分配博弈就消除了。因此在这种意义上，人机婚姻关系消除了功利性。

4.3　人类层面的人文价值

价值具有一定的相对性，通俗地来讲，某事某物对一个人或者一部分人有价

---

① 邓妍，文碧方. 《礼记》婚姻观在当前婚姻伦理建设中的价值新探[J]. 理论月刊，2016（10）：47-51.

值，不一定会对其他人有价值，因此人文价值也继承了价值的这一特性。那么此处所说的人类整体层面的人文价值，在更多意义上表达的是一种消除相对性的价值，即社会化机器人对人类整体都具有人文价值。

4.3.1 为人类塑造全新的审美艺术体验

一般来说，很难想象将审美艺术和人分割开来，创作主体和审美主体在传统的美学观念中都以人为主，其他事物并无此之长，随着人工智能技术的发展，涌现出许多机器创作的自动化浪潮，诸如音乐创作、诗歌创作、绘画创作等，这些都与审美艺术有关。因为就"智能"一词的定义来看，人工智能或者说智能机器均与美学相关，"智能"涵盖知识的汲取、应用，以及具备推理思考的特性，此外还包括五感感知力和情感体验能力。[①]这些非理性的特性也正是与美学相关的范畴。并且，人的艺术实践最初就产生于人的感觉器官对外部世界的认识，如眼睛和耳朵，通过对外部信息的认识生发出艺术，而所有艺术范畴中，音乐大致上与数字最为相关。[②]也就是说，以数据为支撑的智能机器与其有某种亲缘性。审美艺术不局限于某一个人，因为人人都可进行创作并具有鉴赏美的能力，因此机器创作的产生，使社会化机器人能够重新塑造人类审美艺术体验。

社会化机器人可能解锁人类创作的新模式。2017 年，索尼计算机科学实验室与法国音乐人波瓦纳·卡雷（Benoît Carré）合作，通过 Flow Machines 工具帮助词曲家作曲，造就了两首不同的人工智能歌曲："Daddy's Car""The Ballad of Mr. Shadow"。Flow Machines 可以在样板旋律中融入其他音乐范式，以此促成新作品的诞生。作为不断完善状态的社会化机器人，其社会性因素也会不断增加，仅仅几种特性似乎显得乏味而不够"社会"，而以上实例表明，社会化机器人拥有技术化的创作力是可能的。倘若赋予其创作系统，在实际交互中也会显得更加饱满，也就是说，虚拟工具有了社会化机器人这一实体承载，并且也节省了不断操作虚拟工具的时间，避免了人力操作的反复性。这意味着，人与社会化机器人可以进行协同的高效率创作，作曲家只需要对人机共同创作的词曲进行甄别、鉴赏和专业判断即可，进一步的，通过人机话语互动和沟通来完成理想化的创作打破了单一的人力创作界限，因为相对于虚拟人工智能的工作，人的创作量还是占

---

① 陶锋. 人工智能美学的现状与未来[N]. 中国社会科学报，2018-02-12（4）.
② 吴文瀚. 论人工智能的话语实践与艺术美学反思[J]. 现代传播（中国传媒大学学报），2020，42（4）：100-105.

了很大的比重，而配备了智能创作系统的社会化机器人相较于单一虚拟人工智能工具，其"能力"更为多样和全面，从而可能会产生出超过音乐家预期的词曲。那么，经过人机协作创造而出的音乐，可能会形成一个新的音乐热度，而且它的发行面向世界范围的所有人类，可能会为人类带来全新的音乐盛宴，从而在情感上激发人类的不同于人类创作的音乐体验，因为人的情感反应对应着相应的声音频率，不是将所有音乐元素都囊括进去的，而社会化机器人创作具有不同于人的音乐结构和模式，因此可以重新开辟人在音乐体验中情感激发的新征程。

　　人类文化具有漫长的历史底蕴，文学作为文化的内在构成要素，通过叙事显示出悠远的审美韵味。随着智能机器技术与文学叙事的结合，文学叙事的范式和意义被重构，并呈现出不同的审美特征。社会化机器人在技术加持下能够衍生出新文学审美的观点并不是空穴来风，比如有 ProperWryter 模型、Scrivener 模型、Story Box 2 模型、Inscape 模型、Afansyev 模型、Teatrix 模型等，都可以作为机器叙事的支撑。一般而言，传统文学叙事中，叙事的背景、风格、修辞等都需要囊括进来，也就是说，通过对各环节的把握，将故事以立体化的形式呈现出来，表达出横纵交接的审美特殊性，而机器叙事则不同，其叙事更加注重不同叙事节点的功能性，也就是说并不考虑叙事生态，诸如之前提到的风格、背景等要素，而是提取叙事核心概念，目的是提升叙事效果。[①] 就此来看，社会化机器人负载叙事能力可能对人的审美精神形成新的冲击。另外，社会化机器人一旦具有了叙事能力，也就意味着叙事空间从已知状态走向了未知状态，换句话说就是叙事空间的可能性和不可预料性会无限扩展。人类的叙事受自身的三维认知所限，必须立足于自身在现实时空所形成的经验和知识储备，其创作是由已知到已知的生成过程，无法完成超出自身认知的叙事创作，而社会化机器人的文学叙事，其叙事空间由不同的物理性和抽象化元素聚集而成，诸如叙事中的人物、情节等，摆脱了现实时空的局限性而向更为宏大的时空延伸。"就像胀气太多的气球，文学叙事维度被打散，散落的、零碎的'时间弦'无限延伸开来，形成'超弦'叙事。"[②] 并且随着社会化机器人叙事模型的自动化程度不断提高，人类的作用就不断减少，换言之，机器叙事最终可完全独立实现创作性文学叙事，从最初依赖于已知的数据信息实现"未知信息空间—未知叙事空间"的转换。换言之，社会化机器人叙事模型的不断演化可能会脱离人类的预想，完全自动化可能创造出超出人类

---

①　张斯琦. 藏"叙"于"器"——文学叙事与人工智能[J]. 当代作家评论，2020（3）：48-56.

②　张斯琦. 藏"叙"于"器"——文学叙事与人工智能[J]. 当代作家评论，2020（3）：48-56.

想象的叙事空间，这种空间可以说是现实和虚拟边界的跨越与重合的统一，是无规律与有层次的延伸与统一，可以为文学叙事打开一扇新的大门，进而为人类的文学审美创造别具特色的体验。

诗歌也是审美的一种体现，社会化机器人作诗也将不断塑造人类的诗性。近些年来，出现了许多智能机器人创作诗歌的热点现象，例如微软小冰、"偶得"、"微微"等。小冰创作的《阳光失了玻璃窗》诗集的出版发行刷新了人类的认知。小冰主要应用了循环神经网络算法 RNN。RNN 处理数据的关键点表现为通过线性方式编码序列结构，因此有较为突出的计算能力和建模能力，尤其适用于创作诗歌类的文字，且拥有内部记忆功能，并可以将所记忆的信息存储在连接权上。[①]也就是说，通过对所存储的诗歌数据的整合，以及提取某些事物和情感的重点词汇，扩展联想和延伸出类似的词汇，最终汇集成语句、段落和篇章等。当然，机器作诗也是有其历史渊源的，如欧洲的新先锋派诗人将以偶发性为美学原则的"随机写作"，即文艺与科技结合创作方式纳入自身的体系，开启了实验诗学的历程，计算机成为有力的创作工具，其中最为典型的是斯图加特诗派，致力于跨界诗歌创作。[②]所以说，机器作诗的构想也并不是从如今智能机器人才起步的，但很显然，如今的机器作诗具有某种程度的自主性，可以脱离人的操作，小冰的诗集是完全自主创作产生的。以下为小冰诗集节选部分。

> 这孤立从悬崖深谷之青色
> 寂寞将无限虚空
> 我恋着我的青春
> 你是这世界你不绝其理
> 梦在悬崖上一片苍空
> 寂寞之夜已如火焰的繁星
> 你是人间的苦人
> 其说是落花的清闲

我们如果以人类的文学创作标准来审视这首诗，无疑有很多不通之处，因此在发行时受到了许多质疑。比如语句不通、缺少节奏、缺乏押韵等。但是也可以发现，诗中也具备人作诗的特征，比如意象的使用，悬崖深谷、虚空、苍空、火

---

① 张斯琦. 藏"叙"于"器"——文学叙事与人工智能[J]. 当代作家评论, 2020（3）: 48-56.
② 李睿. 基于语料的新诗技: 机器诗歌美学探源[J]. 外国文学动态研究, 2020（5）: 42-49.

焰和繁星等，这是可取之处。另外，人类诗作以诗句抒发主观情感，且所作之诗
能够为其他人所鉴赏，引发共鸣或者体会到超出作者原本想表达的意蕴，但这并
不表明机器之作毫无意义，机器诗歌是一种脱离人类主观的技术性"语料诗"，
其联想性、跳跃性和意象的勾连甚至可能超出人类诗作，表现出独特的审美意象。
因此机器人，尤其是社会化机器人作诗在未来有了超越传统诗作的可能性，因为
人类诗作具有主观倾向，机器诗作往往是偶发性的，无主观指向，也就是说不包
含自发的语义载体，这也意味着其中包含更多的审美信息，是对"个人诗意"的
解放。①这说明了在语义丧失之际，数字化诗作将赢得审美收获。②因此，人类诗
作并不一定比机器诗作有审美价值，而机器诗作可能呈现出更纯粹的审美价值。
通过以上分析，对应到社会化机器人，如果赋予其诗歌创作能力，这意味着它不
仅能够进行诗学创作，更为重要的是，它可能会为人类带来新的审美体验，可能
获得一种绝对的纯粹性，也就是说，作为创作主体的社会化机器人有了创造美的
能力，自主将各种源于人的主观表达整合转换为语料信息来实现人类审美体验的
延展与审美壁垒的突破。

4.3.2　"类主体"对人的补充

一方面，社会化机器人作为工具意义上的补充。也就是说，人类依然在很大
程度上将社会化机器人视为工具性的使用或者理论考量。比如在某些怀疑论者看
来就是如此，他们不赞成将社会化机器人看作主体和人的说法。当然，怀疑论者
在一定程度上确实认可有些人在某些情况下可能倾向于将社会化机器人视为主
体性存在，尽管"类主体"机器人可能完美地模拟人类主体，并可以令人信服其
行为表现，但这并不足以使它们成为主体，这应该被简化而将其理解成一种错误
的认知，他们认为社会化机器人在客观上来讲就是纯然的工具或者物体。③显然，
这是一种工具主义论断，照此看来，既然作为工具，那么也就不存在对人类主
体地位造成威胁，仍然是作为人类的使用手段，作为人的"体外"延伸来补充
人，人类依然是世界的主体。也可以这么说，倘若社会化机器人的愿望与人始

---

① 李睿. 基于语料的新诗技：机器诗歌美学探源[J]. 外国文学动态研究，2020（5）：42-49.

② Hermann Rotermund，Keine Anrufung des großen Bären. Max Bense als Wegbereiter für konkrete Poesie und Netzliteratur[EB/OL]. https://www.stuttgarter-schule.de/01_08_20bense_rb.html[2019-05-27].

③ Musial M. Enchanting Robots：Intimacy，Magic，and Technology[M]. Cham：Palgrave Macmillan，2019：52.

终保持一致，人类实际上就不会将它们仅仅当作手段，这是因为无论人类要求它们做什么，只要是能服务于人的目的，便也是它们自身的目的所在，即服务于人。①就此来说，无论哪种社会化机器人，只要生产出来就决定了为人所用并服务于人，所以，这样一种论调似乎不会使人的主体性失格，人的主体地位依然成立。

另一方面，社会化机器人作为亲密关系的补充。埃莉诺·桑德里（Eleanor Sandry）提供了更具预见性的论点支持，她认为社会化机器人可能会与人类形成新的关系，这种互动关系不需要被界定为人与动物或人与人之间的关系。因此，社会化机器人在与人的长期陪伴中可以被认为是一种新的、不同关系的表现形式，因而可以声称新的关系不是作为既有关系的替代，而是作为一种补充。②其合理之处在于，肯定了社会化机器人的现实性应用，立足于对人类亲密关系的调节性，且调节性的补充不是作为主要方面，而是作为"无足轻重"的一面，因而人的主体地位不会被动摇，也不存在主体地位被"类主体"超越。然而在这种论断下，主体问题的"争锋"被悬置了，从某种意义上来说是对问题本身的忽视，不去考量并不意味着问题不存在，而就此引发的问题将更加严重，即对社会化机器人的大量使用，人类真的不用考虑自身的主体地位吗？若是这种补充性在社会中的比例和程度超越了人类主体间的关系，那么是否可以继续认为这是一种补充呢？而且如果就此认为是补充，对引发人类社会的一系列人文问题还要不要考虑？固然，补充性论断有其合理性，但依然需要判断其中应保持的张力。

4.3.3　为人类解放和人的全面发展提供条件

人类解放的理论是马克思主义学说中的重要内容，只有进入共产主义社会才能够实现人类解放，人的自由发展也必然在共产主义阶段才能够实现。马克思在论述中揭示了实现人的自由全面发展需要具备的条件，同样也是作为人类解放的推动力量，譬如以缩减工作日的方式达到为人类拓宽自身发展空间的目的。在这里，我们首先结合社会化机器人讨论人类自由全面发展的时间要求，这是对人类整体的人文价值的彰显，而要谈人类解放，也必然面向正在发展的智能社会，以此为基点，再讨论社会化机器人与当下智能社会的整体性互构对人类解放的

---

① Petersen S. The ethics of robot servitude[J]. Journal of Experimental and Theoretical Artificial Intelligence，2007，19（1）：43-54.

② Sandry E. Robots and Communication[M]. Basingstoke，New York：Palgrave Macmillan，2015：95.

促进。

　　社会化机器人为人类自由全面发展开辟了空间，提供了时间保障。人类解放和自由全面发展的必备基础是人类的劳动解放。劳动解放意味着人需要有自己支配的时间。马克思指出，"时间实际上是人的积极存在，它不仅是人的生命的尺度，而且是人的发展的空间"①。也就是说，时间对于任何一个人而言都是自我实现的指标，是让生命得以彰显其内在价值的必要条件。同时，在马克思视域下，如果个体除了基本的生理需要的满足之外，其他时间都为资本家的生产服务而没有丝毫的自由时间，导致个体的身心俱疲，那么这种生产没有任何意义，人也就变成了为资本家生产财富的机器。这表明人类的自我实现需要超越维持生存的被动性时间限度，从而摆脱被奴役、被束缚的机械劳动而迈向更高级的属于精神创造性的时间过程来实现人的自由全面发展。也就是说，人类具备全面发展的前提是应当具有闲暇的时间，自由时间是人类解放的尺度。社会化机器人在一定程度上能够为人类带来这一条件，在最浅的层面讲，比如说，当人工作后回到家，机器人保姆料理好家务琐事、做饭、打扫卫生，人们可以不用花时间处理日常事务，那么人就有属于人的自由时间，在这一限度内，人可以充分进行自我完善所需的"充电"，这是属于人自己支配的时间。因此在某种意义上，社会化机器人就是"通过工业日益在实践上进入人的生活，改造人的生活，并为人的解放作准备"②的一种技术产物。然而很容易察觉，似乎社会化机器人提供的自由时间较为有限，仅仅在家庭中获得的自由时间尚远远不能达到人所需的自由时间，因为这仅仅是对家庭劳动的"解放"，要实现人的解放则必须使人从物质生产劳动领域抽身而出，仅仅以当下阶段的社会化机器人来判定似乎并不妥当，因为技术是不断发展的，社会化机器人也会随之不断丰满完善，因此可以合理地预想，社会化机器人由技术赋予更多特性。然而单一领域的完善较为容易，但人的社会性有不同方面，需要针对人的每一特性完成相对应的不同的社会化机器人的研制，也就是说，社会化机器人不仅满足于非开放式的环境，也应能应用于其他社会环境，比如生产环境中实现机与机的协同配合生产，这是可以将人从"必然王国"中解放出来的途径，以此获得人的解放从而能够充分支配"自由王国"走向自由全面发展的道

①　[德]马克思，恩格斯. 马克思恩格斯全集：第 47 卷[M]. 中共中央马克思恩格斯列宁斯大林著作编译局编译. 北京：人民出版社，1979：532.

②　[德]马克思，恩格斯. 马克思恩格斯文集：第 1 卷[M]. 中共中央马克思恩格斯列宁斯大林著作编译局编译. 北京：人民出版社，2009：193.

路。在马克思的机器观中,机器有助于推进人类的全面自由发展。也就是说,机器包括在此处所讨论的社会化机器人,是与历史运动紧密相连的,都是推动世界发展历程和人类进步的物质性力量。①正如马克思所言:"'解放'是一种历史活动,而不是思想活动。"②就此来看,任何技术或机器都必然成为这一历史过程中的一环,而不是抽象和虚无缥缈的。所以,社会化机器人或者说不断发展的社会化机器人固然是"解放"活动中的构成环节。《1857—1858年经济学手稿》提到,机器的自动化生产将人的社会必要劳动时间压缩到最低,人具有了个性,变得饱满起来,由于给所有的人腾出了时间和创造了手段,个人会在艺术、科学等等方面得到发展。那么,在技术发展的前提下,社会化机器人可能完成生产的转型,形成社会化机器人之间的联合生产,它们之间的物质生产配合可以等同于人与人之间的配合。当然,不能凭空想象社会化机器人的未来潜力,为了切合实际和逻辑,应当立足于智能社会,社会化机器人作为智能社会的技术构成物,与其他智能体一起参与社会历史活动,以促进人类解放和人的自由全面发展。在智能科技的不断进步下,尤其是智能机器人和智能化生产系统逐步实现广泛应用,其表现出相当高的先进性而替代了旧生产工具,社会产业结构因此不断更新升级,智能产业已经开始成为新的、重要的经济增长点。③社会化机器人完全可以作为智能产业当中的一环来促进经济向前发展,共同促进提升劳动生产率,为人类提供更多的产品和更完备的服务,人类的物质需求问题慢慢会得到解决,人类逐渐不再为了需求和需求量不够而发愁,更确切地说,智能社会可以带来高度发达的生产力和极其充足的物质财富。这也正是马克思所认为的实现人类解放的条件,人类不再处于剥削与被剥削的关系中,人类可以从"必然王国"迈向"自由王国",在这时,人类已经从生存性劳动中解脱出来,而转向自身内在需要的可选择性的劳动。如同马克思所阐述的,"在这个必然王国的彼岸,作为目的本身的人类能力的发展,真正的自由王国,就开始了"④。即人类的目的就是人类本身,人类面向自身而发展自身,开启了有限中对自身无限潜能的探索。总的

---

① 周露平. 马克思对机器观的双重诊断及其人类解放向度[J]. 厦门大学学报(哲学社会科学版),2020(6):10-18.

② [德]马克思,恩格斯. 马克思恩格斯文集:第1卷[M]. 中共中央马克思恩格斯列宁斯大林著作编译局编译. 北京:人民出版社,2009:527.

③ 孙伟平. 马克思主义唯物史观视域中的"智能社会"[J]. 哲学分析,2020,11(6):4-16,190.

④ [德]马克思,恩格斯. 马克思恩格斯全集:第25卷[M]. 中共中央马克思恩格斯列宁斯大林著作编译局编译. 北京:人民出版社,1974:927.

说来，狭义上的社会化机器人在一定程度上开辟了人的"自由时间"，这种开辟是有限的，但结合当下智能社会发展来看，未来社会化机器人与其他智能系统协同发展，协同作用，共同为人类解放和人类自由全面发展创造了可能性的条件。

第5章 社会化机器人引发的人文问题

随着技术的发展，社会化机器人逐步向社会化程度更高的方向演进，以多种社会角色渗入人的生活并扩展与人的关系，但同时，人与社会化机器人长期共同处于开放度较小的环境下，自身难免会受到影响，因为作为在社会技术系统中的人工物也可以限制和影响人类。[①]可以通俗地将人文问题理解为风险、负面影响等问题，若需要对其进行定义，可认为是各种风险和负面效应的集合。可以这样说，一切风险和负面影响都对人产生了影响。

5.1 人的健康问题

社会化机器人是高技术发展下的产物，尽管其本身不太可能会对人造成直接的损害，但对人体机能的损害和使人的能力弱化往往是潜在的。

5.1.1 人体机能受损

社会化机器人对人的健康的影响往往具有间接性，包括两个方面：接触式间接影响和技术性间接作用。社会化机器人与人在非开放式环境中，通常是与人形影不离的，在此之前分析过这存在切断人与社会连通的可能性，基于此可以分析社会化机器人对人体机能的影响。

首先，人与机器过于频繁的接触将间接导致人体机能受损。人体机能受到各器官、组织的调控，与人的正常生命活动联系紧密。萨钦斯基等人通过研究发现，低质量的社交生活更容易引发痴呆症。[②]并且桑普森等人的研究发现，老年人社

① Adam A. Delegating and distributing morality: can we inscribe privacy protection in a machine? [J]. Ethics and Information Technology, 2005, 7 (4): 233-242.

② Saczynski J S, Pfeifer L A, Masaki K. The effect of social engagement on incident dementia: the Honolulu-Asia Aging Study [J]. American Journal of Epidemiology, 2006, 163 (5): 433-440.

交生活的减少会使老年人死亡风险上升。①由此可见老年人或者其他社会群体如果太过于依赖社会化机器人而缺乏足够的社交，可能会逐渐诱发病症，特别对于老年人而言会损害身体健康，加重老年人器官功能的衰退甚至造成死亡。

其次，技术性间接作用影响人体机能。现行的儿童陪护机器人大都具有远程监控、网络数据库搜寻等核心功能，这正是通过与移动互联网的无线连接来实现的。摩根曾指出儿童的头骨更薄弱且相对尺寸较小，相对成年人的脑组织更容易吸收微波辐射，这可能导致防护性环绕脑神经元的髓鞘恶化，存在诱导肿瘤形成的风险，危害儿童健康②，因此在与陪护机器人相处过程中具有极大的健康风险。再比如，情侣机器人的过度应用很可能导致人的身心出现问题。可以预想的是，各项高新技术的进一步发展也很可能应用于社会化机器人的功能系统。正如伊德所言，"在如今的生活世界的高技术结构中，可能性的激增是多种多样的、多元稳定的，通常既令人眼花缭乱，也危险重重"③。

5.1.2　人的能力弱化

从人的能力层面来说，能力涉及智力和实践两个层面，是知识与实践的统一④，以结果为导向，即通过知识运用和实践的过程能够完成对客体的改造。社会化机器人的诞生是人能力的高度体现，作为人创造出的产物更具有人的某些能力。因此，社会化机器人展示出的对人能力的替代性可能导致人的能力退化。

首先，社会化机器人弱化人的能力表现在：使人在实践中面临挑战。人类在生物学层面具有自我保存的意识，节省体力和脑力以储存能量，人的各项能力是在历史长期发展过程中经过不断地学习和训练获得的，具有一定的稳定性，并且人在此过程中获得了自身的技能，从而提高了改造事物的效率。然而从以往的单一化机器人到如今的社会化机器人，均可使人类部分地免于体力和脑力劳动。在非开放式环境中，社会化机器人则可完全地转变为实践主体，通过机器人的技能特性去改造事物。比如，习惯机器人处理事务，个人的生活技能则遭到放置；或者习惯与机器人打交道，而当与人打交道时却产生障碍。因此，社会化机器人可

---

① Sampson E L，Bulpitt C J，Fletcher A E. Survival of community‐dwelling older people: the effect of cognitive impairment and social engagement[J]. Journal of the American Geriatrics Society，2009，57（6）：985-991.

② Morgan L，Kesari S，Davis D. Why children absorb more microwave radiation than adults: the consequences[J]. Journal of Microscopy and Ultrastructure，2014，2（4）：197-204.

③ [美]唐·伊德. 技术与生活世界：从伊甸园到尘世[M]. 韩连庆译. 北京：北京大学出版社，2012：224.

④ 何冬玲. 论能力与新能力假说[J]. 自然辩证法通讯，2016（2）：41-47.

能会使人的生活技能、社会技能、专业技能的稳定性下降，而人又是社会性的动物，可以说实践也是人的本质活动，社会化机器人对人的实践替代在一定程度上消解了属人的实践要素，因而在实践中人会显得能力不足而难以实践。

其次，社会化机器人影响人的能力表现在：使人的知识体系出现断面，智力系统节点松动。社会化机器人服务于人的过程中并不会直接使人习得的知识丧失，而且人往往无法即时察觉。社会化机器人具有"大脑"——人工智能系统，其知识储备、数据分析和判断能力在很大程度上超过人的认知。因此社会化机器人可以为与其有亲近关系的人"献计"从而帮助解决疑难问题。然而在人"悬置"自身智力而不断依托机器"智力"的过程中，人通过后天学习所获得的知识建成的体系将会出现松动，个人面临具体事务时将要耗费超出以往的思考时间去回溯知识以解决问题，并且由于知识体系囊括多种知识，智力活动更是包含了多种抽象能力的共同作用，往往一个知识节点的松动就会影响整个体系的稳定性，因而无法将知识相互联结，从而形成知识断面，影响人的智力。

因此，若是在主体生活中过多地依赖社会化机器人，那么将会出现这样一种现象：机器实践和机器智能在非开放式环境中成为人新的存在方式，而这在一定程度上很可能会弱化人自身的能力。

5.2　人的情感认同

随着当前各种高新技术的融合式发展，技术人工物的"系统性"特征越来越强。社会化机器人作为新一代技术人工物，汇集多元的技术要素于一体，越来越体现出"人格化"的特征。社会化机器人一旦与人类环境产生"交集"，必然对人本身造成较大程度的影响，尤其在人的情感认同问题上不容忽视。在心理学意义上，认同是指放弃自身意向而顺从他人意向，强调的是对他人的"依附"①。在哲学上，黑格尔认为，认同是在自我的对象性关系中自我与对象的"统一"②。从现代性语境来看，认同可以理解为个人与共同体之间相互构成和相互塑造关系进而达成某种一致性。③因此，一致性体现了认同关系中的个体对他人的肯定，

① 张康之，张乾友. 共同体的进化[M]. 北京：中国社会科学出版社，2012：371.
② ［德］黑格尔. 精神现象学：上卷[M]. 2版. 贺麟，王玖兴译. 北京：商务印书馆，1979：122.
③ 郭妍丽，魏立诚. 现代社会中的认同问题：第二十届《哲学分析》论坛综述[J]. 哲学分析，2020（2）：151-160.

以及具有某种程度的依归。据此，"情感认同"可以理解为个体在一定情境下对他者在情感上的依归，且这种依归往往具有不同的表现形式。一般说来，情感认同主体和客体在某种程度上是一个共同体，因而在情感认同上具有真实性、安全性与对等性特征，即人于他者的依归往往是真实的、安全的和对等的。在"人-机"互动关系中，人对机器人也可能在情感上产生某种依归倾向，但这种情感认同却颠覆了传统的"人-人"之间情感认同的固有特性，对人的情感认同造成深层次影响，导致人产生情感认同的"危机"，包括：人对情感交互对象产生"虚假"认识导致情感认同的"真实性"不再真实；人产生"伪"安全依恋导致情感认同的"安全性"不再安全；人的情感"收益"的"单向度"导致情感认同的"对等性"不再对等。

5.2.1　情感认同的真实性

传统的情感交互对象通常是人，人与人之间进行情感交互，交互双方同时作为主体和客体而存在。社会化机器人的出现，为情感交互增加了新的对象。社会化机器人能够与人进行情感交互，在一定程度上满足人的情感需要。社会化机器人在与人的交互过程中，能给人提供娱乐和陪伴，甚至随着技术的发展将具备更多的功能而带来更多的好处；但同时，社会化机器人的拟人化特征表现得愈来愈明显，使人产生错误的认同，挑战人的情感认同的真实性。

在与社会化机器人相处的过程中，人情感认同的真实性日趋弱化，其对象不再是"真实的"依归对象。频繁的"人-机"互动导致人在某种程度上极有可能将之视作和自身同等的生命，这种现象在儿童群体中表现得尤为明显，"人-机"互动足以让儿童误以为是真实的情感。然而，至少在当前，将机器人视为有意识的生命体并不符合人类认识世界的本质要求，人若陷入这种虚幻，将会缺少质疑、缺少批判，甚至产生虚假认识[①]。人类一旦缺乏警觉，便会陷入社会化机器人营造的这种虚假性之中。更甚者，社会化机器人可以通过言语表达和行为交互来使人放下戒备，以至于人类从人的视角在情感上产生对社会化机器人的认同感。在这个意义上，社会化机器人体现出一定的欺骗性。进一步究其原因，社会化机器人的积极效用或功用极有可能是建立在人类对机器人及其与人类关系本质模糊的甚至是虚假的认识基础上的，这可以通过人们描述社会化机器人及其与人类关

---

① 周天策. 服务机器人对女性"角色"替代的伦理风险分析[J]. 科学技术哲学研究，2017，34（6）：65-70.

系的特征时所使用的诸如"情感""理智""朋友""伙伴"等词汇体现出来。①这
种话语直接的交互表达或者潜在的暗示，足以让人误以为面前的交互对象是"活
生生的人"。"非生命"可以作为人的情感交互对象，人频繁地被机器的类人化特
征所"欺骗"，因而对自身的情感认同将越来越偏离原有轨道，且进一步造成人
自身对生命、对人"重新定义"的相关思考。毕竟，社会化机器人磨灭了人对机
器的"冷酷"印象，机器人不再是"非自然"和"非生命"的"异类"，而是像
模像样的具有生命的"新物种"，甚至可能作为无限"逼近"于人的物种而存在。
这样一来，人与社会化机器人、生命体与非生命体的"界限"变得模糊，使人螺
旋式地逐步陷入情感认同的欺骗性假象中。

5.2.2 情感认同的安全性

人与人之间的情感依恋关系，可以理解为一种"安全依恋"，这也是保持双
方情感认同的条件之一。社会化机器人给予人的"关怀"，带给人的"依恋"，是
否具有标准？实际上，人对机器的"依恋"在本质上是和人与人的依恋相背离的。
毕竟，当前的机器人只能依赖于程序，缺少真正生理意义上的情感激发机制。以
儿童陪护机器人为例，儿童若与其维持长久的互动关系，将会对其产生深深的"依
恋"，而这种依恋关系实际上是不安全的、错乱的和病态的，因为机器人通过视
觉、运动和听觉功能的结合呈现出"幻想性"生命个体，可能会让孩子产生"真
实"的错误认同。②这正如罗伯逊所说："具体化的智慧模糊了真实与虚幻、生命
与智能行为之间的概念区别。"③帕克斯也对这种"人-机"依恋关系提出了批评，
认为这种所谓人机之间的友谊和感情并非真实的，因为对于机器而言，缺乏一定
的机制使它设身处地产生"由心而发"的情感。④上述只是导致情感认同不安全
性的一个方面，它隐含的是"认同主体-认同对象"二者构成的前提性关系。由
于这种前提性关系的生成，机器人与人之间不存在真正的给予与承担，或者说缺
少给予与承担关系产生的内在关联，因此很难真正达到人与人之间的"移情"。

---

① 李小燕. 老人护理机器人伦理风险探析[J]. 东北大学学报（社会科学版），2015，17（6）：561-566.

② Sharkey N，Sharkey A. The crying shame of robot nannies：an ethical appraisal[J]. Interaction studies，2010，
11（2）：161-190.

③ Robertson J. Robo sapiens japanicus：humanoid robots and the posthuman family[J]. Critical Asian Studies，
2007，39（3）：369-398.

④ Parks J A. Lifting the burden of women's care work：should robots replace the "human touch"？[J].
Hypatia，2010，25（1）：100-120.

这种"人-机"依恋关系也给认同关系之外的人造成情感认同的不安全感。因为他人会感觉这是对自身情感认同的"剥夺",而不再具有安全性。在传统的依恋关系中,"人-人"交互属于一种安全依恋关系,但是当个体转向另一种依恋时,必然会将先在的认同主体置于不安全中。换句话说,"人-机"依恋环境的生成将原本属于"人-人"认同关系之内的人"排除"在环境之外而成为"局外人",进而可能形成一种"局外人"无法进入认同关系的情境。显然,这时的"局外人"不再被"人-机"环境中的人所认同,"局内人"成为过去式,"人-机"依恋导致的"局外人"将在情感认同上产生不安全感。人情感认同的稳定是社会化的重要组成部分,"人-人"交互环境中情感依恋关系的对象原本是重要的亲人或朋友,但"人-机"交互环境塑造了新的"不安全感",影响了人的社会化轨迹。这种影响是双方的,除了"局外人",影响最大的莫过于处在"人-机"依恋环境中的人,对于儿童更是如此。有研究发现,长期不间断地处于社会化机器人陪护下的儿童,有较高退化成"智人"的风险,而且其后代也可能在幼年阶段再次经历同样的非人类行为模式的场景。①

这种"人-机"依恋关系还可能导致个体自身的情感认同不安全。以情侣机器人为例,越来越"先进"的情侣机器人从外观设计上看,已经无限地"接近"人形。德博拉·约翰逊(Deborah Johnson)的研究发现,与机器人打交道的一种方法就是"忘记"它们是机器,并抱有一种"它们是人"的错觉,这样才能吸引人产生"亲密"的想法。唯有这样,情侣机器人才可以成为情感的"对象",人也可以想象自己是一个与其具有相似情感的"主体",很显然人的情感在这里已经被"客体化"了。②在这种意义上,社会化机器人的使用者不仅会误以为机器是人,而产生错乱的情感依恋;并且在某种程度上弱化了个人作为"人"的情感特性,逆向地将自身客体化为机器,使自身的情感认同陷入不安全境地。因此,人与人之间的安全依恋关系转变为人与机器的"虚拟"情感依恋关系,将造成一种"脱离传统"的不安全依恋,而这种虚拟依恋更不利于人正确情感观的塑造,加剧了情感认同的不安全性。

5.2.3　情感认同的对等性

人与人在情感层面的沟通具有"相互性",双方中的任意一方都可以向对方

①　Kubinyi E, Pongrácz P, Ádám M. Can you kill a robot nanny? [J]. Interaction Studies, 2010, 11(2): 214-219.

②　Johnson D G, Verdicchio M. Constructing the meaning of humanoid sex robots[J]. International Journal of Social Robotics, 2020, 12 (2): 415-424.

传递情感，表达情感信息，表现为人际情感传递的"双向性"。在此基础上，双方可以进行同等反馈，进一步表达情感。人之所以对他人有依归，在于这种情感认同具有对等性，且能保持长久的持续性。社会化机器人在与人的交互过程中对人的"积极"回应，"似乎"表明它与人之间也存在着这种双向性的情感传递，但当前的实际情况是不是这样呢？马赛亚斯·朔伊茨（Matthias Scheutz）指出，有证据表明，人在与社会化机器人长久性的接触中，自身受影响程度的指数较高，对于机器人提供的帮助，人会"心生感激"并促进机器人与其他人发展"伙伴关系"①。玛丽娜·弗劳恩（Marlena Fraune）等也认为，对于具有社会性特征的机器人，在它通过语言和行为表现出某种社会性时，人往往会表现出"积极的"情感，而机器人表现出与互动者类似的特征时，人的反应会更加积极，并表现出某种认同。②这些都说明，人的情感以某种直接或间接的方式对机器进行了"反馈"，这也在一定程度上预示着人对机器人"将心比心"的心理，即人对机器人也具有同理心。在人身上，必然存在情感信息的接收和反馈的统一属性，然而对于社会化机器人而言，是否可以对人进行同样的"反馈"呢？显然，它不具有"心"，或者说不存在作为人类这种特殊生物所具有的"心"，它不可能进行"真心实意"的反馈。

但是，社会化机器人在某种程度上可以"利用"人的心理特征对人进行心理干预。众所周知，人的心理特征具有持久的稳定性，但这恰恰是社会化机器人可以突破的心理"防线"，即它可"实现"人在心理上"自认为"接收了机器的情感。③随着机器人技术的突飞猛进，机器人与人的互动不仅能够进行学习性交互，还可通过多种识别技术，如面部识别、语音识别、情绪识别以及其他相关的环境识别技术，及时"察觉"外界环境的变化以及人的情绪变化，并给予相应的情感反馈。因此，在"功能"的意义上，社会化机器人与人之间"似乎"又存在情感的双向传递。

就目前来说，机器识别并不能将识别内容和内容所蕴含的意义真正统一起来。④但在具有过大差异性的境况下，人与社会化机器人之间实际的情感传递并

① Scheutz M. The inherent dangers of unidirectional emotional bonds between human sand social robots[C]//Lin P, Abney K, Bekey G A. Robot Ethics: The Ethical and Social Implications of Robotics. Cambridge: MIT Press, 2012: 205-221.

② Fraune M R, Oisted B C, Sembrowski C E, et al. Effects of robot-human versus robot-robot behavior and entitativity on anthropomorphism and willingness to interact[J]. Computers in Human Behavior, 2020, 105: 1-14.

③ Sullins J P. Robots, love, and sex: the ethics of building a love machine[J]. IEEE Transactions on Affective Computing, 2012, 3 (4): 399.

④ 刘晓力. 如何理解人工智能[N]. 光明日报, 2016-05-25 (14).

不具有对等性，人与机器"看似"是一种双向性的情感反馈，实际上人若"企图"从机器那里获得反馈，至多不过是聊胜于无。人的情感反馈远远大于社会化机器人，情感反馈的强度差异有着天壤之别，也正是在这个意义上，"人-机"之间的情感也可能被认定为一种"单向性"的情感。社会化机器人作为依归对象，给予不了同人对等的反馈，那么作为依归主体的人在情感认同上，可能会出现心理落差。这种落差感来源于社会化机器人，却有可能使人产生自我的不认同感，进而影响人自身的身心发展。

5.3　人的社会交往

人的社会交往对象不局限于某一社会个体，由于社会交往对象不同，人在社会交往活动中获取的社交需求也存在差异，并以不同的方式得到满足，而社会化机器人存在抑制社交多样性的可能。

5.3.1　社会交往的"负转向"

首先，这种抑制作用体现在可能使陪伴角色从多样化趋向单一化。以助老机器人为例，它的存在将可能会取代看护者、亲人和朋友的地位，实现了从人到机器人的护理角色转换。老年人的行动能力随年龄增加而逐步减弱，因此社会化机器人可能成为子女为父母所做的最佳选择来充当陪护者。其优势在于一则相比于人类看护者更为经济；二则较大限度地保持了子女的工时利用。然而这就导致了显著的差异，以往，老年人可以得到来自不同人的陪伴，陪护人的角色不同，情感慰藉的获得也具有多样性，容易获得满足感，而社会化机器人在老年人陪护中的应用，最显著的影响是可能会相对减少子女及其他人的陪护时间，从而缺少充分的情感联系。对于老年人而言，这在心理上是消极被动的体验。而且机器人无法如同人一样"了解"老年人的真实心理需求，至少现阶段的社会化机器人无法实现对人的内在心理感知，因此陪伴角色的单一化可能进一步导致老年人情感慰藉的获得从多样走向单一。

其次，社会化机器人对社会交往的影响还可能体现在"非开放式"社交对"开放式"社交的替代。这主要体现在老/幼年龄阶段，在人类看护者的陪同下，老年人/儿童可以进行适当的"开放式"社交从而达成一定的心理预期。社会化机器人会"限制"人的活动范围和种类，从而减少人的"自由度"，导致人同他人的社会互动减少，进而减少了人在社交中可能获得的某种需要，人的社会交往总量和质量均在下降[①]，并且在社会化机器人作为监护者的条件下，人的可开放式社交环境进一步压缩，即从社会环境转向家庭环境，甚至转向家庭环境的限定区域，毕竟，社会化机器人需要执行安全指令以防止老年人/儿童暴露于存在安全风险的区域。在这个意义上，社会化机器人在老年护理和陪伴中也具有一定的局限性，即不能充分满足"开放式"社交。再者，以普遍性的视角，社会化机器人可能会如同现有的某些高技术产品一般，使人陷入非开放式环境而减少甚至消解进行"开放式"社交的可能。因此尽管社会化机器人可以通过完成特定任务来减轻人的负担，但必须注意到它可能会切断各社会成员的"连通性"并对既有的社会关系产生破坏[②]，造成社会交往环境的"封闭"。

5.3.2　消解社会交往价值

此外，人在社会交往活动中，满足某种社交目的或许是进行社交的动机，然而更深层次的社会交往价值是进行社交活动潜藏的意义。社会交往中不仅仅是需求的满足，更是对意义的寻求，而社会化机器人可能导致人对于人的意义丧失，恶化人与人的关系。

人对于人的意义存在于社会交往的多种样态中，在现实中塑造出属人的整个"意义世界"，在某种程度上，交往意义即人与人之间的意义，社会交往体现了主体间意义关联。人与人之间往往存在相互依存的关系，依存关系保证了人对于人具有意义可言，而"人-机"关系的构成，使人从对于人的依存关系中抽离出来，转向对社会化机器人的依存，而随着依存程度的加深，人与人的关系不再牢固而面临松动，甚至出现可能瓦解的迹象。

这将导致人存在的意义将由社会化机器人这一技术物重新定义，社会中的个体借助社会化机器人这一技术产物即可解决存在于主体之间需要与被需要的关系问题，人对于他人将成为冗余的存在。本来处于一种联通世界的人似乎遭到"非物种性"的隔离。最终导致的结果将可能是：人对于人的意义丧失，人对于人的

---

① 李小燕. 老人护理机器人伦理风险探析[J]. 东北大学学报（社会科学版），2015，17（6）：561-566.

② Parks J A. Lifting the burden of women's care work: should robots replace the "human touch"? [J]. Hypatia，2010，25（1）：100-120.

意义将转变为机器对于人的意义，由此造成人的深度异化，转变为非人化的存在。[①]人机依存关系的提升将造成人与人关系的疏离，恶化的人际关系将可能导致潜在的反乌托邦未来。

再者，着眼于价值向度，人社会交往的完成也是自身价值的一种实现形式，从而实现价值的统一，而社会化机器人会影响统一性的实现。社会化机器人在一定程度上表现为阻断社交价值的实现"通道"，使人产生价值失落。

人的价值有内在价值和外在价值之分。社会化机器人具有其外在价值（工具性价值），表现出对作为主体的人的作用，从而实现主体的内在价值诉求。人类在很长的历史时期通过自身实践实现外在价值和内在价值的统一，达到精神上的升华和满足。人对于他人而言也具有外在价值，在构建人与人关系过程中双方都可以满足内在价值诉求，即个体对于他人共同价值的实现。

然而在某种意义上，社会化机器人的工具性价值远超于人，因而会削弱个人以及个人对于他人的外在价值，减弱了人作为价值主体的相互联系，阻碍了人的内在价值实现。因此在这时，社会化机器人对这种价值诉求的弱化，会使人产生价值失落感，导致人产生自我认同危机。这种弱化的自我认同被认为是佣工思维的表现，是一种价值上的自我贬损。但不论是否属于自我贬损，人与人价值实现的"通道"都会被阻断，将进一步导致人与人关系的异化，人可能转变为单向度的个体而难以再被其他个体需要，从而无法彰显并发挥自身价值，也难以实现统一的共同价值。

5.4　性互动及婚姻和家庭

"性"往往带有敏感的色彩，性需求作为人类需求的一种，其基本形式时而处于变动状态。除了人自身的生理因素和心理因素，人类的性行为在很大程度上是一种社会建构的体验，其行为的变化也与技术进步联系在一起。[②]情侣机器人作为社会化机器人的一种，也是新技术发展下的产物。看似日趋"完美"的情侣

---

① 赵汀阳. 人工智能"革命"的"近忧"和"远虑"——一种伦理学和存在论的分析[J]. 哲学动态，2018（4）：5-12.

② Zhou Y，Fischer M H. Intimate relationships with humanoid robots：exploring human sexuality in the twenty-first century[M]//Zhou Y，Fischer M H. AI Love You：Developments in Human-Robot Intimate Relationships. Cham：Springer，2019：177-184.

机器人的发展，也造成了性的"物化"，最终导致女性"物化"；强化了"非正常"的性行为；可能诱发"性上瘾"，加剧"性成瘾"等价值困境。

情侣机器人设计和使用的"初衷"是在某种程度上致力于其预期价值的实现，但实际上往往可能产生超出预期的、不合目的性的价值。它的设计在预期上具有特定的价值指向，但在现实应用中却表征为多元价值，不仅会在不同个体之间产生需求和观念不一致的矛盾，也会诱发人的行为偏向而产生价值偏向，这也全面滋生了情侣机器人的负价值。

5.4.1　性互动层面

首先，情侣机器人催生"物化"现象。情侣机器人在外形设计上趋于人形化，作为用于性目的的"工具"，用户完全可以控制并与之交互，规避了"同意原则"，因而情侣机器人消除了性关系中的沟通、相互理解和妥协的需要。[①]规避"性同意"，实为一种严重的性唯我论（sexual solipsism），而"性同意"的消除，必然会催生女性的"物化"。蕾·兰顿（Rae Langton）的研究指出，"性唯我论"通常发生在以下情况："工具"被视作性伴侣，用以充当人类的替代物，实际上"人"才是真正的主体；在人与人的性互动中，其他人被"视作"工具，个人成为唯一的主体。上述两种情况实际具有联系性，"将工具视作主体"导致了"将主体视作工具"这一现象的出现。[②]人不需要征求情侣机器人同意的情况将可能"蔓延"到其他人的身上，无论在何种程度，这将导致女性作为能动性主体的自主性被剥夺。此外，情侣机器人的设计试图"模仿"现实生活中的女性，随着情侣机器人变得越来越复杂，其"模仿"程度越来越高，现实女性与情侣机器人之间的区别将会变得模糊，如果这个类比成立，这很可能"构成"现实女性的从属地位。换句话说，机器人的性顺从不需要性同意，强化了唯我倾向，情侣机器人的物化及其顺从表现会"转移"到现实女性的身上，从而"物化"女性。并且，从象征意义上而言，情侣机器人的外表和性顺从留给人们的刻板印象，会进一步催生出"重男轻女"的观念。[③]换而言之，情侣机器人极有可能会把人类社会根深蒂固的"性

---

① Gutiu S. The roboticization of consent[M]//Calo R, Froomkin M, Kerr I. Robot Law. Cheltenham: Edward Elgar Publishing, 2016: 186-212.

② White A E. Book reviews: 'Rae Langton, Sexual Solipsism: Philosophical Essays on Pornography and Objectification' [J]. The Journal of Value Inquiry, 2010, 44（3）: 413-423.

③ Gutiu S. The roboticization of consent[M]//Calo R, Froomkin M, Kerr I. Robot Law. Cheltenham: Edward Elgar Publishing, 2016: 186-212.

别歧视"观念"转移"至智能机器王国，并且"重回"现实世界中，强加在女性群体上，使女性"物化"现象更加严重。但对情侣机器人持乐观主义态度的学者却认为，情侣机器人反而可以减少亲密关系中的物化现象，他们认为，情侣机器人的互动不会刺激物化性对象的欲望，反而会通过宣泄、治疗和补偿的方式来减少这种欲望。①关于性和他者的物化，伦敦大学人工智能和人机交互研究员凯特·德夫林（Kate Devlin）认为机器人是一种机器，从而没有性别。②因此，这或许会使情侣机器人产生一种新的发展方向。③罗伯特·斯派洛还提出，如果机器人不代表女性形象，女性身体的客体化（物化）这一说法本身就"无效"，那么女性物化以及性的物化这一说法也不成立。④然而，仍然可以质疑这样一个事实，即既然情侣机器人的性器官和身体结构具有人类的形式，且现实中女性情侣机器人为绝大多数，那么就此引发的一系列问题就不能完全避免，也不能置之不理。

其次，情侣机器人可能强化性暴力和性犯罪现象。当然，这并不是说在情侣机器人出现之前就不存在这种现象，仅仅是指既有现象的加剧。达纳赫研究发现，性制品的使用者更有可能接受不正当的性关系或从事危险的性行为，在对待女性时更有可能产生性侵犯行为。从研究结果来看，情侣机器人会强化人不当的性行为倾向，因为情侣机器人不能说"不"，即使能似乎也显得并不重要。与情侣机器人的性行为中，用户被"默许"在机器人的身体上可以有大尺度的扭曲行为，导致了性的"非人性化"，而这种对情侣机器人使用中的行为可能在现实中呈现，甚至在某些特定环境，可能导致对女性产生性暴力行为。另一方面，情侣机器人可能"强化"成年人与未成年人之间性行为的正常化。⑤"儿童型情侣机器人"是情侣机器人类型之一，从设计开始就确保了其外观和行为都类似儿童的特性。比如，一家日本公司生产和销售模仿五岁儿童的"性玩偶"至少已经 10 年了。从现实的法律层面来说，成人与儿童的性关系不被法律许可，并且属于违法犯罪

①　Musial M. Enchanting Robots: Intimacy, Magic, and Technology[M]. Cham: Palgrave Macmillan, 2019: 32.

②　Carvalho Nascimento E C, da Silva E, Siqueira-Batista R. The 'use' of sex robots: a bioethical issue[J]. Asian Bioethics Review, 2018, 10（3）: 231-240.

③　Sharkey N, van Wynsberghe A, Robbins S, et al. Our sexual future with robots—a foundation for responsible robotics consultation report[EB/OL]. http://Responsiblerobotics.org/wp-content/uploads/2017/07/FRRConsultation-Report-Our-Sexual-Future-with-robots Final.pdf[2017-07-05].

④　Sparrow R. Robots, rape, and representation[J]. International Journal of Social Robotics, 2017, 9（4）: 465-477.

⑤　Danaher J. Regulating child sex robots: restriction or experimentation[J]. Medical Law Review, 2019, 27（4）: 553-575.

行为，而考虑到其危害，在一些国家，儿童型情侣机器人的使用也不被允许。如在 2017 年，一名英国人就因订购儿童性玩偶被捕。但是，少数恋童癖的人确实存在，这种儿童型情侣机器人恰好可以使其心理得到满足，而相关制造企业也正是打着治疗恋童癖心理的旗号来支持儿童型情侣机器人的生产和使用的。需要注意的是，性用具本身会进一步强化并扭曲性行为。达纳赫指出，恋童癖的实际流行率未知，估计约占总人口的 5%，但是大多数恋童癖人群具有隐蔽性，恋童癖者也只占参与儿童性犯罪或幻想与儿童发生性接触的总人数的一小部分。①现实中，有恋童癖倾向的人倾向于在成年生活中保留这种心理倾向，这意味着恋童癖的欲望往往只能最大限度地实施管理和控制而难以彻底消除，这将导致某种不确定性。如果儿童型情侣机器人的使用正常化，那么可能导致现实中成人与儿童性行为的正常化，这种正常化不是说属于"合理合法"上的正常，而是可能造成了更多的儿童性犯罪的出现，"刺激"这种行为变得经常化。在这里，"性同意"以一种扭曲的方式再次被忽视，随着"缺乏同意"变得正常化后，一个对性暴力行为不那么重视的环境被"创造"出来了。②可以说，儿童型情侣机器人的使用会潜在地威胁儿童群体，一旦变得经常化，将造成不可承受的后果。有学者明确表示，用儿童型情侣机器人治疗恋童癖者是一个既可疑又令人厌恶的想法。对于目前意图通过儿童型情侣机器人缓解异常性心理和欲望的观念，必须慎重审视。

最后，人与情侣机器人的性互动诱发"性上瘾"并进一步加剧"性爱上瘾症"。一般来说，性上瘾属于一种心理疾病，是一种难以控制的、周期性的被迫从事模式化的性冲动行为。③与情侣机器人发生性行为具有"成瘾"的风险，情侣机器人始终并且在任意时刻都可以为用户提供服务，而且不用担忧被拒绝，因而容易使人上瘾，同时，为了"适应"这种上瘾，使用者的常规生活轨迹也需要重新调整。也就是说，情侣机器人可能导致没有"性上瘾"的用户在使用中产生"性上瘾"，而对已经性成瘾的用户则会通过使用"增强""性上瘾"，强化其性成瘾症状。性成瘾原因通常有两种，内因与人激素的过度分泌有关；外因与人的各种外界环境有关。所有的性成瘾都会使人的性行为模式化，而且都以满足强烈的生理

---

① Danaher J. Regulating child sex robots: restriction or experimentation[J]. Medical Law Review, 2019, 27(4): 553-575.

② Chatterjee B B. Child sex dolls and robots: challenging the boundaries of the child protection framework[J]. International Review of Law, Computers & Technology, 2020, 34 (1): 22-43.

③ [英]安东尼·吉登斯. 亲密关系的变革：现代社会中的性、爱和爱欲[M]. 陈永国，汪民安，等译. 北京：社会科学文献出版社，2001：95.

需求为主，同时还追求不同的新奇感。情侣机器人作为"新"的排解对象为成瘾者使用，因为可以专门定制，成瘾者完全可以定制购买不同类型的情侣机器人以满足自身的上瘾需求，从而获得强烈的、差异化的刺激和新奇感。需要指出的是，这只会加重成瘾者的性成瘾症状，意图通过情侣机器人治疗性成瘾者的观点几乎难以成立。而且，情侣机器人可能以更为"特别"的性对象这一形象投入使用，不仅诱发未上瘾的用户患上性爱上瘾症，而且使性成瘾者获得更多的和更新奇的瘾满足而"强化"了他们的成瘾程度。在吉登斯看来，所有的"瘾"对个体都是有害的，并且"瘾"形成了对个体日常生活的方方面面进行控制的新形式。[①]依此，情侣机器人成瘾同样成为"控制"个体生活的新的要素。

5.4.2　婚姻和家庭方面

有未来学家曾称，几十年后人类将可与机器人结婚甚至繁衍后代。毋庸置疑，现阶段已经具备与社会化机器人结婚的潜在性。就此而言，人与机器人婚配将会对人与人之间既有的婚姻伦理和家庭模式带来挑战。

5.4.2.1　婚姻伦理生成机理层面

在传统概念中，婚姻只存在于人与人的关系中，人是婚姻关系的建设者。社会化机器人，尤其是情侣机器人，作为缓解社会上男性和女性权重失衡导致的婚配问题的技术物，使人与机器的结合成为可能，但同时也颠覆了人类既有的婚姻观，引起一系列的婚姻伦理问题。

首先，人与社会化机器人的婚配，对传统婚姻伦理方面的挑战体现在可能动摇婚姻的发生基础。人与社会化机器人缔结的婚姻关系必然和人与人之间的婚姻有很大区别。现代情境下，爱情往往是作为男女双方结成婚姻关系的基础。恩格斯就曾指出以爱情为基础并维持爱情的婚姻才符合道德。[②]既然以爱情为基础，那么需要澄清的是，爱情不是瞬时的产物，爱情的产生具有历时性，需要男女双方在现实生活中长期的情感培养才可能发生。可以在一定程度上承认情侣机器人具有"情感"，因为配置上决定了它具有"对你好"的特性，但是并不能因此认

① ［英］安东尼·吉登斯. 亲密关系的变革：现代社会中的性、爱和爱欲［M］. 陈永国，汪民安，等译. 北京：社会科学文献出版社，2001：99.

② ［德］恩格斯. 家庭、私有制和国家的起源［M］. 3 版. 中共中央马克思恩格斯列宁斯大林著作编译局编译. 北京：人民出版社，1999：84.

为可与之产生爱情。爱情发端于情感，但不等同于简单的情感活动。爱情具有外在化的表现形式，但不等同于外在化的行为关怀，更为重要的是强调双方的情感纽带。显然，人与机器人是否可以建立情感纽带仍有待商榷。尽管人在机器人的长期关怀下可能爱上机器人，但是难以肯定的是机器人能够同样地爱上人。

其次，随着这一领域技术的发展，社会化机器人对既有婚姻伦理的颠覆体现在可能挑战婚姻的本质。婚姻在本质上要遵循一夫一妻制，这是对婚姻的忠诚。婚姻的神圣性体现在婚姻双方的同一化上①，同一化确保了双方的忠诚。在婚姻关系上"每个人只能把他的爱情用在一个特定的人身上"②，因此，在黑格尔看来，婚姻关系具有排他性，而排他也是婚姻忠诚的体现。然而如果夫妻双方的任意一人，在有伴侣的情况下与社会化机器人发生性关系，或者因夫妻间性需求不对等而重新将情侣机器人纳入配偶范围，这是否背离了婚姻的忠诚原则？可能有人质疑，社会化机器人只是作为物而已，不存在违背忠诚原则的问题。

但是，社会化机器人已经具备一定的人格化特征，其外形将与人无异，作为配偶的另一方必然不可能仅将之视为纯粹的性工具，而且就算从纯粹的工具角度而言，排他性也应该包括类人化的物。因此主张以社会化机器人作为夫妻婚姻生活的补充，背离了婚姻的排他性，从而导致了婚姻双方的非同一化，也使婚姻的本质和忠诚原则遭受挑战。再者，就单独的人机婚姻关系而言，人选择了情侣机器人作为伴侣，是否能保证忠诚或者是否需要保证忠诚的问题也成了困境。

再次，社会化机器人可能颠覆婚姻合法性和伦理性。康德的婚姻契约论表明他赋予婚姻"法"的属性。他认为婚姻涉及一方对另一方性属性的终身占有，而法的属性确保了双方的人格上的平等，避免了婚姻中性的物化导致男性以女性为工具，从而实现了双方的互相占有，各自的人格均获得完整性。对于情侣机器人，第一点，在康德的概念上，它是物，显然违背了法的属性；第二点，人与情侣机器人的关系是不平等的，情侣机器人由用户购买属于用户所有，这意味着支配权的建立。因此若是作为纯粹领域的物，人对情侣机器人的支配极有可能不受法的限制。另一方面，在现有传统上，结成婚姻关系的双方需要宣布并同意建立婚姻并取得家庭、社会相关组织的认可从而使之构成婚姻现实。③

因此，婚礼仪式是婚姻在伦理上成立必不可少的环节，而无论中国抑或西方，

① 阳姣. 黑格尔婚姻伦理思想的精神哲学[J]. 南通大学学报（社会科学版），2014（3）：8-13.
② [德]黑格尔. 法哲学原理[M]. 范扬，张启泰译. 北京：商务印书馆，2009：178.
③ [德]黑格尔. 法哲学原理[M]. 范扬，张启泰译. 北京：商务印书馆，2009：180.

通过婚礼仪式婚姻才具备伦理意义而获得认可。[①]但是倘若社会化机器人与人建立婚姻关系，第一，在现阶段法律上是不被认可的，即使以后也很难承认人机婚姻的合法地位；第二，难以获得家庭及其他群体的认可，就此而言，人机婚姻缺乏构成结婚事实的条件；第三，即使人机私自举行婚礼仪式，这种人与机的婚礼仪式反而是对传统婚礼仪式伦理地位的倾倒，是一种反传统伦理的婚姻，因而不具备合法性。

最后，不可忽视的是，人与社会化机器人的婚姻消解了传统婚姻的责任和义务。婚姻的意义在于使男女双方明白在以后的婚姻生活中对对方的责任和义务[②]，这说明夫妻双方都有对另一方的责任和义务，而不仅仅是某一方承担或给予。通过双方的共同承担，来维系一个好的婚姻生活。在人与社会化机器人结成的"婚姻"中，人似乎不需要对机器人承担责任，比如，人在社会工作上所做的努力以及获得的成效几乎全部面向人自身，而不是使婚姻的双方（人-机）共同拥有。因此人这一方并没有承担同传统婚姻一致的责任和义务。

另一方面，情侣机器人作为婚姻伴侣，具有一定程度的家务处理能力，这可以在某种程度上视为义务，然而从这个意义上而言，所谓的良好的伴侣仅仅是在工具性意义上的，这又在一定程度上消解掉了人的责任。因而真实的情况是，这种人机婚姻难以具有相匹配的责任和义务，甚至可以视为逃避责任的婚姻关系，因此在人机婚姻的条件下，人-人婚姻的责任和义务荡然无存。

5.4.2.2　宗教意义上婚姻的神圣性层面

从宗教的角度而言，婚姻并非自然发生，而是由神设立的[③]，因此具有神圣性。社会化机器人与人的婚姻也将与宗教婚姻伦理产生背离，婚姻的神圣性将受到巨大挑战。

社会化机器人与人结成婚姻关系是对宗教婚姻神圣性的挑战。首先，人机婚姻挑战宗教婚姻神圣性体现在对上帝神性的亵渎上。在《圣经》中，亚当是第一个由上帝按照自己形象造出的人，上帝看到亚当处于独居状态，由此创造出夏娃作为配偶来帮助他并认为这种关系才是"好的"。因此可以说，上帝创立了婚姻。

---

① 杨小钵，郭广银. 黑格尔法哲学视阈下婚姻的伦理解读[J]. 南通大学学报（社会科学版），2017（4）：7-13.

② 邓妍，文碧方. 《礼记》婚姻观在当前婚姻伦理建设中的价值新探[J]. 理论月刊，2016（10）：47-51.

③ 刘虔. 基督教青年信众的婚恋观及其影响因素：以南京市青年信众为观察点[D]. 南京：南京理工大学，2012：35.

上帝认为婚姻是"好的",因为人的形象是上帝的"显影",人与人的婚姻则彰显了上帝作为神的光辉,这说明婚姻的神圣性不容亵渎,否则就是对上帝的亵渎。

但是,社会化机器人并不是上帝所造,属于"异类",人与社会化机器人的婚姻并不遵从上帝设立的婚姻"条约",而这种"不遵从"从宗教意义上来说无疑是漠视恩典的挑衅行为。对于西方宗教国家而言更是如此,倘若与社会化机器人建立婚姻关系,便显然是违背了上帝的旨意,是对上帝神性的亵渎,不可能获得上帝的祝福,并且加深了"原罪"。值得一提的是,从中国古代传统婚姻的角度来看,婚姻依然具有天人沟通的神圣意蕴。

其次,人机婚姻挑战宗教婚姻神圣性体现在割断了婚姻中的精神纽带。上帝创造人的同时也暗含着赋予人类婚姻,以婚姻的方式使男女双方"合二为一",这种结合涉及精神与肉体两个层面,但以精神为核心纽带,因为繁殖和欲望并不是婚姻的目的,婚姻更是除本能以外使双方获得精神的统一①,这种统一是可使双方达到精神"同调",或者说心有灵犀的基础。

但是,社会化机器人与人的婚姻不可能达到精神上的"同调",即使它具有人工意识或者系统意识,但意识必然不等同于精神,它不可能知悉人的精神层面,因为就现有的技术手段来说,"知悉"仅仅在各种识别技术层面,而这属于最表层的,人的外在在某种程度上是内在的显现,情侣机器人可以捕捉人的行为、言语、表情等变化来对人的情感和心理进行调节,然而人在某些境况具有更深层的难言之隐,情感、心理等因素存在相互纠缠的境遇,换言之,内在的纠缠态呈现的只是外在的单一表象,情侣机器人作为"另一半"要想缓解人的疑难,则需要"入微",而被给予的单一化捕捉并不能真正消解"爱人"的困境。人亦无法与之产生精神共鸣,因为"精神"是抽象的,并且,人很难说自身"懂"一个机器人,或者说它并不需要人"懂"。因此,这种内在相互性的实现有很大困难。由此看来,人机婚姻割断了婚姻中的精神纽带而无法实现精神与躯体的统一。

最后,人机婚姻打破了宗教婚姻伦理的核心。基督教认为婚姻中必须有夫妻双方和神的存在。基督教婚姻伦理的核心是婚姻中必然存在上帝的爱、对上帝的敬爱以及夫妻互爱。②人由上帝创造,因此上帝将爱赐予人从而使得人敬爱和感恩上帝,并通过婚姻结合的方式体现出对配偶的爱。对于社会化机器人而言,断

---

① 高玉秋,付天舒.《复活》中的基督教婚姻伦理[J]. 东北师大学报(哲学社会科学版),2011(5):119-123.
② 刘建军. 20 世纪末以来欧美文学与基督教文化新形态[J]. 东北师大学报(哲学社会科学版),2009(3):155-161.

然不可能获得上帝赐予的爱，因为从宗教的角度而言，爱是上帝对人的馈赠，是不可能以机器人为馈赠对象的。

同时，人机婚姻也必然不存在上帝爱的祝福，而对于宗教人来说，感知上帝的存在要通过宗教式的神秘体验，机器人不可能感知神秘存在，这也将导致人机双方的去宗教化。并且，倘若不承认机器人有爱人的可能的话，人机"夫妻"也决然难以有通向互爱的渠道。因此，宗教婚姻伦理核心中爱的"三位一体"不可能在人机婚姻中存在，反而是对核心的打破和对上帝的亵渎。

5.4.2.3　家庭模式层面

传统家庭模式由双亲和子女组成，以血缘关系为纽带，承载着成员之间的亲情。随着社会化机器人与人的关系往更深的层次发展，家庭模式的走向很可能发生新的变化，这种变化很可能威胁人伦关系，家庭结构也处于变动之中。

传统家庭模式往往由亲子关系组成，而一旦社会化机器人对重要家庭成员产生替代，传统家庭模式将会发生转向进而生成新型家庭模式，其中，社会化机器人会参与到亲缘关系之中。

无疑，社会化机器人对至亲的替代挑战着传统家庭伦理观，这将会引起家庭结构和家庭模式的新变化。首先，社会化机器人可能导致新型家庭模式的生成。在单亲家庭中，如若父亲或母亲想要寻找伴侣，人才是被考虑形成组合家庭的对象。然而现在社会化机器人成为被选择的对象之一，如果一旦选择达成，社会化机器人则会替代父亲或母亲的角色，从而形成新式家庭，家庭模式由"人-人"变为"人-社会化机器人"。由此，社会化机器人将会作为双亲之一承载着一定的亲缘关系，而这对子女的观念、心理、情感可能会造成难以修复的创伤，即使是常规的组合式家庭都需要长期适应，而在社会化机器人存在的新型家庭模式中，这种适应性可能荡然无存。其次，社会化机器人可能诱发家庭模式单一化趋向。①对于未形成家庭的个体而言，若选择社会化机器人作为丈夫或者妻子，这样形成的家庭仅由人和机器人二者组成。理论上，社会化机器人相较于人作为伴侣确实具有较大的优越性，个人未组建家庭时可以考虑与之进行组合，形成夫妻关系，建立家庭。然而这若是形成一种趋向性，人机组合的家庭将可能越来越多，这样将导致家庭模式的单一化，由父母和子女组成的家庭模式将不复存在。再者若是严格审视，对于这种仅由"人-机"双方构成的家庭，能够称为家庭吗？

---

① 刁生富，蔡士栋. 情感机器人伦理问题探讨[J]. 山东科技大学学报（社会科学版），2018，20（03）：8-14.

在社会化机器人替代人的家庭中，必然会引发子女与父母之间的严重矛盾，将机器人作为伴侣固然是个人的选择，但矛盾往往由此而来。其一，子女对父亲或母亲的选择产生强烈的不认同。其二，子女难以接受父亲或者母亲将社会化机器人作为他们名义上的亲人，可能拒绝承认这种关系。可以想象，对一个机器人，即使它们具备社会化，有人的某些特征，但是称呼其为"叔叔""阿姨""父亲""母亲"，这是多么荒谬。来自子女对父亲或母亲的多种不认同将会使他们之间形成难以调和的矛盾，以往的正常和谐的家庭亲子关系将会破裂，子女在不承认社会化机器人的基础上再次与父亲或者母亲之间形成巨大的鸿沟，亲子关系将变得淡漠，甚至可能导致家庭解体。

因此，无论是由人机构成的"二元家庭"，还是社会化机器人替代双亲之一作为家庭中的核心成员，即便能承担家庭的某些责任，这种新式家庭的稳定性仍不足以得到保证，它的存在将导致传统家庭模式的转型，改变家庭模式的走向以及加剧亲子关系之间的矛盾冲突。更进一步而言，甚至可能导致人与社会化机器人之间的冲突。

5.5 人的社会性"疑难"

社会化机器人作为一种模拟人类、投影现实的高技术产物，能以某种特定的"社会角色"进入人类社会交往之中，通过特定应答程序具备了一定的"社会能力"，在处理如陪护照料老弱病残群体等社会现实问题中呈现出巨大潜力和积极效应。比如，现已具备智能看护、远程医疗和亲情互动功能的智能养老机器人（如"阿铁"），早教与互动功能的儿童陪护机器人（如萤石 RK2），以及情感慰藉与性需求满足的情侣机器人（如 Harmony）等，能够在一定程度上为人们的生活与工作提供助力。然而，社会化机器人的应用同样伴随着许多不可回避的问题，其中，在个体层面可能引发的负面影响已广受关注。原本社会化机器人是为满足人的情感需求而设计的，但在实际的"人-机"交互过程中，使用者却需要调整个人情感以适应机器，以至于使用者被机器承载的功能建构。①换言之，实际的"人-机"交互可能会使用户适应机器的技术逻辑，在一定程度上被社会化机器人所主导，

---

① 闫坤如. 技术设计悖论及其伦理规约[J]. 科学技术哲学研究，2018（4）：90-94.

导致人在情感认同上产生"镜像效应",从而使人在一定程度上将社会化机器人看作与人无异的"实像"生命。朔伊茨以 Roomba 扫地机器人为真实案例指出了人类会因为 Roomba 的清洁功效而对其心生感激。①随着人机互动关系的持续,"人-人"的情感认同会受到"人-机"情感认同的挑战,由此导致情感认同不安全的情况。此外,"人-机"交互的短板在于技术发展限制以及机器缺少"心意",从而在交互中存在情感回馈量和质的不平衡。②由于社会化机器人不同于"改造自然"的技术物,其"作用"对象是人以及由人组成的社会,在作用过程中,作为技术创造物的社会化机器人本身是以服务人类为主的,从而实现人与机器的统一,但实际上却逐步形成了社会化机器人对人的控制和制约,从作为人的本质性力量的物化产物转变为同人相对立的异己力量,走向了人的对立面,这种异化必然会引起一系列社会问题,也就是说,异化是基础,社会问题是异化的具体表现。基于此,厘清社会化机器人可能引发的社会问题十分必要。为此,从精神劳动、公平公正、责任归属、两性关系和信息泄露等五个层面揭示社会化机器人引发的社会问题,有助于拓宽社会化机器人的治理视域,促进"人-机"和谐交互。

5.5.1　社会化机器人的社会功能使人的精神劳动被替代

劳动作为人类运动的特殊形式,是人们在社会生活中赖以谋生、实现自我价值的必备条件,也是社会经济发展的基础与前提。作为社会性存在的人们通过劳动可以实现物质追求和精神追求的统一,人类的本质也将获得实现。然而,随着技术不断深入发展,出现了关于技术现代性的"隐忧",其中新技术的冲击导致社会特定群体无法实现价值,甚至出现价值断裂的劳动替代现象。这实质上是一种"技术异化",即由人类凭借自身智慧创造发明的技术在不断更新发展过程中又反作用于社会,原本由人创造的对象物成了抑制人本质的力量,其异化后果就是导致人们的劳动被技术替代。随着现代信息技术、自动化技术和大数据技术等高新科技的迅猛发展,社会化机器人以某种"社会角色"逐步走向人类社会,其功能特性将会对部分人类群体的劳动方式进行替代,继而导致这类群体不能及时

———————————

① Scheutz M. The inherent dangers of unidirectional emotional bonds between humans and social robots[M]// Lin P,Abney K,Bekey G A. Robot Ethics:The Ethical and Social Implications of Robotics. Cambridge:MIT Press,2007:205-221.

② 易显飞,刘壮. 社会化机器人引发人的情感认同问题探析:人机交互的视角[J]. 科学技术哲学研究,2021(1):71-77.

适应技术冲击，而丧失谋生手段，使得这一人类工种不再被社会需要。

社会化机器人的出现加剧了人类劳动在深度和广度上被替代的可能性，以往只是在工业生产领域从事体力劳动的工人会被工业机器人替代，现在社会化机器人使这一现象从工业生产领域扩大至生活服务领域甚至脑力智力领域，对人类脑力劳动、符号劳动甚至情感劳动产生颠覆性变革。社会化机器人能够通过与人进行面部表情、手势等肢体语言和自然语言的交流，识别、感知、理解对方情感并表达自己的机器情感，在此过程中还能展示不同性格、识别交互伙伴、进行社交互动从而建立社会关系，使其具备了承担包括知识劳动、符号劳动以及情感劳动等精神劳动的"初始条件"①。精神劳动，即出于超越生物本能的需要而标志着生命运动的劳动向知识、符号和情感领域扩展。社会化机器人可以作为一种精神劳动主体，通过人机交互在一定的交互情境中为人们提供或直接生成知识信息、符号演绎信息以及情感信息，从而使其像人一样满足人们的需求。精神劳动原本只限于人与人之间，将某些知识、符号和情感作为一种产品"出售"给目标群体，进而从目标群体那里获得相应的劳动价值。显然，社会化机器人对从事精神劳动的群体表现出一定的替代性，这意味着从事该职业的群体将会面临精神劳动被"挤兑"的风险。

在知识劳动和情感劳动领域，社会化机器人基于大数据、深度学习、情感计算和自然语言处理等核心技术已初显"锋芒"，如当前应用于儿童学前教育的儿童陪护机器人萤石RK2会讲故事、会撒娇，助老机器人"阿铁"可以给老人端茶送水以及给老人唱戏解闷，这说明了社会化机器人本身作为人精神劳动的产物在一定场域、一定限度内具备提供"精神产品"的能力。即使尚不能完全称之为精神劳动主体以及认为其拥有精神劳动能力，但只要社会化机器人能够提供"精神产品"，那么这些"精神产品"就能通过市场流向特定的需求群体。所以在某种意义上，社会化机器人"主打"的就是向社会提供"精神产品"。这在一定范围内与精神劳动者所提供的精神劳动产品等价，由此可见，社会化机器人能够对部分群体的精神劳动产生替代，诸如教育、陪护行业等。此外，在符号劳动领域，2020年问世的GPT-3已经"初露端倪"，其功能已涵盖数据分析与统计、文本与程序生成、内容创作、语言域转换、推理等领域，初步来看，这将造成白领人群、文学创作者、程序设计者、科研工作者等群体的部分知识和符号劳动的自动化。

---

① 陈凡，胡景谱. 论"情感劳动"的异化及其消解[J]. 大连理工大学学报（社会科学版），2022（5）：17-23.

随着基于 GPT-3.5 架构的 ChatGPT 的"爆火",其显露的"博学多才"具备了"以假乱真"的能力,如创作出具备较高学术性的论文、艺术性作品与技术性代码等,这使得人们可以将知识劳动和符号劳动更大限度地托付给 ChatGPT。不久,基于 GPT-4 架构具备多模态能力的升级版 ChatGPT 上线,与此前不同的是,该模型除了具备"旧版本"的所有功能外,又强化和新增了一些功能。例如,在文字输入上,实现了量的跃升——可输入 2.5 万字的上限,在输入类型上新增了图像输入,逻辑、创作能力有了更大的提高,如在各项职业以及学术考试测试中回答更为准确、给代码修复程序缺陷等,这意味着某些从事符号劳动的群体在更大的范围上会被替代;在应答层面,还表现出更"懂"人类、更人性化等特点,显示出其进行情感劳动的可能性。从 GPT-3 到 GPT-4 的迭代更新,已显示出机器在人类精神劳动层面的替代性,从事知识劳动、符号劳动和情感劳动的部分群体存在被替代的可能。在理论和实操层面,社会化机器人具备搭载该技术系统的可行性。日前,英语学习软件多邻国(Duolingo)正转向该模型以推进角色扮演(role play)和人工智能对话伙伴(conversation partner)功能;Be My Eyes 利用 GPT-4 视觉传输能力以帮助视力较差者完成数百项日常生活任务;游戏开发公司 Inworld 以 GPT-3.5 模型作为机器学习模型之一,从而实现 NPC①情感、记忆、行为的个性化,这意味着机器在精神劳动层面将完成从"虚拟智能"到"实体智能"的转变,也意味着社会化机器人可能基于不断迭代更新的 GPT 模型从"木讷"变得"灵性",并且可以实现从最初提供精神产品到将来提供精神劳动产品的转换,从而在创造和生成的意义上替代人类精神劳动。

技术乐观主义认为,即使社会化机器人会替代以体力劳动和精神劳动为谋生手段的人群,也将同时创造新的就业机会,开拓新的就业领域。然而情况并非如此,由于社会高度分工,从事某一专门体力劳动和精神劳动的从业人员往往由于长年累月的"路径依赖"而局限于该领域,难以及时灵活应对职业冲击和实现就业技能的转向。尤其是在现代高新技术背景下,掌握一项工作所需的知识和职业技能储备日益增多,且需要倾注大量的时间和经济成本,因此应对社会化机器人的职业挑战所进行的职业转型难度将大幅增加。技术乐观主义者所说的"新的就业机遇",与社会化机器人所催生的新领域密切相关,这必然要求从事该领域工作的人类群体需要掌握庞杂的专业知识和实践技能。就此而言,不管体力劳动还

① 全称为 non-player character,指游戏中由计算机人工智能控制的非玩家角色,基于游戏设定,玩家可与之交互从而获取游戏信息及触发剧情。

是精神劳动领域，社会化机器人都将具有较大的替代性，必然产生一定冲击而造成暂时性或永久性的失业问题。随着社会化机器人核心支撑技术的日益发展，其替代性将会呈现出更快速、更广泛的趋势，可能会延伸到更大的范围而导致更多特定社会群体被替代，同时也意味着被替代群体生存生活的基本保障受到严重威胁。更为严重的是，当以价值增值为主的资本和社会化机器人完成联合后，群体参与社会分工的可能性愈发减少，其劳动权将会被逐步剥夺。①

5.5.2 社会化机器人的"技术拒绝"引发公平公正失衡

任何一项具体技术都具有显著的现实性和两重性特征，与人类生产生活紧密相关，一方面，技术能够通过满足人们的需求最大限度地为人们所用，从而缩小人们之间的差距而实现社会公平公正；另一方面，由于社会财富占有和技术本身的逐利性特征，技术使用往往难以真正实现公平效用，甚至可能阻碍社会公平公正的实现。

其一，社会财富的占有差距可能导致社会化机器人在特定社会群体使用上的公平失衡。一般意义上，社会化机器人的使用取决于用户群体的购买力，而社会中的不同群体经济实力存在差异，这也就意味着，经济实力较强的群体更容易获得使用权，而经济实力较差的群体相对难以获得使用权。社会化机器人的功能定位是满足人们情感陪伴需求的产品，比如辅助治疗某些病症，这是其与其他类型机器人产品的显著区别。但当前由于受科技含量、生产原材料及生产制造工序等的限制，此类社会化机器人更可能以高昂的价格投放市场，这无形之中使其成为提供特定服务的奢侈品，对于多数有需求的普通群体而言，很难轻易享受到社会化机器人带来的益处。例如，全球首个机器情人人工智能情侣机器人 Harmony 售价约 1.17 万英镑，折合人民币达 9 万多元。这一社会化机器人产品在治疗性心理障碍问题上有积极的作用，设计初衷也是出于对某些特定群体在性层面"难以启齿"的考虑，"机器治疗"的方式反而优于其他方式，更切合此类群体的心理。然而并不是这类群体的所有人都能够承受得起高定价，也就是说部分需求群体会因为缺乏经济支撑无法获得使用权，丧失治疗的机会，富有群体则容易获得"机器治疗"的机会。因此，这势必会造成对这一产品在特殊治疗层面的使用不公，

---

① 张姝艳，闫楚弼. 人工智能：社会形态演进的一个工具[J]. 长沙理工大学学报（社会科学版），2022（4）：26-33.

部分存在性心理障碍且缺乏足够购买力的群体会因此沦为"弱势群体"。由此，群体地位的差距通过社会化机器人的应用而加剧，使用社会化机器人的"优势群体"与难以使用的"弱势群体"之间的马太效应进一步彰显。显然，技术若只是对一部分人有正向价值，其应用仅仅服务和造福部分需求群体，而不能面向社会中所有需求者，必然会违背原先的设计初衷。长此以往，技术产品的使用将导致不同地位和不同阶层的人被动区分开来，让本来就处于弱势地位的群体困境被强化，最终必然导致社会化机器人的"技术拒绝"①。

其二，在技术层面，算法歧视（aigorithmic bias）导致社会化机器人扩大了公平公正问题。算法歧视指的是人工智能算法系统对数据信息进行搜罗、整合归类、生成和解释过程中所形成的偏见与歧视，这种算法歧视是社会化机器人技术全生命周期中所有行动者综合附载而成的，主要包括年龄歧视、性别歧视、消费歧视、就业歧视、种族歧视、弱势群体歧视等。②因此，社会化机器人在识别不同人种的过程中，有可能将肤色有显著差异的群体识别为不同的"类"。例如，雅虎平台将黑人照片标记为"猿猴"，谷歌将黑人程序员上传的自拍照标记为"大猩猩"。在美国的一个案例中，承载算法的警务系统自动认定黑人的犯罪率高于其他人，当该警务系统启动应用时，会频繁派遣警察到非裔群体居住地带出勤执行警务。

在社会化机器人的实际应用中，也可能出现类似情况，人机交互过程中可能对某些群体输出带有偏见和歧视的话语。例如，微软聊天机器人 Tay 在与网络用户聊天的过程中散布过关于种族主义、性别歧视的言论。这是由于机器学习过程中，社会化机器人可能会"摄入"某些不正当的"偏好"并以语言外显，尽管这些属于"无心之语"，但仍会在"社会-网络"空间对多个群体造成歧视，群体间的不公再次通过社会化机器人扩大，甚至会导致圈层固化，使不同群体之间的交往断裂而出现"水火不容"的情形。③

虚拟空间的算法歧视相较于现实社会中的传统歧视更为隐蔽而影响却更深远持久，通过技术化方式来表达歧视，是人的偏见的一种技术化体现，人的主观价值附着到技术或者技术人工物上，是歧视的技式式表达。由于算法搜罗的信息

① 易显飞. 新兴增强技术引发的社会问题及其规避对策[J]. 中国科技论坛，2021（7）：12-14.
② 汪怀君，汝绪华. 人工智能算法歧视及其治理[J]. 科学技术哲学研究，2020（2）：101-106.
③ 马会端. 跨越"信息孤岛"：网络社会交往的技术重构[J]. 长沙理工大学学报（社会科学版），2022（5）：11-19.

来源于网络空间，歧视性言论也依托于虚拟互动，这些都将作为数据被社会化机器人采集。倘若社会化机器人表现出明显的歧视和偏见，可能导致相关群体陷入非公平的处境，加剧了其弱势地位和他人的偏见。正如迈克尔·罗瓦茨（Michael Rovatsos）所述，随着相关技术的发展，算法决策系统愈发普及，机器学习系统愈发精准，这势必会加深其现实应用，对人们的生活产生更广泛的影响，失去"缰绳"的算法会使其歧视加剧社会不公平和不公正的风险。[①]

5.5.3 技术与社会"缠绕"造成社会责任归属判定疑难

"责任"通常指人在社会关系中应当完成的任务或承担由自身过失行为引起的后果。由于人处于特定社会关系网络中，因此一个事件的责任攸关方往往是多元的，不能脱离他人或社会关系来谈责任，所以责任问题是社会问题的体现。在传统人际关系所涉及的事件中，责任问题一般可以具体到不同行为主体，判定责任归属相对容易。随着社会的技术化，社会与技术及其产物形成了纠缠性空间，由个人行为或技术因素所导致的责任问题也变得越来越复杂。综合来看，由社会化机器人引发的责任归属问题主要涉及机器人伦理和机器伦理两个层面，前者所考虑的归责对象以人为主体，后者所考虑的归责对象以机器为主体[②]，这两种情况在现实中都存在一定程度的责任归属困境。

对于不同类型的社会化机器人，其"扮演"的社会角色也存在差异，技术设计者赋予它们对人的责任和目的也有所区别。对于陪护老人或儿童的社会化机器人，最重要的功能是确保被服务对象的安全与健康。然而在使用过程中却存在归责困境，例如社会化机器人在按照既定程序执行责任指令时，察觉到人类用户有安全威胁时进行语音对话提醒，而人类用户无视提醒导致人身伤害。在这一过程中不仅涉及社会化机器人与人类用户双方，深层次上还关涉社会化机器人的技术决策者、技术设计者、技术生产者等利益攸关方。从技术使用者的角度看，家庭购买社会化机器人的目的是照顾老人或孩子的安全，而使用过程中被服务对象受到损伤，是否应该直接追究销售供应商的责任？对于销售供应商而言，销售只是商品交换的终端环节，关于社会化机器人的产品特性及技术原理，销售环节能够

---

① Rovatsos M，Mittelstadt B，Koene A. Landscape Summary：Bias in Algorithmic Decision-making[R]. England，Horizon Digital Economy Research Institute，2019：10-68.

② 闫坤如. 机器人伦理学：机器的伦理学还是人的伦理学？[J]. 东北大学学报（社会科学版），2019（4）：331-336，343.

掌握的信息以及能够承担的责任也存在一定限度，继而会将责任转移到技术的设计生产环节。然而，对于社会化机器人本身而言，其在此过程中已经履行了自己的"提醒职责"，事件的后果是由用户使用时无视提醒的主观行为造成的。由于技术使用不当或技术失灵所致的对人的伤害行为，也可能形成对上述归责情形的重复。例如人类用户在使用情侣型社会化机器人时，倘若在使用过程中过度沉迷而造成身体和心理出现问题，责任归属也难以评判。因为对于使用者而言，情侣机器人本身就能对人产生生理刺激，甚至可以通过外在特征诱导人做出过度反应。因此，责任可能转移到销售方、供货方、生产商、设计者等利益攸关方。然而，技术使用者本身也是具有独立人格和主体意识的，对于自身使用社会化机器人的行为也应承担相应的责任，仅仅将责任归咎于他者显然不符合逻辑和情理。

但是，社会化机器人不同于以往的传统技术，它以某种"社会角色"介入人类生产生活中，而且随着技术的不断发展，在未来语境之中不排除社会化机器人能够获得一定的主体地位的可能性。因此，基于具备一定的智能和主体性的社会化机器人，讨论其作为责任主体所应承担的责任具有一定的前瞻性和必要性。正如艾萨克·阿西莫夫（Isaac Asimov）的机器人三定律所述，社会化机器人在使用过程中需要保护人类用户不受到伤害，且它们的服务行为也不能伤害到人类用户。按照这种逻辑，如果人类用户在使用社会化机器人的过程中受到伤害，机器人可以成为某种程度的归责对象。如果将社会化机器人纳入责任归属体系当中，整体的追责问题将变得更为复杂。因为社会化机器人一旦出现责任过失，如何对这一非生命的技术物进行归责？对社会化机器人进行归责是否会成为部分人类行动者逃避责任的依据？这也是社会化机器人和其他智能机器在归责问题上的不同之处，其一是因为社会化机器人涉及的应用场所更为多样，医院、家庭、酒店等私人与公共场所都有所涉及；其二是社会化机器人与只通数理逻辑的工具机不同，它能够在一定程度上表现出人的某些特质，诸如"情感""意识"等，可以从某些方面理解人类、关怀人类，因而在责任归属问题出现时，用户会产生类似于人际的归责态度，而且更容易引发责任纠纷。这是因为社会化机器人是为人及其社会关系提供服务的，如家人、患者、客户及其有直接利益关联的群体等，归责问题因为服务对象社会关系的重要性而显得更加复杂。即使社会化机器人出现技术失灵而导致行为过失，也很难区分责任归属。因为尽管技术设计者赋予了社会化机器人足够的智能和高水平的情感，在具体的人机互动中也难以知晓和预测社会化机器人可能出现的全部行为。[①]

5.5.4 社会化机器人物化性别导致两性关系僵持

情侣机器人作为特殊的社会化机器人是物质交往和精神交往的产物，它们介入人类社会生活的两性关系之中，成为一种异己的力量而使男性与女性对立，由此引发的不单是技术问题，更是文化价值问题，是关涉个人主义与集体主义文化价值的问题。因此，如何发展和应用情侣机器人，如何确定情侣机器人在社会生活当中的位置，以及人类在何种程度接受情侣机器人的应用等都是悬而未决的问题。

在未来的社会关系中，情侣机器人或将成为人类恋爱择偶和婚姻伴侣的一种可能性选择。从休谟命题来看，从事实判断能够推出价值判断吗？人类能否从机器人与人的婚姻选择上推出人应该或不应该与机器人结婚？人类与情侣机器人结婚不会繁衍后代的客观事实似乎不能作为人类婚姻选择的决定性理由，因为人类传统两性关系中也存在"丁克家庭"的情况。以休谟式的话语作为衡量指标，人类与情侣机器人无疑可以恋爱婚配。主张人机婚姻的群体反映了一种个人主义的文化价值观。这种以个人主义为支点的观念，虽然是人们所作出的自由选择，但在践行对父母的责任和义务上，这种选择本身几乎很难包含任何可靠的伦理规范性。从根本上来说，个人与他者是决裂的，甚至在某种意义上，人机婚姻中的人也沦为了"绝对"的个人或是原子式的个人。

在以集体主义为主流价值观的文化体系中，婚姻意味着夫妻双方需要兼顾两个家庭的责任，具有更明显的伦理意蕴。奉行集体主义价值观的国家很大程度上不会认可或接受人机婚姻，例如中国的婚姻观更强调婚姻中的伦理纽带，两个家庭因为子女的婚姻而具有新的伦理性质。且这种婚姻关系中个人的自由也没有瓦解，而是在家庭这一特定场域中实现了个人的自由。因为个人始终保持着自身与集体、社会的关联性，即个体是在集体中存在、在社会中存在的。在这种情况下，如果选择人机婚姻，也意味着放弃集体主义的文化价值而走向个人主义。个人作为集体的组成部分与家庭联系在一起，如果这类情况演变成社会普遍现象，必然会与传统集体主义的文化价值理念产生激烈的摩擦，导致社会秩序的失衡。现实社会中关于情侣机器人的推崇，通常出于资本主义逻辑主导的文化价值观，具有

---

① 苏令银. 当前国外机器人伦理研究综述[J]. 新疆师范大学学报（哲学社会科学版），2019（1）：105-122.

明显的商业目的。通过宣传将潜藏的资本主义价值理念附着在社会化机器人上，可能使固有的意识形态体系面临分崩离析的风险。

从历史与现实双重维度看，对非生命实体（人形雕塑、人偶、机器人）的"性依附"现象一直存在。在西方社会中有一定比例的群体对情侣机器人的应用持有积极态度，部分男性与女性群体接受与情侣机器人的性互动甚至人机婚姻。[①]情侣机器人在诊疗、身体刺激与性体验层面也有积极功效，但在使用过程中就较难避免用户因使用不合理而产生沉浸式上瘾现象。在现实婚恋关系中，伴侣双方存在着诸多方面的矛盾，这也是造成关系破裂的重要原因，因此在婚恋中人们更希望避开矛盾或憧憬无矛盾的关系，情侣机器人恰恰提供了一种选择。在此种情形下部分群体可能更愿意与情侣机器人"生活"，而不愿寻求现实的伴侣进行婚恋并组建家庭。由此，两性群体之间将形成"隔离"的屏障，二者之间不再被相互需要，这也将导致两性关系的僵持甚至破裂。从马克思主义的视域来看，这不利于人的再生产，整个社会人口的发展和繁衍或会陷入衰减的境地。

5.5.5　社会化机器人的合情理式"侵入"致使隐私信息泄露

在生活中，隐私作为人们不可侵犯的一项基本权利，关乎人的尊严。对于任何人来说，隐私信息都具有排他性，对他者都是不可涉足的"禁区"。然而在数字、云计算、智能技术的加持和推进下，伴随各产品出现的隐私信息泄露问题层出不穷。社会化机器人产生的隐私信息泄露问题固然同许多技术产品都具有一致性，但在某些方面却存在一定的区别，因为对于社会化机器人来说，其关涉环境直指私人领域，因此其信息风险往往表现为隐私信息风险。

社会化机器人与其他产品在泄露隐私信息的方式上有所不同，表现在以不提供选择的"合理"方式来泄露信息并反馈给后台，而且这种非选择性对于用户来说恰恰是合情理的，这也为隐私信息泄露赋予了一种合理性，人在更大程度上丧失了自决权。以合法的智能产品及其软件为例，读取信息的必备条件是用户开放权限，这对于用户来说是可选择的，可以为了确保信息安全而选择不开放权限，同时不影响产品的使用。就此而言，在隐私信息泄露问题上，基于可选择性的设定，其他智能产品尚存在一定的信息安全空间。社会化机器人则大为不同，基于

---

① 易显飞，刘壮. 情侣机器人的价值审视——"人-机"性互动的视角[J]世界哲学，2021（4）：144-151，161.

其功能设定，社会化机器人主要为人们提供陪护服务，也就是说，它必须直面用户和接触用户，要做到"以用户为中心"，而要保证服务的"畅通"，就需要社会化机器人具备环境识别、声音识别和情绪识别等功能，因为只有具备这些功能才可以保证陪护的有效性，才能够甄别被陪护者的状态变化并及时作出反应。但是，其识别对象并不局限在用户层面，而是全方位识别。也就是说，用户及其家庭所构成的环境对于社会化机器人来说是开放性的，其所在场域的任何信息都可以被收集，具有"移动扫描式"的特点。因此，社会化机器人向后台反馈的信息也就涉及整个环境及其组成成员的整体信息，而且随着陪护的持续，更多、更全面、更准确的信息将会被"捕捉"。可以说，社会化机器人成为集现实空间和虚拟空间为一体的"监视者"，即通过现实环境中的陪护及人机互动来获取信息，并将获取到的信息流放到虚拟空间，使信息流动变得更加剧烈，而这些信息的安全性并不能由用户自我决断，也就是说，信息的去向不以用户的意志为转移，存在极大的被泄露风险。就此而言，隐私作为一种被保护的信息在人机交互的"情境链接"中直接敞开，从而混淆了公共领域与私人领域的界限，私人领域的信息在社会化机器人的面前一览无余。

此外，社会化机器人作为相对私人化的产品，其泄露的信息还可能关涉人的尊严，这种信息可以被称为"隐私中的隐私"，社会化机器人所获取的包括家庭环境情况、成员互动信息等属于一般性的隐私，而关涉成员健康的数据和一定环境下的行为数据则属于涉及尊严的隐私信息。存在这样一种情况，为了保证老年人的生活质量和健康安全，助老机器人会履行全程陪护的"责任"，但与此同时，全程陪护在一定环境下并不切合人的需求心理，任何人都有一个私人空间，在这一领域是排他的。有调查显示，有的老年人在更换衣物时很难接受被这样一个人形的机器人打量，这也会被认定为是对个体尊严的践踏，甚至会引发人的反感和厌恶，同时也不能担保不会出现泄露隐私的情况。比如在 2020 年，iRobot 开发的 Roomba J7 系列扫地机器人产生了信息泄露问题，机器人拍摄的照片经人工智能数据标注公司的员工处理后被上传至网络，照片上人脸、屋内环境清晰可见；以及《麻省理工科技评论》曝光的女子在卫生间被扫地机器人"偷窥"，导致隐私泄露，尊严被损害。基于上述内容可以认为，社会化机器人会产生隐私信息泄露的风险，同样也说明了商业资本可能利用社会化机器人功能服务的合理性来广泛且深入地侵入式收集人们的隐私信息，使隐私信息商品化，转而进行使用并推动其流通，以此来牟取利益。

5.5.6　社会化机器人在法权维度的人文争议

一般而言，法权属于法律上的一种权利，通过法律来确认和保障人们的权利。进一步而言，国家需要通过法律调节社会上出现的扰动现象来确保社会和社会关系结构的稳定。社会和社会关系是由人构成的，因此归根结底，法律就是调整人与人之间的关系问题。所以说，国家通过法律保障人类权利，是实现人文的必要条件。迄今为止，国家法律关于权利的赋予对象以及法权关系的调节对象大都指向人，而"凤毛麟角"的例外无外乎是大众所熟知的对于索菲亚的公民身份的授予，当然这仅仅是作为一个起点，后续的人工智能和社会化机器人技术的发展也催生了更多与权利相关的人文问题，这也是世界性的问题，因为对于是否赋予机器人公民权、人格权以及与人相关的其他权利如著作权等，都是人类所要面临的共同的问题。

以机器人索菲亚和涩谷未来（Shibuya Mirai）为社会化机器人法权讨论的起点，人形机器人索菲亚在 2017 年获得了沙特阿拉伯的公民身份，Shibuya Mirai 获得日本的居留权。同时，汉森公司已于 2021 年上半年开始量产包括索菲亚在内的四款人形机器人。那么，在社会化机器人日益发展的境况下，应当如何看待机器人拥有权利的先例以及在以后还会继续赋予社会化机器人其他权利的可能现象。首先需要明确的是，社会起源之初并不是人人都具有权利，权利有一个扩张的历史，如古罗马仅成年男性贵族拥有权利，英国贵族确立"天赋权利"，权利的扩张路径从"英国贵族—美国殖民主义者—奴隶—女人—印第安人—劳动者—黑人—大自然"①，逐步扩展到整个人类，此后更有主张将权利扩展到动物，再扩展到如今的人形智能机器人。也就是说，就权利的扩张史看，权利从生物层面（人类和动物）蔓延到了非生物层面（如今的社会化机器人）。在一般意义上，权利意指主体行为在法律和道德上的正确性。②也就是说，人有权做一件事等同于做此事正确。当然，从哲学层面考察"权利"之义则更为深刻，"人的权利是神送给人的礼物、来源于人类的直觉、人类社会发展到一定阶段的产物、来源于道德共同体"③。换言之，权利一方面体现为权利意识，即人在思维中能够判定和知晓某一行为或现象的正确性，另一方面，由于人是社会性存在，有获得普遍认同的需要，便促进了权利契约在共同体中的形成，并为共同体所遵守，从而使每

①　[美]纳什. 大自然的权利：环境伦理学史[M]. 杨通进译. 青岛：青岛出版社，1999：5.

②　郁乐. 智能机器人能够拥有权利吗？[J]. 华中科技大学学报（社会科学版），2020，34（5）：17-24.

③　杨通进. 环境伦理：全球话语中国视野[M]. 重庆：重庆出版社，2007：265.

个人的权利都能够得到"庇护",因此权利的契约必须由所有人一起维系,使其从无序走向有序,这也体现了人类社会发展的客观规律。倘若按照上述标准来衡量动物和社会化机器人是否应具有权利似乎是否定性的论断,因为除去权利意识不说,动物和社会化机器人也不存在"类"的共同体。但是,另一方面,既然说权利是人类社会发展形成的产物,那么可以说权利以及权利主体是在具体历史中建构起来的,是"观念建构性、价值判断性的概念"①。也就是说,权利主体属于流动性的概念,社会化机器人并不是不可能成为权利主体。再者,智能性也是评价某物或某人是否可以作为权利主体的根本性因素。因此在应然角度上讲,社会化机器人具有"社会智能",可以作为权利主体,而且声称社会化机器人应该有权在某种程度上也是出于对人类自身的尊重与保护,即使机器人属于非生命范畴,但是可以在人赋智能的条件下理解和保持行为的正确性,就此来看,社会化机器人享有权利的依据高于动物。当然,学界中关于社会化机器人等具有智能的机器是否应该被赋予权利也有不同的争论。学界的主流观点认为社会化机器人等类人机器人会是智能机器人发展的趋势,多梅尼科·帕西里(Domenico Parisi)认为"类人机器人可能会给人类带来心理上的困扰,当然,人类最后可能会习惯这些新人类并接纳它们"②。如果依照此趋势发展,那么就不能本着"言之尚早"的理念搁置社会化机器人作为权利主体的讨论,因为在将来其法律资格的确认有可能成为一个既定的事实,因此在社会化机器人"权利之争"初露锋芒之际,更为重要的是如何考量由此可能在人类世界中引发的问题。

以一种未来性视角看,社会化机器人权利主体地位的确立,在人类法权层面是一种重大的挑战。因为这意味着人类需要重新评估法律体系中既有权利主体的关系模式。③当前人类社会中人是唯一的权利主体,而早期存在一种"二元模式",也就是上帝为先作为第一权利主体,其次是人,而后经启蒙主义,上帝跌落"神坛",权利主体成为人独有。因此从历史上看,这是从"二元模式"到"一元模式"的转变。社会化机器人若享有权利主体地位,则意味着人类世界中人的权利主体观念将再次复归到"二元模式",即社会化机器人和人。在这种"二元模式"的框架下,人机关系成为法律必须严肃处理的新型关系。进一步而言,法律要兼

---

① 周详. 智能机器人"权利主体论"之提倡[J]. 法学,2019(10):3-17.

② [意]多梅尼科·帕西里. 机器人的未来:机器人科学的人类隐喻[M]. 王志欣,廖春霞,刘春容译. 北京:机械工业出版社,2016:29.

③ 周详. 智能机器人"权利主体论"之提倡[J]. 法学,2019(10):3-17.

顾三种关系：人-人、人-机、机-机。基于这三种关系，法律需要成为一个"中庸的调节者"，不但需要面对传统的关系转型，更需要处理由此引发的种种矛盾与冲突，尤为重要的是，应当构建一种怎样的法律模式才能使法律具有调节上的客观性和合理性。比如说，如果赋予社会化机器人以权利、人格、尊严，那它就不能作为商品进行售卖和虐待，这是与现有的经济和法律相矛盾的，再者，买方购买后，社会化机器人归属权在哪？社会化机器人创作作品的版权归背后的公司还是机器人？对于智能程度不同的社会化机器人，按智能层级予以相应层级的权利是否必要？社会化机器人和人之间究竟是否存在一种平等的关系？它究竟是作为手段还是目的？法律应该如何规制人机互动中出现的来源于人或机器人的意外情况？对于这些问题，社会化机器人权利论是不是"康德幻象"现在还无法断定，毕竟社会化机器人享有权利主体地位确实存在诸多内在和外部的冲突，另外即使有朝一日可能赋予其权利，在法律层面如何进行法案的修正与扩充也是非常棘手的问题，无论在理论探讨上还是在现实操作中，法律维度面临的挑战都极其巨大，但这依然是不得不正视和重视的问题，因为法律对社会化机器人的判断以及构建有效性的法律框架关乎整个人类的秩序，稍有不慎可能使整个人类秩序"崩塌"，可以说当下正处于"进退维谷"的窘迫处境。此外有学者称"赋予机器人权利不仅不会缓解这一现状，反而会因为机器人成为了权利主体，使得机器人彼此之间以及机器人与人类之间的权利冲突大大增加"①。如果将权利主体身份赋予作为技术人工物的社会化机器人，可能导致由尊重"物"转向人的物化，因为仅仅产生对物的尊重倾向可能导致对物的盲目崇拜，这是对人自身的物化②，社会化机器人的地位可能不会有所提升，人的尊严却自发性贬低。当然这是有其合理性的，同时也表现出社会化机器人权利在法律层面的复杂性，以及由此对人类社会可能产生的冲击。

5.6　人类命运"危机"

5.6.1　人类主体性危机

伴随愈发复杂精致的机器人面世，在现实中存在一种倾向，即认为人性化的

---

① 郁乐. 智能机器人能够拥有权利吗？[J]. 华中科技大学学报（社会科学版），2020，34（5）：17-24.

② 郁乐，冯宇. 动物能够拥有权利吗？[J]. 哲学动态，2017（4）：92-98.

机器人是人这种主体，而不是可以利用的工具或无变动性的客体，这在某种程度上扩展了其取代人类的可能性。事实上，工业领域上的自动化机器人就已经部分替代了生产工人，还有餐饮服务等行业也存在类似的情况。这类问题在学界中早有讨论，毕竟机器人确实造成了对人的主体地位的威胁。社会化机器人也体现出这种替代性，因而一些激进派系声称，人类已经与"类主体"的社会化机器人无甚区别，人的主体地位失格是由其造成的，因为种种迹象表明它们有可能取代人类，相比于其他机器人或者事物，社会化机器人替代人的可能性更大①、范围更广。

为什么这么说呢，因为社会化机器人往往是参与到人的亲密关系中的，是对亲密关系的祛魅。社会化机器人参与人的亲密关系在激进者看来是有其合理性的，他们认为主体际亲密关系（仅就人而言）并非独特到独一无二的，因为任何亲密表达都可以通过机器人合逻辑的数字化运算设计来实现。②当然，这种说法有其道理，但这会导致人类主体的祛魅。因为这不仅涉及人类亲密关系的失落，也从中反映出人类在整体上对自身作为世界中心的地位不再着迷，这相当于对人类进行了一种变相的温和改造，这种改造不会对人的物理身躯和体内的化学生物过程造成直接影响，但除了这些，人类除自身存在外所剩无几。因此，人类的地位再次跌入失去主体性的"深渊"，在某种程度上可以将这种跌落视作自然化的过程，在社会化机器人被设计出来时，这种结局似乎已是注定。③比如说，各种陪护机器人都是具有人的亲密能力的外化赋予，也可以说将人类主体性分与机器，再如机器人保姆，不仅替代亲密关系，也在社会行业领域取代了人类保姆职业的地位。凯思琳·理查森（Kathleen Richardson）担心，人类和社会化机器人共同参与一个除人类以外的多样化生物世界，这可能不是以提升社会化机器人到人类地位的方式来实现，而是以某种方式，使人类地位降低到非人类地位的处境来实现的，最终将导致对任意的类存在都无益的现状，即人类和非人类，都沦为对象化存在。④

---

① Musial M. Enchanting Robots: Intimacy, Magic, and Technology[M]. Cham: Palgrave Macmillan, 2019: 42.

② Musial M. Enchanting Robots: Intimacy, Magic, and Technology[M]. Cham: Palgrave Macmillan, 2019: 46.

③ Musial M. Enchanting Robots: Intimacy, Magic, and Technology[M]. Cham: Palgrave Macmillan, 2019: 51.

④ Richardson K. Sex robot matters: slavery, the prostituted, and the rights of machines[J]. IEEE Technology and Society Magazine, 2016, 35（2）: 46-53.

5.6.2 人类未来性危机

人类命运是相对于人类未来而言的，即人类届时有无去处、何去何从等。当下有许多技术引起人类对自身命运走向的顾虑，人工智能、机器人表现得最为显著。社会化机器人与人工智能关系紧密，也是迫切需要关注的焦点，特别是强人工智能和超人工智能在未来作为一种现实的可能性。首先我们应该明确的是，社会化机器人如何能够引发人类命运危机？就目前来看，社会化机器人在总体上无法与人类匹敌，但问题是无法精确预知未来社会化机器人的走向。在现实中，阿尔法狗与李世石的对弈无疑加深了人类的忧虑，至此似乎还未达到担忧人类命运的程度，因为可以将其胜利看作是局部性的算法优势。但问题不在于此，各种社会化机器人的面世及其显露的可能性似乎隐约指向未来的人类命运走向。关于机器是否超越人类，在某些学者来看却属于确定性的答案，未来学家雷·库兹韦尔（Ray Kurzweil）在其《奇点临近》一书中预测了人工智能的未来，技术将在未来某个时间点达到一个"奇点"，那时的人工智能已成为超越人类的存在，机器人将"继承"人的进化和思想。[①]机器智慧将是人类智慧的 10 亿倍。英国数学家欧文·约翰·古德（Irving John Good）也认为技术奇点将赋予机器人自行"繁殖"的能力，即无须人类干涉来设计"后代"（下一代智能机器人）。可以设想，在如此境况下的社会化机器人可以等同为非生物意义上的"超人"。这意味着人类历史结构将会被超级智能机器撕裂。霍金也认为"人工智能可以在自身基础上进化，可以一直保持加速度趋势，不断重新设计自己。而人类，我们的生物进化速度相当有限，无法与之竞争，终将被淘汰"[②]。2012 年，计算机科学家摩西·瓦迪（Moshe Vardi）指出，智能革命与工业革命差异甚大，以往的机器是对人类体力的超越，如今的机器是与人类大脑进行较量，而一旦机器兼具体力和脑力，人类将会处于一个被自身所造之物打败的未来。[③]以至于在学界出现了"末日论"的观点，比如特斯拉公司的首席执行官认为人工智能机器的进步会危及人类文明。非专业和专业领域都对智能机器的未来有深深的担忧，因此对社会化机器人这一未来超级智能崛起的忧虑是难以忽视的，倘若其发展指向最终预言，这无异于打开了"潘多拉魔盒"。当然，我们不能仅仅局限于以上强/超人工智能意义上的社

---

① ［美］库兹韦尔. 奇点临近[M]. 李庆诚，董振华，田源译. 北京：机械工业出版社，2011：11-15.
② 李开复，王咏刚. 人工智能[M]. 北京：文化发展出版社，2017：121.
③ ［美］约翰·马尔科夫. 与机器人共舞[M]. 郭雪译. 杭州：浙江人民出版社，2015：86.

会化机器人"威胁论"或人类"末世论"等"盖棺定论"式的话语，而是要探寻危机的可能性表现，为了叙述方便，本部分所述的社会化机器人皆指面向未来的强/超人工智能意义的层面，不再重复说明。

社会化机器人并非以一种虚拟实在的形式处于人类世界，而是有自己的"身体"，在这种情况下，社会化机器人作为另外一个无机形式物种遍布于未来社会中，极有可能与人类的生存产生冲突，人类未来将陷入严重的生存风险（existential risk）境遇。生存风险意味着人类与社会化机器人在某种意义上形成了生态学层面种群间的关系。尼克·博斯特罗姆（Nick Bostrom）将生存风险视为一种可能性，即负面效应会摧毁全人类或不可逆转地破坏人类潜能。[①]当然，他的立场是基于超级智能体"超脱"了人类价值体系而使得机器人联合体不必然具有人类道德性的，即人类处于生态弱势地位。

在生态学划分上，种群关系可分为四种：竞争；捕食；共栖；互利共生。[②]生态学层面上，竞争和捕食的种群关系不利于弱势种群生存。竞争关系意味着人与社会化机器人会处于同一"生态位"，即二者不能共存。但有学者以碳基人与硅基机器的需求不同进行反驳[③]，声称二者不存在竞争关系。另外还存在一种观点，认为机器不会占据生态位，因为机器人无法从环境中直接获取资源壮大自身以及繁殖后代，并且在可预期的未来也不存在捕食人类的可能性，由此在可预期的未来不会危及人类生存。当然，立足于可预期的未来，不管是社会化机器人或是哪种形态的智能机器人实体，都难以达到上述可能。但是，并不是社会化机器人要占据一个生态位或是与人类同属一个生态位才会危及人类生存，即使是在人机和谐的状态下，人类依然面临生存危机，只是在超越人的情况下生存危机表现得更甚。上述两种或可称为社会化机器人对人类生存空间的挤压。

我们先考虑和谐状态的人机关系下挤压是如何发生的，假设人与社会化机器人在未来社会中不存在任何冲突，即人机社会井然有序，机器人具有被设计的合乎人类价值体系的道德，不会伤害人以及掠夺人。在此看来似乎人类不会出现生存危机。但需要清楚的是，该问题并不能单纯地从生物竞争的角度思考。人类的物质需要主要从自然界中获取，人类社会的运转也是如此，包括食物、衣物等各

---

① Bostrom N. Existential risks：analyzing human extinction scenarios and related hazards[J]. Journal of Evolution and Technology，2002（9）：31-33.

② Rockwood L L. Introduction to Population Eclogy[M]. New Jersey：Wiley-Blackwell，2006：155-156.

③ 徐英瑾."无用阶层论"的谬误——关于人工智能与人类未来的对话[J]. 文化纵横，2017（5）：50-61.

种用品所需要的质料，其中，能源供应是驱动人类社会运行的最重要部分。社会化机器人引起人类生存危机首先就在能源等资源上体现了出来。有学者认为超级智能机器人可能与人类共享工具性价值而进行无限度的物质资源获取，从而与人类形成生存冲突。[①]这始终是基于机器人不受控的语境下出现的状况，与人争抢资源甚至占有人的资源。而且无论是否存在资源竞争关系，人机社会中，能源资源问题是不会改变的，甚至会越来越紧张。从第一次工业革命到现在，人类社会主要利用不可再生能源进行生产和维持人类生活，比如煤炭、石油和天然气等。现在依然以不可再生能源为主来进行电力供应，这表明，从开始使用到如今，不可再生能源已经被使用 260 多年，因为其不可再生性，在使用过程中其存储量将越来越少。

社会化机器人的能源供应也来源于电力，作为高度发达的智能体，其运行的高效率必然伴随较大的能量消耗，这也是对能源的消耗，无论是思维上的信息处理还是外在的行为都是能源消耗的因素，且机器越智能，结构越复杂精密，运行中能量消耗越快，即能量在机器运行过程中不同程度的消耗也服从能量守恒定律。社会化机器人会加剧能源的消耗，即使人与社会化机器人不存在直接的竞争关系，在地球有限资源的基础上，人的生存与社会化机器人的"生存"必然依靠有限能源，一方的消耗直接挤压另一方的生存空间，在客观上形成了生存竞争。当然，可能也会提出新能源的供应来解决对不可再生能源依赖所造成的生存挤压，比如太阳能、生物质能、地热能等。太阳能和生物质能的利用必然要消耗材料，社会化机器人也必须具有接收和储存能量的装置，在人机社会中，材料的耗费必然不是一个小数目，而恰恰这些质料资源也是有限的。另外，太阳能也是不稳定的，不会完全保持充足的能量供应以维持社会化机器人的高效运行。生物质能依靠农林业和工业废弃物发电，这意味着对自然质料需求的比重上升，人类未来社会不可能完全依靠植物材料实现能源供应，因为生物质能的广泛使用必须形成专门的植物培养和开采模式，期间有一个不连续的过程，另外受环境影响大，并且可能影响生态。因此生物质能依然属于辅助性供应，在这种情况下很难形成有效能源供应，同样无法支持社会化机器人的持续运行。地热能范围受限于特定区域，且其使用危害环境，因此建造相关设施有很大阻力。总的来说，人机社会中，社会化机器人在能源上会对人类生存空间形成挤压，在封闭循环的地球环境

---

① ［英］波斯特洛姆. 超级智能：路线图、危险性与应对策略[M]. 张体伟，张玉青译. 北京：中信出版社，2015：144.

中，人类无法不依靠自然质料，社会化机器人也是如此，即使有了能量供应也需要其他的必要质料，而且质料是有限的，在有限性中，必然形成生存危机，挤压人类生存空间。此外，在人机社会，机器人也需要休憩之所，也就是要占用土地资源，人机社会越发达，机器所需的土地资源或居所越多，这也是对人类生存空间的挤压。

人机共处的不和谐状态，即社会化机器人失控超出人的道德范畴，可能会直接与人类形成生存竞争关系而导致压迫。在这种情况下，不能孤立地看待人的发展，因为人始终是技术化的人。在这种不和谐境况下，人类命运可能会在抗争中塑造，即人类在机器失控的社会中实现自身的进化。人类进化是一个自然的、历史的过程。也就是说，人类早期的进化之道由自然主导，自然塑造着人的进化方向，也正是在这个过程中，人类不断能动地创造着、发明着新事物，实现了由弱到强的转变，并将进化中所承载的信息和力量传递给后代，作为塑造进化的条件进一步实现自身的创造并加速人类进化的历程。换言之，人类在不断适应环境的过程中实现了由被动到主动的自我创造，逐步地在进化中形成了自己的语言、文化和文明。人类进化不会终止，对于人类整体而言，只要有人类延续，人类就还是未完成的状态，现在以及将来始终处于进化过程中。但是，即使是科技蓬勃发展的今天，我们发展出了诸如生物医学技术、脑机接口技术以及各种形式的新兴人类增强技术等一系列高科技，但人类的进化总体上依然是自然性质的进化，即作为自然、生物和社会物种意义上的进化。①当然，人类在生物意义上的进化潜能在很大程度上已经近乎停滞，但人类依然是有选择性的，可以不采用技术塑造进化的路径。

然而在不和谐的人机社会中，人处于社会化机器人主导下的劣势，必然要借助技术手段改造自身，为了在人机对抗中确保自身的生存，技术化道路是人类进化的唯一选择。这也将引发人类进化中命运走向的问题，即被迫的完全技术化命运。比如，在人机社会中，人类为了免于淘汰通过技术手段实现自身脑力和体力进化，如脑科学激发潜能、仿生学移植、微型机器植入等，从而使人类自身与机器相抗衡。②也就是说，人类在此时已经不具有选择的余地，只能通过选择技术性的进化之路来获得生存及恢复尊严的希望。这意味着，人机社会中，人类必须

① 张之沧. "后人类"进化[J]. 江海学刊，2004（6）：5-10，222.
② 程广云. 从人机关系到跨人际主体间关系——人工智能的定义和策略[J]. 自然辩证法通讯，2019，41（1）：9-14.

彻底地将自身"对象化"，否则就会面临被"遗弃"的风险。比较突出的表现是，身体命运由技术主导，让渡给技术。在一般意义上，身体命运与人的命运不可分离，身体是自身的身体，身体的变化也显示出命运的变化，它构成了命运的一部分。

在普通人眼里，身体与技术是分界的，身体命运无法与技术关联起来，更直白地说，没有他物能够左右自己的身体。马塞尔·莫斯（Marcel Mauss）提出了"身体技术"概念，他认为身体技术是人类以传统的方式明白了如何使用自己身体的方法，人的身体是自然性质的技术产品和技术手段。①但是，即使将自己身体视为一个对象，这种意义上的"身体"依然是本己性的，没有其他因素介入。如今尽管有了可介入身体的技术，人类不选择技术干预，在社会中仍然可以生存，因为社会构成依然是人类主导的而不用考虑非人类因素。但是在人类与社会化机器人组成的社会中，人类难以避免地要将非生命智能物种作为"敌对"的一方，人类的劣势地位使其不得不将身体命运寄托在技术上，倘若人类放弃使用技术改造自己的身体或通过外在辅助设备增强自身，人类将改变不了由社会化机器人统治的状态，因此必然导致人类身体命运的技术化，而此时的身体便不是本己性的，身体技术成为技术身体，问题不在于对技术的依赖程度如何，而在于已经不得不依赖技术，技术主导社会构成打破了人类的选择性空间而使人进入了别无选择的状态，身体命运几乎可以等同于人类命运。

在竞争型人机关系中，人类的精神命运，或者说人类价值实现处于停滞的状态，精神命运的实现要基于一种稳定的社会秩序，人机抗争中鲜有精神命运的保障，自由、尊严等精神命运必然要置于人类物种与机器物种平衡的条件下，因此精神命运处于"虚无"或者"隐匿"状态。总而言之，在不和谐的人机社会中，人类进化等同于技术进化，人类命运依托于技术命运，技术就是命运，人类命运已经无法摆脱技术，不论二者竞争结局如何，人类命运已经走向了技术化道路，人类的进化不再由内在于自身的身体技术塑造，而由外在的技术系统更迭决定，甚至更彻底地说，人类命运的掌控权不再隶属人类，脱离了人类本身。

---

① ［法］马塞尔·莫斯. 人类学与社会学五讲［M］. 林荣锦译. 桂林：广西师范大学出版社，2008：91.

第6章 社会化机器人的人文问题溯因

"人文偏差"一词通俗来讲指偏离了人文，尤其指有违人与社会的价值"集合"所导致的负面影响。社会化机器人引发人文偏差不是偶然现象，在审视这一新技术产物时，于根源处考量其诱发原因是极其必要的。这不仅关乎合理有效地运用技术和技术产物，同时在极大程度上，能够从更高层面把握技术的特性和负面性。通过批判性反思，人文偏差的成因包括四个维度：技术维度、主体维度、文化维度、社会维度。

6.1 技 术 维 度

现代高新技术已经不同于往日的传统技术，在传统视野下，技术作为人类的一部分，可以说是人类综合能力的外化显现，几乎不会对人造成负面影响；而如今技术以及技术产物呈现反作用于人的态势。社会化机器人这一高新技术物的影响与现代技术本身不可分离，其对人造成影响的原因在于技术维度下的创制性、阶段性和局限性三个层面。

6.1.1 技术"显化"的创制性

社会化机器人技术的"显化"模糊了生命的界限。社会化机器人在与人进行交互的过程中，让人误以为机器是如同人这种智慧生命形式一样的情感交互对象，这是人的认知局限造成的吗？显然，这不足以成为解释学意义上的证据。一般来说，生命体"天然"地具有生命特征，这是作为判断事物是否具有生命的依据。人类作为具有智慧的生命体，在与同类或某些其他生命体接触时会表现出某种显在或潜在的情感倾向[1]，即具有"生命形式"的实体会被人所认同，人也会

---

① Sullins J P. Robots，love，and sex：the ethics of building a love machine[J]. IEEE Transactions on Affective Computing，2012，3（4）：398-409.

对其形成相应的"生命形式"上的认知判断。人无论就其天然本性还是后天在社会中建构形成的认知体系，都会对具有生命特性的实体产生"亲近"。当经过现代高新技术精致地设计与包装而具有"类人化"特征的社会化机器人横空出世时，它足以使人认为其是一个情感交互对象。新兴前沿技术引发的这种"以假乱真"，才是造成这种"人-机"之间情感"误判"的原因，并不能简单地归咎于人的认知系统产生的错误判断。

　　基于上述内容，将社会化机器人作为具有生命的情感交互对象而使人产生"错觉"，至少目前似乎是难以避免的。进一步究其原因，社会化机器人这种技术在某种程度上具有"显化"为"人"的可能，因而"模糊"了生命的界限。这主要表现在以下几个方面：首先，从形态上看，社会化机器人在形态上已逐步逼近人的五官特征，从而使人具有与之"亲近"的倾向；其次，从行为方式看，社会化机器人在行为方式上已经逐步脱离了"机械化"方式，体现出类似生命体才具有的灵巧性；最后，从表达方式和思维方式看，社会化机器人在这方面对人的深度"模拟"，对人而言似乎是"意识"的显现，特别是人工智能情感系统的嵌入使其与人交互过程中展现出的社会化特征更加逼近于人。这都是技术对物"雕刻"的表现方式，整个"筹划"过程的完美与成功促成了社会化机器人的诞生。人在与这一"完美"的人工物"打交道"的过程中，逐渐适应了它这种内在（思维模拟）和外在（言语、行为、表情等）的综合性表达方式，因其高度的拟人性特征，"不知不觉"地将其作为"同类"对待，使人对这一新型情感交互对象产生虚假认识。

　　这一切表征，都是技术"谋制"的结果。技术的本质是"解蔽"①，而社会化机器人造成的"虚假"表象，在根本上是技术通过技术制品（社会化机器人）达成的显现，而这种"显现"在某种形式上是对技术本质的一种"遮蔽"，使人忽略了技术的"造"，而技术的"造"之本性是以"模仿"自然为前提的。不管是传统的朴素的技术人工物，还是当下基于前沿高新科技的技术人工物，技术的"自然性"都蕴含其中，毕竟技术制品的质料来源于自然，是自然"和合"的结果，制品本身也内含了自然的"合规律性"。当然，人生命的自然性特征更为显著，生物的构成以及生命的演化，都包含着更大的自然性。在这点上，人与技术制品具有一定的相似性，更进一步地说，技术暗含的"自然性"本质使其可以在

---

① ［德］海德格尔. 演讲与论文集[M]．孙周兴译. 北京：生活·读书·新知三联书店，2005：11.

某种程度上制造"技术生命",社会化机器人或许就是其表现样态。

6.1.2　技术发展的阶段性

人与社会化机器人在情感交互过程中,存在着某种"不对等",特别是在"反馈"方面。但是,将之简单归于社会化机器人不具有人的"同理心"是否合适?毕竟,如果将聚焦点放在社会化机器人的"无心之过"上,此处的很多讨论就缺乏必要了。在这里,应更多地从人与技术及其二者的关系上寻找原因。

任何技术在其发展过程中都存在局限性,无论哪一种技术,其本身就不是完备的或完美的,这是技术发展过程中的阶段性特征。陷入技术主义,盲目地认为"技术王国"如同一个完美"天堂"的观点,是极其错误的。技术人工物的进化依赖技术水平的提升,显然,现阶段的社会化机器人还远未达到理想化的状态。比如,它还不能给使用者反馈足够的情感,这与机器人技术系统发展的内在限制不无关系。社会化机器人可以看作是一个技术系统的"聚合"产物,它包含了多种技术单元的综合,且不同技术单元之间会相互制约。一旦这个技术系统内部存在技术"短板",且这块"短板"足够短,便会对这样一个"技术木桶"产生限制,由一整套技术系统构成的社会化机器人便很可能不会产生应有的效果。克斯廷·菲舍尔(Kerstin Fischer)等指出,人机交互是由机器人提供的反馈类型决定的,机器人的功能将直接影响交互的质量,机器人沟通能力的不足导致交互实效性低下。[①]这也就是说,机器人相关技术发展程度低会影响其功能的实现,进而难以满足与用户的对等性反馈。比如,社会化机器人在情感计算或环境识别技术上发展缓慢,就可能影响对人实际上的情感反馈。

6.1.3　技术自身的局限性

着眼于技术自身,"天花板"效应会导致技术本身的局限性。任何技术本身都可能存在一个"天花板",即在某个阶段某种技术达到"极限"。

很多时候,自然规律和科学定律规定了技术的边界。现代技术有其科学基础的支撑,同时科学基础也是支持技术发展的客观条件。社会化机器人相关技术,在其科学基础的边界没有"突破"时,不管研发者的研究怎么进行,人力、物力、

---

① Fischer K,Foth K,Rohlfing K,et al. Is talking to a simulated robot like talking to a child?[C]//IEEE International Conference on Development and Learning(ICDL). Frankfurt am main,Germany:IEEE,2011:1-6.

财力等资源如何投入，带来的结果只是损耗，而无法取得任何"收益"，此时该技术人工物总体上便处于停止进化的状态。

再如，一旦与社会化机器人相关的"背景技术"如人工智能等停滞不前，其相关技术系统也不可能有突破，只能停留在某一阶段而无法再升级或实现自身的"更新"。在这种意义上，社会化机器人也将面临"寒冬"，将保持一种极致完成状态下的"不完善"，且不可能实现与人在情感上的对等反馈。

6.2　主　体　维　度

在主体维度对人文偏差进行考量，其形成的原因呈现出较大的差异性。首先表现在受众主体层面，因其缺乏能动性而表现出较大的技术盲目性，从而难以审度地对待社会化机器人；其次是科研主体的价值理性失衡，在科研和设计过程中，主体的价值取向缺少人文性，因而造成了不可忽视的影响；最后是商业主体过于追求利润和利益，在商业生产中被功利性目的奴役，从而使社会化机器人在实际中较大程度上产生了负面的价值。

6.2.1　受众主体的能动性匮乏

人类缺乏审度地将自身"交付"于社会化机器人。人之所以担忧在"人-机"这一新型情感交互中会出现"不安全"的依恋关系，及其可能产生错误的情感认同，从"人-技"关系而言，在于人"进一步"地将自身"交付"于新兴前沿技术。这里要澄清的是，"交付"并不单一地表现为一种依赖性，同时也内含盲目性和被动性。在现实世界中，万物无不成为技术的载体，人也越来越为技术所"包裹"，在被技术裹挟的境况中，近乎所有人在几乎不被察觉的情况下以某种形式将自身"交付"给了技术。遗憾的是，人在把自己交付给技术的过程中，甚至在完成"交付"时，往往并没有完全获得看上去"熟知"技术的"真知"。也就是说，在通常情况下，人仅仅是认知到技术和技术制品，但缺乏对技术的全面审视，尤其是人文方面的审视。当然，这与技术对人的"突袭"不无关系。对于多数人来说，技术物进入人类世界和人类生活时，其"进场"往往是一种"突兀"的方式，人对此境况避无可避，几乎是不知不觉、毫无痛感甚至略带快意地被技术"裹挟"。在这种突然呈现的方式下，人难以而且几乎不可能形成任何即时的"筹谋"，此刻似乎唯一确定的仅仅是技术物对人的"解放"力量，而这正是技术悄然地接收人的"交付"过程。当人稍微"醒悟"过来，看上去可以对技术人工物进行审视的时候，人的环境已然完全被技术环境所"弥漫"。可见，人在面对新一代技术人工物时，在某种程度上以一种"习以为常"的方式接受它，这种接受揭示了人对技术大尺度的依赖性，从而出现了人对技术的"交付"而缺乏过多审度导致的风险。

6.2.2 科研主体的价值理性失衡

人与社会化机器人之间在情感上存在"不安全依恋"，正是新兴前沿技术发展状态下"人-技"这种"交付"关系的缩影。对于社会化机器人的设计者来说，在研发过程中将自身完全"交付"于技术，似乎可以达到"人-技"合一、浑然一体的状态，而这恰恰忽视了社会化机器人在应用中潜藏的负面价值。研发者对技术人工物人文审度的缺失，是技术理性至上的表现。英格•布林克（Ingar Brinck）等人对此提出批评，认为这是社会化机器人设计者缺失了正确设计原则和价值取向的表现，没有考虑使用者所承担的风险。[①]这种缺失忽略了社会化机器人这一技术产物不仅是技术的载体，更与人所关联的大系统产生"纠缠"，社会化机器人进入应用阶段后给人造成情感认同的不安全性，正是这种反向纠缠的体现。

其实，人们不仅在应用社会机器人的过程中会产生"交付"，在研发中同样如此。表面看，社会机器人的研发是完全按照人的要求而展开的，但是在具体的设计开发过程中，不得不"服从"某些机器特有的规律规则。比如，在设计开发社会化机器人的过程中不得不娴熟地"学会""运用""机器语言"，以实现真正的"人-机"交互。这样的结果就是，人们不得不越来越像社会化机器人一样"思考"。诚如皮埃罗•斯加鲁菲（Piero Scaruffi）所言："从某种意义上，人类正努力开发像人类一样思考的机器，而人类已经被机器同化得像机器一样思考。"[②]正因为人越来越像社会化机器人一样思考，将自身"交付"于它们又似乎显得那么地"自然而然"。

---

① Brinck I, Balkenius C. Mutual recognition in human-robot interaction: a deflationary account[J]. Philosophy & Technology, 2020, 33（1）: 53-70.

② ［美］皮埃罗•斯加鲁菲. 智能的本质：人工智能与机器人领域的 64 个大问题[M]. 任莉，张建宇译. 北京：人民邮电出版社，2017：122.

6.2.3　商业主体的功利性纵恣

现代高新技术作为强大生产力推动社会以更高速的趋势发展，同时，技术与资本联系愈发紧密，而研发机构或企业具有更大的独立性。因此，技术完全可能服从资本的逻辑法则以达到商业主体更大的利益追求，只要能够带来利益的技术都可以被转化为实际应用。社会化机器人通过一系列复杂聚集性技术的转化而成，无疑可以带来极其可观的利益。

有实际需求以及有利可图便可以带动生产链的运作，社会化机器人的类型较为多样，其中不乏存在引人敏感的类型，但同时这些类型也具有一定的市场，并可能以一个更为高昂的价格被特定群体购买。如前文所述，情侣机器人具有相当程度的需求，因而商业主体可以通过大幅提升价格实现利益追求，并且这主要是对于经济上精英阶层需求的满足，对于普通需要通过其达到治疗效果的人来说只能望而却步，这就造成了不公平现象。并且，如同儿童类情侣机器人的生产也可能经功利性的商业运作形成"黑色交易"，满足某些群体不正常的需求，从而构成一条黑色的"生产—交易"商业链。因此，就不能避免由此引发的伦理问题以及其对现实的人产生的危害。

就此来看，商业主体如果在从事社会化机器人的制造和生产过程中一味追求利益最大化而不考虑自身的社会责任和商业道德，不能为正确价值观所容忍的社会化机器人很有可能会被生产出来并在暗地进行售卖交易，这类交易对于大部分人而言是不透明的，而可能引发的现实生活中人的问题也可能呈现出不透明性。

6.3　文　化　维　度

自技术诞生，技术就和特定的文化背景相适应，并在这一背景中不断发展和演进，技术进步和应用落地推动着社会的发展和进步，在技术有力的推动作用的影响下，形成了与人文文化相对应的技术文化，标志着技术已经成为一种文化样态，文化中渗透了技术因素。不仅如此，技术的发展也受到文化的影响，二者互为制约，这也是影响所有技术发展和应用的关键性因素。

6.3.1　技术文化与人文文化的撕裂

科学知识社会学家迈克尔·马尔凯（Michael Mulkay）指出，"科学文化被认为是一套标准的社会规范形式和不受环境约束的知识形式。这些规范典型地被认为是一套明确地限定特定类型的社会行为的规则。在政治学研究领域它们被解释为要求科学家采用一种无私的、政治上中立的态度对待客观事实资料"①。这表明，科学文化从客观性出发，遵从价值中立的原则认识世界，以理性的态度"格物致知"，隔断一切非理性因素和外界条件对科学的影响。科学文化是一种"求真"的文化，通过对客观必然性的把握结合主观能动性的应用为人类创造丰富的物质基础。②技术文化同样继承了这一特性。因为技术在社会中展露出如此大的效益，带有实证性质，即技术实现了科学的实际应用功效。也就是说，技术文化是对科技理性的推崇，是追随实证性、精确性和实用性的一种文化。③特别是在市场经济的大环境下，技术逻辑与资本逻辑表现出某种内在一致性，技术与资本的紧密结合进一步扩张了技术文化。人文文化是立足于现实实践形成的对人的价值、意义、目标和使命的关怀性价值体系。就此而言，人文文化始终以人为标准，所有人类实践的落脚点和归宿都指向人。因此，技术文化体现的是技术/工具理性，表达的是工具价值观念，以"物"为尺度；人文文化体现的是价值理性，表达的是人文价值观念，以"人"为尺度。但是需要清楚的是，技术文化与人文文化作为文化的不同方面，在本质上是统一的、相辅相成的，对应于如今的技术化生存时代，古代可以视为自然化生存时代，古希腊哲学中，"逻各斯"和"努斯"是表示理性的内核性概念，前者大致是指规律、逻辑、智慧，后者是指心灵和精神上的自由等超越性的意义，也就是说，理性是真善美的统一。在古代中国，为人熟知的"天人合一"思想，显示出自然观、科学观与方法论的统一，如果按照西方的语境解读，"天人合一"思想中已经内嵌了科技理性与人文理性，是一体化的阐述，二者都是把握世界、认识世界、改造世界以及追求意义、实现价值、体验人生中不可缺少的部分。自近代以来，技术力量逐渐打破了技术文化与人文文化的统一，导致二者出现裂隙，技术始终向前发展，这也使得在如今的社会中，两种文化依然存在难以和解的矛盾，进一步导致了技术引发的社会、伦理风险。

对于社会化机器人这一应用型的技术物，在研发上往往遵循技术理性思维，即在理性主导的科学活动中探究和发掘科技价值，受理性思维方式支配，因而忽略了外界因素，进而言之，在工具理性为主的科技研发中，缺少了人文文化的调

① ［英］迈克尔·马尔凯. 科学与知识社会学［M］. 林聚任，等译. 北京：东方出版社，2001：145.

② 牛绍娜. 推动科技理性与价值理性的平衡［N］. 中国社会科学报，2020-09-08（4）.

③ 李春霞，翟利峰. 哲学视角下科技风险探析［J］. 理论探讨，2012（6）：73-75.

和，在某种程度上是对人文文化的"屏蔽"。比如达纳赫在谈到社会化机器人的应用时，认为其本身没有任何负面因素能影响人，而只取决于使用者如何使用以及社会上存在的问题导致机器人出现负面影响。很显然，这是一种基于工具理性的观点，从深处剖析，这等同于将技术（物）价值与人文价值割裂开来，认为技术无关人文。再如有诸多言论认为社会化机器人会取代人类或替代人与人之间的关系，因此拒绝其应用。这是一种价值理性的体现，诚然人类的地位以及人与人之间的意义关系才是人们基本的价值诉求，但是也不能因此否定社会化机器人对于人类的积极价值因素。这呈现的正是技术文化与人文文化之间存在的无法连通的断裂性"沟壑"，实际上，这体现的是两种文化的相互不理解，研发社会化机器人只是科学层面的任务，至于应不应该用、怎么用，或者使用中出现了某些问题，与科学技术本身无关，因此这就容易导致社会化机器人的应用出现一系列价值问题和伦理影响。在现实生活中，技术文化和人文文化的撕裂也有很大的体现，人们更多地追求技术带来的丰硕成果，技术在一定程度上可以为人们创造更优厚的生活条件，能满足人的精确性和实用性需要，比如，买一台扫地机器人，人们看重的是它能清洁环境卫生；买一台陪护机器人可以解决照看老人和儿童的问题；买一台情侣机器人能够满足人的生理需求。因为它们可以带来最直接的实用效益，当人们有这样的思维时，恰恰表明人们进入了技术文化语境，用工具理性的思维方式来生活，从而也往往无暇顾及在使用中对自身的影响，比如自身的物化或能力的退化等。这也表明，技术文化作为一种有形化、显性化、短效化的文化更容易使人关注，人文文化作为一种无形化、隐性化、长效化的文化不易使人关注。①以技术理性和技术逻辑为主导的技术文化无形地渗透进人的日常生活和社会的各个方面，人文文化日渐式微。因此技术文化和人文文化在技术高速发展时期很容易无法融通，再者，人是物质性和精神性相统一的，人发明以及应用技术是物质性的体现，人追求自身的存在价值和意义是精神性的体现，从某种层面来说，技术文化与人文文化的断裂，也是人类物质文化与精神文化的断裂，断裂的结果就是两种文化的对立，两种文化无法调和进一步使社会化机器人引发诸多风险。

6.3.2 技术发展的文化环境影响

任何一项具体技术的发展都绕不开特定文化环境的作用。文化环境是一个广

---

① 林德宏. 人的本质、生存方式与科技文化、人文文化[J]. 南京中医药大学学报（社会科学版），2018，19（3）：141-145.

义指称，其中包含长期性历史发展过程形成的相应的价值观念，以及在特定时期人们所具备的文化素养，另外文化制度也是文化环境的有机构成要素。技术在某种意义上具有社会性，其形成、发展、应用都是在人类社会中实现的，作为社会环境的基本样态，文化环境是技术在社会中发展不可避免需要考虑的，技术发展顺利与否以及技术发展的程度几何在很大程度上往往由文化环境决定。

社会化机器人是一种具体的技术产物，在多个国家都有专门的研究和应用。不同国家的文化观念表现出显著差异，观念上的差异会使社会化机器人走向不同的发展方向，因而也会呈现出应用不足或应用过度以及有效应用或应用异化的情况，由此可能造成相应的风险问题。也就是说，文化观念的影响可能使社会化机器人在具体发展过程中产生不利因素。在此之前，先来考察古代文化观念对技术发展的影响。古代中国的文化观念主要表现为重"人"轻"物"，这可以理解为重视人对技术的掌握，技术的熟练程度通常体现在人在实际操作中的技巧与经验上，因此很少借助工具等器物，换言之，通过自身能力来完成某些技术活动或者解决复杂艰深的技术难题才是人的追求。另外，古代中国文化观念对待技术和知识是一种形而上的态度，即通过领会和体悟来把握技术，因此在具体脉络的掌握上存在不足，也难以推动现代技术的发明和创造。但同时不可忽视的是，中国文化观念具有很强的包容性，基于对差异的认识来发展科技，使技术在中国落地生根。西方文化观念中具有较强的对象化特征和功利主义特性，对象化思维意味着以理性对事物"抽丝剥茧"，功利主义体现了世俗内容，即宗教的支持给予了人们对某种追求的合理性。比如在 17 世纪英国的清教运动，提倡发展科技造福人类，因此在宗教主导下产生了一种功利性、经验性的文化观念，这是宗教统治和世俗需要的结合，为大力发展技术奠定了基础，而恰恰是宗教意义上的支撑作用，追求个人利益的行为在道德上得到了肯定，这也与资本主义发展的需要不谋而合，从而为技术的发展提供了更加充分的条件。

如今，整个人类社会几乎都进入了科技时代，不同文化观念都浸润了西方文化观念，这就表明技术发展势不可挡？并非如此。因为不同文化始终保持着自身的文化观念之基，这说明对待任何技术都会有自身的文化观念进行判断，接受或者拒绝技术。对于社会化机器人，它参与到人与人的关系当中，功利主义主导下的文化观念可能会大力支持其研发应用，一方面可以为资本集团带来巨大的实际利益，另一方面也可以实现个人更大程度的自由。文化观念层面可能对此表现出开放的态度，进而使社会化机器人更快地投入应用，席卷人的生活，但是这也可能导致相当大程度的负面后果，这是因为过早投入时，技术发展尚不成熟而存在一些风险和漏洞，导致在使用过程中出现安全隐患或人文问题。对于另外的文化观念，则不一定会任由社会化机器人肆意发展和应用。比如，中国文化观念中崇尚人伦，重视人与人之间的关系，对于人机关系可能不会接受，当然也不会那么绝对，因为中国文化观念中也有"中庸"之道，即使接受也会考虑到尺度的要求，因为有尺度的要求，必然会施加反向的作用力，在一定程度上会制约社会化机器人相关技术实现其功能性目标，间接地延缓了相关技术的发展。当然，通过粗略的划分具有一定程度的片面性，毕竟不同文化观念也有其多样性，即使对于某一个国家，其内部也交织着由不同文化观念衍生而来的看待社会化机器人的不同立场，即使在一个文化内部，也有对立性的存在，激进派主张发展社会化机器人来利于人，保守派也从关怀人的角度拒绝或在一定程度上发展社会化机器人，比如对于情侣机器人，激进派主张其治疗效果，而女性主义者呼吁一种尊重女性的文化观念，因而在同一国度，个体或群体之间文化观念的不同，也影响着社会化机器人的发展，这也造成社会化机器人不能够全面地合理应用，引起了一定的人文问题。

再者，文化制度也会影响技术的发展。文化制度是在历史传承、文化传统和社会发展中不断演化而来的规范性制度体系，是文化思想在制度上的体现，表现出内在的精神意蕴在整体上发挥的引领作用。文化制度是国家制度的重要组成部分，涵盖了包括科技领域在内的多个层面，因此，文化制度在总体上决定了技术的引进、交流、创新和发展。在很长的一段历史时期，中国的文化制度与传统文化捆绑在一起，文化制度表现出较为严重的保守性，对外来技术有很强的排斥心理，对科学技术形成了文化制度上的轻视，未能形成关于技术发展的体系化架构，技术发明和技术创新也难以实现。由此来看，文化制度确实是影响技术发展的重要因素。西方资本主义国家的文化制度在很大程度上以"法的精神"来构建行动纲领，以法律赋予其合理性，理性为自然、为人立法，也指导人进行现实生产生活，对于技术来说也是如此。比如产权制度的建立明确了权利、责任、利益的关系，划分了资源配置和收入分配的标准，能保证人享有在技术发明创新中产生的丰厚利润，也就是说，西方通过"理性"构建的文化制度在一定程度上可以刺激人们进行技术发明创新，这是影响技术发展的一个积极因素，但依然存在很大的片面性，在某种后果上不利于人，也不利于技术的发展。

对于社会化机器人，其发展也在不同程度上受到文化制度的影响。对于如何看待和发展社会化机器人，国家会在文化制度层面进行考量来给予技术一个发展的方向。倘若在全盘考量的基础上拒绝其发展，如文化制度体现出了对这一技术物很大的排斥性，这将消磨社会化机器人研发创新的主动性和积极性，因为文化制度推动社会化机器人创新进步意味着人们能够接受研发失败的风险，若文化制度对此是排斥的，也就在顶层设计上缺少了承担风险的意识，研发上可能形成畏惧风险和畏惧失败的情况，从这种意义上来说，如果文化制度未能发挥引导研发者接受技术研发风险的作用，那么社会化机器人的发展便存在停滞的可能。另外，文化制度在具体层面还表现出组织协调作用，但对于社会化机器人这一新兴技术物，很难形成系统的文化制度来协调其发展，因为其发展创新必须依赖于制度的支撑，需要在文化制度层面确立一个规范性的框架和原则，其中涉及各个复杂的机构，而实际上严密的组织机构及其关系很难协调好，比如说，社会化机器人的研究不可能局限于某个人以及某个学科的研究，而是需要多个机构共同促成，这可能使文化制度的力量表现得并不显著。更为重要的是，社会化机器人的发展与人才引进、人才培养、知识体量的丰富度有密切关系，而文化制度正是对此的保障，狭义地说是对优秀人才的重视。但是，倘若文化制度不能提供这种保障或者能提供的保障微乎其微，社会化机器人相关的拔尖人才也难以培养起来，国外权威专家也无法入驻所在国的实验室，表现在最基础的层面就是后备力量的不完备、不充分，这可能会使社会化机器人的进步过程形成不可连续的断裂层。概而言之，文化制度是影响社会化机器人发展的重要因素，若文化制度的精神力量未能显露，很可能会使社会化机器人的发展产生停滞，与此对立的是，文化制度上一味地推崇社会化机器人的发展而缺少细致的把握分析，在具体层面便会出现漏洞，也会在应用时产生相应的人文风险。

最后，文化素养同样会影响社会化机器人的发展，人文问题的出现也与文化素养程度有密切的关系。文化素养可以视为对文化相互影响的理解和反应所表现出来的文化内容。推而广之，是对由自然、社会、人以及人际关系等引起的种种现象的理解和反应。因此可以发现，文化素养在个体层面具有一定的差异性，因为文化素养形成于特定的文化环境，受多种因素影响。差异性的存在使人们对待事物和生活现象有不同的文化反应。社会的进步和技术的进步也伴随着文化的进步，最直接的表现是文化群体呈现持续递增的趋势，也分化出不同的专业领域。这意味着，人们通常以一种特定的视角去看待事物，对于社会化机器人的观点也受不同专一性视角的局限。比如科研群体，他们受科技文化的影响，理解、判断和评价社会化机器人受限于科学思维；经济学家可能以一种经济思维去衡量社会化机器人带来的经济价值；普通大众可能凭借实际作用和后果来看待社会化机器人；等等。因此社会化机器人的应用也会在不同评价中受到影响。普通大众的文化素养在专业性上可能并不是很高，因此对社会化机器人的认识就缺乏充分的清晰度，这在很大方面是由于知识背景上的差异，也与自身的文化程度有一定关联，因为文化程度有限的情况下很难对这一复杂技术物形成初步认识的中肯的评价，无法形成技术价值层面上的正确认识，比如社会化机器人由哪些技术模块构成，技术模块的功用有哪些，技术风险的表现，等等。因专业性的局限，对风险的判断也可能"人云亦云"，有可能出于自身的文化"局限"扩大风险效应而阻碍社会化机器人的发展，也可能由于文化认识不到位无法形成合理性的判断，形成了预期的"完美"与实际的"不完美"对比，进而形成一种大众的"文化舆论"使社会化机器人发展减缓。受人文社科文化滋养的群体，人文素养比较浓厚，但人文素养不等同文化素养，因此关于社会化机器人的观点可能过于人文而缺乏科学素养，可能过度夸大社会化机器人的负面效应，在一定程度上抑制社会化机器人的发展。经济师则会从交换价值层面思考其经济效益，更关注社会化机器人能够为商业带来多大的经济利润，而往往会忽视实际中的技术应用风险，造成研判上的"失误"，技术风险的发生也难以预料，当问题出现之后，则会形成纠缠性和循环性的舆论，进一步加剧了人文问题。在这种情况下，人文问题的出现看似是由社会化机器人相关技术风险引起的，而实际上是由文化素养的不系统所产生的，也与文化素养的缺失有较大关联，因此在社会化机器人发展过程中，文化素养的不在场不仅影响其发展，也会导致其现实应用中的消极性问题。

6.4　社 会 维 度

从社会维度看，社会化机器人造成人文偏差的原因是多元的，首先是伦理规范的滞后，无法使这项新技术产物得到严格的审查检验；其次是技术法规的不完备，对技术的规范未上升到法律意义，存在潜在的漏洞，未实现对该技术产物功能和属性的有力规定；最后是人对技术的反向制约，造成了人对技术不可接受的情况，影响了合理、合价值的技术应用。

6.4.1 伦理规范的滞后性

伦理规范对于新兴技术物的规制极为重要，而一旦伦理规范"不在场"或者"迟到"将会引起技术产品应用的种种问题。

新兴技术人工物的推出往往存在伦理监管和审查不严格的现象，这必将对技术使用者造成负面影响。譬如，微软公司推出的聊天机器人 Tay，在与用户互动过程出现种族主义言论而被迫下线。可见，在新技术制品推出之前，进行严格的伦理评估并非可有可无的事情，这也反映了当前相关的高新技术伦理规制体系依旧存在漏洞，而这一漏洞存在的可怕后果就是导致后期技术制品的使用势必存在严重的伦理风险。

当然，其中可能存在人为因素。重要的是，伦理规范可能表现出滞后的特征，即现有的伦理规范不能满足对社会化机器人相关问题的伦理规约，由此可能导致规范时效性的缺失，从而使其成为伦理上合理性的代表。社会化机器人可能由于伦理规范的滞后而不能得到有效的可控性，那么很可能导致实际应用中难以控制的人文问题。比如机器人索菲亚在某种程度上已经显示出人机交互过程中让人不放心的一面。

另外，近些年来，许多人工智能和机器人产品不断涌现，如阿尔法狗，其轰动全球的事件莫过于"人机围棋大战"，自此有不少国家或机构对人工智能和机器人的相关伦理问题保持高度的关注，也随之公布了相应的草案、报告、声明和准则等，如联合国、欧盟、英国、中国以及某些科技公司等，在学界，关于人工智能和机器人伦理问题的学术会议也纷纷召开。但尽管如此，有关机器人的伦理规范依然有所欠缺。国内学者徐锐在《论我国人工智能的伦理规范建设》一文中较为系统地考察了各国发布的机器人伦理规范，通过作者阐述可以发现，在国际上不同国家的规范各有其侧重点，尚未形成统一。①伦理规范构建的不足大致可分为以下方面。

第一，伦理规范建设的缺失。一方面，一些国家因为机器人科技水平的发展局限性，使得社会化机器人的研发和应用不能"落地"，因而社会化机器人引发的人文问题可能属于潜在风险，还未引起人文问题的事实，这就使得一些国家未作出前瞻性的伦理规范，从而在一定程度上为日后的"落地"埋下了隐患。另一方面，一些国家对机器人伦理规范建设的重视程度不够，比如美国，其注重点在

---

① 徐锐. 论我国人工智能的伦理规范建设[J]. 岭南学刊，2019（1）：111-117.

于发展机器人产业，力图以利益攸关方之间的协商机制，使伦理规范制定权归属于各科技企业，通过自律达到规避风险的效果，换言之，这只是注重主观的道德自律而不注重客观上的伦理制约。所以在这一模式下，伦理规范的极度不完善也是引发人文问题的诱因。

第二，构建伦理规范的主体单一化。现实地看，在主体层面，构建机器人伦理规范的主体往往显得单一，大多都是从事科学研究和技术研发的人员，很少涉及哲学家、伦理学家等社会科学的专业人员，虽然倡导不同领域的专家互相交流和合作，但在实际层面还是有所欠缺，这不利于机器人伦理规范的系统构建，伦理规范之缺失也成为既定事实。

第三，伦理规范的政策性研究不足。在国内，机器人也存在行业标准滞后和缺失的问题，大多是通过科研主体自身的伦理自觉形成自我规范来解决设计的伦理问题，也缺少伦理规范的政策性研究。①当然，不仅限于国内，从全球性的视角看社会化机器人的发展趋势，在设计、研发和创造整个过程中需要遵循的伦理规范还非常不完善。比如，科研主体在设计社会化机器人时要导入相应的算法、构建功能，这是与伦理相关的，但实际上设计过程中需遵循的伦理并未完全得到重视，这类例子不胜枚举。

第四，伦理认识不足及伦理情境与规范的不匹配。对于社会化机器人这一具有多学科和跨学科交叉特点的领域，其实际技术的发展处于动态更新的趋势，其发展的具体信息对于多数人来说也是封闭的，普通公众甚至不同背景下的科研人员也难以充分认识社会化机器人内在的运行机理，国内外不仅对社会化机器人相关的重要人文问题缺少充分认识，在关键问题上也存在很大的争议，这可能使伦理规范的制定停滞。并且，即使对社会化机器人引起的人文问题有了解决方案，但一个伦理规范的制定需要相对长期的时间，因此在构建过程中存在"滞后效应"，即伦理规范相对慢于技术发展和人文问题的产生。进而言之，由于现在人们生活的环境比较多元化和复杂化，当面临不同的伦理情境时，既定的伦理规范可能无法有效发挥规约作用。②

第五，由理论派别引起的争议导致规范制定的"悬搁"。在学理研究上，业已形成诸多的科技伦理思想，具体到社会化机器人的人文问题而言，诸多学者审视问题的视角也大相径庭，大体上分为乐观的激进主义、消极的保守主义以及介

---

① 徐锐. 论我国人工智能的伦理规范建设[J]. 岭南学刊, 2019（1）: 111-117.

② 王东, 张振. 人工智能伦理风险的镜像、透视及其规避[J]. 伦理学研究, 2021（1）: 109-115.

于中间的中立主义，对于是否能形成良好的伦理规范和怎样进行规范的问题，也尚未形成一致的态度，这将使必要的伦理规范处于"空白"状态。比如说是否赋予社会化机器人以法律层面的人格？机器能否拥有"机格"？或者如何判定社会化机器人是否具有道德主体地位？在这种情况下需要一定的前置性条件（譬如具备意识、自主性等）才可作出评价和相应的伦理规范，但往往这种评价标准也具有极大的争议性，现阶段依然处于悬而未决的状态，而无论是从机器人伦理还是机器伦理的视角作出伦理规范，由于前置性问题未能解决，实际上的伦理争论和矛盾会不断出现，对共识性的追求和不同主张之间形成的矛盾也使社会化机器人规范的构建无法系统形成，这亦是引发人文问题的频发因素。

质言之，伦理规范的形成程度与人文问题的出现频率大致呈现出负相关关系，即伦理规范越完善，出现人文问题的频率越低，反之则越高，而由于现阶段不同国家的技术水平存在差异、国内外关于社会化机器人的伦理争议不一致、不同国家的重视程度和作出的规范标准不同、设计过程中的规范不完善、伦理规范制定主体的单一等因素，整体上关于社会化机器人的伦理规范还有很大缺失，这也会引起一系列的人文问题。

6.4.2 技术法规的不完备性

一般而言，技术法规指关于技术产品技术性问题的规定性文件或法律规范体系[①]，在某种程度上具有强制执行的含义。也就是说，技术标准通过技术法规制度获得了强制性。技术法规可包括产品特性或相应工艺和生产方法等技术要求以及适用的管理规定两部分内容。[②]所以技术物的制造和生产应当遵循法定标准，包括技术物的技术特征、制造手段和制造方法都有明确规定。

技术法规是技术产品研发主体必须遵守的准则，而技术法规往往以产品安全法规为重，因为几乎所有人都是产品的使用者，产品安全法规的健全与否关乎着产品是否安全的问题，也涉及人的生命安全保障问题。技术法规中强调安全性是为了确保技术产品的安全，旨在为公共政策目标服务。然而，现实中技术法规似乎并不完备和系统。譬如，欧盟委员会在《建立对以人为本的人工智能的信任》中明确了智能产品的技术安全法规，即一切有关人工智能系统的设计需要"打造"

---

① 杨凯. 技术法规的基本观念反思[J]. 北方法学，2014（4）：98-107.
② 程志军，李小阳. 技术法规和标准概述[J]. 工程建设标准化，2015（1）：60-63，67.

安全机制，以在整个环节中保证产品的安全性，使相关主体的人身安全不受损害。①但是问题在于，此安全法规的多数内容是在人工智能和机器人技术出现之前制定的，也就是说，该项安全法规并不适配于智能机器人设计中需要遵循的安全规定。按照现有规定，技术产品的使用范围可以分为预期和可预见两个维度，预期维度是指具体的用途计划和范围，可预见维度包括可预见用途和合理可预见的误用。换言之，设计社会化机器人的时候需要全面的预见，而实际上某些产品安全法规还没有涉及产品设计中出现人为操作不当问题引起的风险。再者，现阶段对技术标准的认知多停留在科学或社会学规范上。②技术标准在法律层面的界定尚未形成统一性标准，因此技术标准并未转化为法规或者转化不够系统。这类规范性意义上的技术标准会使其法律规定性和效力丧失集中性，而在标准制定过程中，制定权由法律系统赋予下级机构，这显然会导致一些"后遗症"。概言之，当前存在技术法规不完备的现状，而正是由于缺少了强制性，许多应用上的问题才会显露。

此外，在测试阶段往往需要保持数据的精确度和关联性以使社会化机器人可以遵循指令行动，但是在某些法规中并未关注到由无关数据和错误数据造成的安全问题，因此可以说技术法规中的安全性条件并不能完全实现，也无法解决其中的安全问题。另外，设计社会化机器人时必然要"植入"算法，而在许多国家或地区的安全法规内，比如欧盟，对算法不透明引起的风险尚未解决，除了算法，设计社会化机器人也需要"装载"软件，软件有集成化的特点，这也使安全法规疏忽了对单独软件作出规定性要求。再者，现在的技术法规对产品安全性的要求还有一定局限，现在对产品安全性的要求许多聚焦在身体安全上，这是与设计社会化机器人需要遵循的法规不相匹配的，因为其类人化的特征与人交互时会在一定程度上使人产生心理和精神上的损害，而这还没有完全纳入技术法规的框架中。

如同维克·格劳特（Vic Grout）所指出的，对于新兴技术，适当的立法总是落后于技术带来的变化，新兴技术通常在同等程度上被使用甚至滥用，而且很可能会继续被使用和滥用，在实践中，几乎没有什么能阻止情侣机器人以小巧的外形来反映特定的样式或种族。③这就是说，情侣机器人应当满足的技术标准可能

---

① 赛迪译从. 人工智能、物联网、机器人技术对安全和责任框架的影响[N]. 中国计算机报, 2020-08-31 (14).
② 张圆. 论技术标准的法律效力——以《立法法》的法规范体系为参照[J]. 中国科技论坛, 2018 (12): 114-119.
③ Grout V. Robot sex：ethics and morality[J]. Lovotics，2015（1）：1-3.

会由于缺少法律规定性而无法达到，比如情侣机器人作为技术产品的属性不应该与特定文化种族冲突，所以技术法规的缺失也可能造成技术和技术产品的滥用。另外，诸如反情侣机器人的运动也可以得到解释，女权主义者认为情侣机器人的应用会对女性以及儿童产生负面影响。这也与相关技术法规的缺失和不完备有关，因为技术法规并未对产品属性和功能以及产品的适用范围进行严格规定，因而也成为造成问题的"罪魁祸首"之一。

6.4.3　社会因素对技术的反向制约

"社会-技术"系统在一定程度上会形成相互制约的关系，这也给技术的发展和应用带来了一定的局限性。技术在发展过程中会对人进行某种"规制"，人也会构建一定的举措反制这种"规制"，对技术进行限定和约束，也就是说，任何技术发展同其所处社会环境中与人相关的系列因素是相互制约的。[①]

回到社会化机器人这里，它在使用初期与人的情感认同期望相去甚远，还表现出一定的负面影响，从而使技术保守主义者放弃对它的使用甚至通过某种方式拒绝此类技术。譬如，人可能因为与机器人之间的互动质量低、真实性不高等，认为其在设计上或技术上不能很好地模拟人类而不乐意接受人机交互。[②]也就是说，技术的"阶段性限制"造成了人机交互不对等的境况，进而产生对人情感的"伤害"，使人拒绝使用这类技术人工物。

再如，"算法问题"也可能导致人对社会化机器人的拒斥。一旦出现"缺乏道德"的算法，机器可能表现出对特定群体的偏见和歧视，从而影响人的情感认同，而这种认同甚至可能从不对等扩大到对人的"攻击"或者"伤害"。可以说，社会化机器人对人的影响导致了人对社会化机器人的拒斥，这种拒斥又在一定程度上阻碍了社会化机器人的进一步发展。这种阻碍的结果，在这里就表现为社会化机器人与人的关系依然停留在人的反馈大于机器人的反馈中，从而继续保持情感认同上的不对等。

同时，社会化机器人作为高新技术产物，其市场价格可能呈现一个较高的态势，然而并不是所有人都有条件去承担昂贵的价格，且技术的发展会使其获得更多的功用。因此，定价上就可能使得原本需要的群体而无法获得使用的可能，这

---

① 易显飞，王广赞. 认知增强的风险及其治理[J]. 自然辩证法研究，2019，35（3）：113-118.
② Musial M. Enchanting Robots: Intimacy, Magic, and Technology[M]. Cham: Palgrave Macmillan, 2019: 46.

在某种程度上会引起一定的社会舆论效应，从而对社会化机器人的应用和正常发展产生一定的阻碍。并且，如果惠及量呈现比较低下的趋势，也意味着生产商的制造量可能大于售出量而造成囤积效应，没有利润甚至还引发亏损，这可能会进一步阻碍社会化机器人的发展和应用。

第 7 章　社会化机器人的伦理治理

通常认为，评价社会对人重视程度的关键是能否做到以人为本，这不仅体现在制度上，也体现在治理体系上，即能否解决人们的实际问题或者是能否实现对人们各方面的保障，也就是说，解决问题和实现保障是统一的。就社会化机器人所引发的人文问题而言，虽然在某种程度上是由技术引起的，但人们确实受到了较多的影响，如何提供必需的保障以解决人文问题也需要在伦理治理层面进行思考。

7.1　伦理治理"何以可能"

在探究伦理治理之前，首先需要考量治理的可能性，也就是说，对任意技术或技术人工物造成的技术风险和伦理问题的治理都不是模糊性的或毫无章法的，治理的实现必然有来自实践而形成的理论依据，也为社会化机器人的伦理治理提供了现实可能。在此之前，需要阐明什么是"伦理治理"，本书的思路是，通过对不同治理模式，如较为常见的技术治理、数据治理、社会治理等进行综合分析，从而"扬弃式"地廓清伦理治理的概念及意蕴。

在技术哲学讨论的话语体系中，技术治理是备受关注的热点。何为技术治理？它包含四层意蕴[①]：其一，将技术作为治理对象，针对技术本身进行治理，注重顶层设计和制度保障以达到预防和管控风险的目的，被治理的技术大都是具有较多风险的技术，如人工智能技术、基因编辑技术、脑机接口技术等；其二，技术作为治理的手段，在政府层面依托各种现代技术参与公共治理来治理社会、维护社会秩序，具有较高的治理效能和效率，如数据治理就是一种技术治理的手段，包括网上会议、现代支付（指纹、人脸识别等）；其三，作为治理机制的治理，即自上而下的治理技术化、技术与治理机制融合推动治理创新；其四，治理

---

① 颜昌武，杨郑媛. 什么是技术治理？[J]. 广西师范大学学报（哲学社会科学版），2020，56（2）：11-22.

理念的技术化，也可称为技治主义（technocracy），其核心是技术理性的张扬，主张"科学管理"和"专家统治"，在一定程度上属于技术激进主义在现代社会治理观念层面的体现。

因此不管是哪种意义上的技术治理，都凸显出其中的内在一致性——工具理性的特征。所以技术治理往往有其内在限度和风险，无论是作为手段的技术治理还是以技术本身为对象的技术治理，都难以规避技术内部"爆发"的风险，而且工具理性还会加剧技术治理当中的治理问题，出现技术问题难以治理的现象。另外也可以察觉到，技治主义的治理方式在权利上过于集中，在某种程度上有些"不切实际"，所谓"专家治国"并非一种实现技术治理的理想方式，因为治理是一个大的概念，对于技术治理也是如此，必然需要从整体上全面把握而不是依据科技理性实现治理的有效性。

当前的社会治理模式与技术的关系越来越紧密以至于技术渗透进治理模式的任意环节，尤其是智能科技领域的突破在某种程度上实现了智能化治理。因此有学者称，社会治理的范式实现了从"治理技术"向"技术治理"的范式转换。① 换言之，传统上唯一的治理主体是人，但现代技术作为参与者而不是手段进入了治理体系，治理是人与技术的联合治理。在当前科技纷涌的时代，具体技术遍布每一个细密的空间，技术理性也深藏于人的观念之中，文化、文明等人文理念在技术治理中日渐式微，因此与其说是转向技术治理，不如说更迫切地需要转向更优的治理。

基于此，需要提出伦理治理的治理模式，当然，伦理治理并不是将技术治理排除在外，而是包含在其中，因为即使是技术治理其目的最终也指向人的生存生活，但是要避免在治理上全然地"唯技术"，要保持治理过程中的良性张力，应当以伦理治理为主，而不是站在技术和技术理性的角度说话，因为伦理治理更突出立足于人这一核心点，向四周展开"辐射式"治理，这既是对当前治理上偏工具理性的扶正，也更有利于在治理中添加人文关怀。因此可以说，伦理治理将关乎人文的整体性、集合性理念贯彻到治理当中，将物质领域和精神领域的文化资源"嵌入"到治理体系中的各个部分，更直白地说，技术时代的治理应将有关人文理念的"芬芳"散布在治理的各个环节，包括技术本身、技术环境、技术主体（近乎所有人）等。

---

① 颜昌武，杨郑媛. 什么是技术治理？[J]. 广西师范大学学报（哲学社会科学版），2020，56（2）：11-22.

7.1.1 技术的社会建构支撑伦理治理

技术的社会建构论是受社会建构论的影响发展而来的，社会建构论作为一种研究方式，针对科学知识社会学（SSK）进行研究，代表学派为 20 世纪 70 年代英国的爱丁堡学派。社会建构论又称为社会建构主义，它在一定程度上根源于西方传统认识论中"经验论"与"唯理论"之间的争论——人类如何获得对外界的普遍必然性的知识，其思想渊源则可追溯到维特根斯坦的后期哲学以及迪尔凯姆、舍勒和曼海姆的知识社会学，尤其受皮亚杰从心理学角度所创立的建构主义认识论学说影响。①皮亚杰认为，知识离不开主体与客体之间相互作用的活动，这种活动的建构作用是知识之源。也就是说，"认识既不是由客体（经验论），也不是由主体（先天论）预先决定的，而是逐渐建造的结果"②。人们对世界上一切事物的认识是通过对自身的理解进行建构得来的，那么可以说，在知识的获得过程中，认识主体与认识客体不可分离，脱离任一范畴知识就无存在之基础，认识也就无从谈起了。毕竟，知识是人类活动形成的产物，这与特定的社会情境相关联，是人的社会建构的结果。因此在知识的生产过程中，表征与社会建构相结合，主体与客体相关联，自然因素与社会因素相协调。从这种意义而言，知识并非对抽象实在的重现，而是一种"获取应对现实的行动习惯的某种东西"③。对于"建构"一词的解析来说，它有构造、制作、制造、塑造等含义，这显然与主体行为和主体活动相关，更确切地来说，社会建构中蕴含了主体的主观目的和意志，也揭示出客体能够为人所改变和改进的事实。就此而言，"一切社会存在物都是人类建构的，是社会构造物，具有社会属性……社会建构是人类认识事物和解释事物的一项重要活动"④。不仅如此，社会建构论还有本体论和方法论上的渊源。本体论的渊源与黑格尔的哲学思想有很大关联，在他看来，认识作为思想的一种形式，是主体和客体的统一，"绝对精神"推动主、客体对立面之间矛盾运动进而实现主、客统一，瓦解矛盾，因此运动过程即为知识和真理。⑤因而可以照此逻辑合理推出科学活动实为物质性的实践活动。在认识论渊源上，社会建构论受到了皮尔士的影响，他认为知识并非由命题所构成的静止体系，恰恰相反，

---

① 王建设. 社会建构论思想探源[J]. 河南师范大学学报（哲学社会科学版），2014，41（4）：88-91.
② 李其维. 破解"智慧胚胎学"之谜——皮亚杰的发生认识论[M]. 武汉：湖北教育出版社，1999：132.
③ Rorty R. Objectivity，Relativism，and Truth[M]. Cambridge：Cambridge University Press，1991：1.
④ 林聚任. 社会建构论的兴起与社会理论重建[J]. 天津社会科学，2015（5）：58-63，90.
⑤ 王华平，盛晓明. 社会建构论的三个思想渊源[J]. 科学学研究，2005（5）：592-596.

知识是一个动态探究过程，主体通过推理机制使自身可以运用认知系统来制定规则，认识世界，进而创造知识。[①]由此说来，知识并不是某种实在，而是通过人类自身所构建的动态体系。

值得一说的是，爱丁堡学派提出了知识社会学的"强纲领"，由四个基本信念构成：因果性、公正性、对称性、反身性。因果性是指依照因果关系探究知识的社会性和非社会性由来；公正性是相较于人对知识的基本态度而言的，即不以知识的"真假"形成偏向，始终以公正的态度为准；对称性是指以同一原因类型来阐释真实和虚假的信念[②]，换言之，科学知识的准确的原因不在于自然归因，而在于以其他原因来解释其不准确性，即对科学知识的不准确性的社会归因；反身性是指某一理论的说明模式需要与自身契合。"强纲领"表明，人类世界的一切知识，无论是自然科学知识，抑或社会科学知识，都是在具体的社会情境中建构的，并为社会所决定，受各种社会因素所影响。

受建构主义思潮影响，20 世纪 80 年代欧美的一些技术哲学家将社会建构论的思想引入到技术哲学中来。倡导者有特雷弗·平齐（Trevor Pinch）、维贝·比克（Wiebe Bijker）、唐纳德·麦肯齐（Donald MacKenzie）、迈克尔·马尔凯（Michael Mulkay）和拉图尔等。技术的社会建构论认为技术的发展并不是由其自身内在逻辑主导的，反而是社会因素、社会条件催生出的产物。这也表明技术的现实化不是它自身选择的结果，而是技术"被选择"，也就是说，技术获得了某种认同使其可以在社会中展开，而这个展开过程同样也是社会塑造技术的过程，其中涉及诸多社会因素：政治、经济、文化等。技术的社会建构论通常分为强弱两种，强观点认为技术发展完全由社会因素决定，其自身无任何发展逻辑，技术自身对技术的性质、力量和效用没有影响；弱观点认为技术发展不是百分百受社会因素影响的，即使诸多社会因素确实会影响技术的产生和发展，同时也承认技术发展有自身的发展逻辑。无论是哪种社会建构论，其实都指明了一个考量技术的方向，即技术自身并非技术产生、发展、变革的内因，往往是社会因素规定和塑造了其演变路径。技术的社会建构论揭示出了技术具有社会属性，也就是说技术不是凭空产生或消亡的，技术的发明和创造都是在人类世界中进行的，技术的效用也是在人组成的社会中彰显的，而技术产物更是作为社会中的一种物质性存在，受社会因素建构，因此，技术无法脱离人类社会而独立存在，技术在一定意

---

① 王华平，盛晓明. 社会建构论的三个思想渊源[J]. 科学学研究，2005（5）：592-596.
② 卫才胜. 技术社会建构论的批判与论争[J]. 河南社会科学，2012，20（3）：78-81，107.

义上始终是社会的技术。

在技术的社会建构论内部，从广义的角度出发，也发展出了不同的理论框架，如以比克和平齐为主要代表的技术的社会建构（social construction of technology，SCOT）框架，休斯的系统（system，SYS）框架，迈克·卡隆（Michel Callon）、玛德琳·阿克里奇（Madeleine Akrich）、拉图尔等人的行动者-网络理论（actor-network theory，ANT），而狭义的技术社会建构论则专指 SCOT。①尽管如此，上述理论框架也具有内在的共性，具体表现为：弹性原则、对称性原则、待确定性原则。这三种原则与上文提到爱丁堡学派科学知识社会学"强纲领"的四种信念有内在关系。弹性原则是相对于对技术人工物的解释来说的，也就是说，由于主体的不同，对同一技术人工物所具有意义的解释也不同，再者人们对同一人工物的使用目的也具有差异，可以作为多种用途来使用，故此，即使对于某一技术人工物，人们对它的理解和解释是具有弹性的，人工物的意义也不是固定的。对称性原则意指技术的成功和失败都需要用同一理论框架进行解读，而不能用不同框架来分别分析技术成功和失败的原因。待确定性原则是针对技术设计而言的，技术设计与社会中的不同力量作用有关，因此其设计标准不是单一的，重要的是在考量技术时需要关注社会导向，所以说在技术设计中，设计标准是"待确定"的，不能"一概而论"，技术选择的社会性回应往往会关乎技术设计的成功与失败，因而社会因素的作用和导向是技术设计需要密切注意的，也会在一定程度上造就成功的设计。

依上述，技术的社会建构论表明，与技术相关的现实活动是社会建构的，技术活动形成了一系列"技术事实"，技术事实是社会建构的结果和产物，同时也是不断被社会建构的动态性过程，在建构过程中，强调了人与技术（物）主-客体互动的、辩证的关系，技术事实也在这种关系中不断地演化。另外，语言是技术社会建构的重要媒介，这意味着人与人之间的多元协商、交流、讨论会构建一套更为公正的技术体系，对技术的建构不以服从少数人的利益为原则，从而确保了技术应用的公正公平，因此可以将技术的社会建构论视为一种蕴含辩证法的方法论，即规约技术，规避技术风险，协调人与技术的关系。

回到社会化机器人上来，以技术的社会建构论视角来看，使社会化机器人得以成型的一系列背景技术，都是在人类社会中产生的，因而这些技术在一定

---

① 邢怀滨，孔明安. 技术的社会建构与新技术社会学的形成[J]. 河北学刊，2004（3）：29-33.

程度上可视为被社会选择的，社会化机器人则是由选择衍生而来的技术产物，当然，这与它自身作为被选择的物质性存在并不矛盾，这种被选择本身也体现了人的一部分意愿。另外需要说明的是，技术或技术物被选择在时空维度上不是作为某一个点存在的，而是作为一个过程而存在，因为在客观意义上，技术的发展程度以及社会因素对技术的限定始终存在，它绝不会在某种技术获得认同后就消失，而是伴随技术和技术物的演化进程又给予技术评价和判断，这种评价和判断可能是经济的、文化的、价值的等，也就是说，对技术和技术物的评价和判断也将成为是否再次认同技术的依据，建构的力量可以是肯定性的亦可为否定性的。人们并不会因为社会化机器人的优点就自始至终地接受，并且接受也分为不同的向度，正是由于不同向度的综合作用体现出社会因素的内在"弹性"。社会因素表现出肯定性可以促进社会化机器人的发展，反之表现出否定性也预示着社会化机器人与人之间呈现出一定的不和谐因素，比如具有较大的风险或者用户的消极体验，进而会规约或者调整社会化机器人的发展。

质言之，技术的社会建构论揭示出社会因素会影响社会化机器人的研发、发展和应用，社会因素对社会化机器人可能引发的风险也有一定的规约作用，因为社会因素本身就相当于一个多元化的限制条件，风险一旦显露，可以通过社会因素的建构使社会化机器人的性质得以调整。从伦理治理的视角来看，技术的社会建构论富含伦理特性，强调社会因素的作用而不是单纯的技术逻辑，社会因素的作用在一定意义上体现了人的需求、人的意愿，主张通过社会因素建构社会化机器人的发展正是伦理治理中伦理力量的展现。正因如此，技术的社会建构论可以为治理社会化机器人引发的人文问题提供有力的支撑。

7.1.2 技术的可控性理论保障伦理治理

技术可控性是将现代控制理论中的"可控性"概念引入技术哲学研究体系而形成的产物。可控性在工程意义上指的是进行设计工程控制系统之前对状态是否可控的把握和分析，因为系统状态的可控性决定了实际控制系统的可能性。提到技术哲学领域中技术的可控性时，往往会联想到技术控制主义，该理念是技术哲学发展的第四种形态，技术发展能够得到控制是其理论前提，主张通过有效的控制技术来实现人类的目的。但是，对于技术的可控性问题研究，技术控制主义并未进行翔实的讨论。①对于这种看似不言自明的依据，也需要给予相关的证明。也就是说，技术控制主义认为通过有效的控制技术来发展技术的观点需要进一步澄清，必须廓清技术可控性的范畴及其现实依据。国内学者对此进行了深入的分析，盛国荣和陈凡指出，"从人文角度来看，在一定的时空条件下，技术系统中控制对象在运行过程中，控制主体基于一定的利益和目的，运用一定的手段，并根据控制对象的反馈信息进行决策调整，进而控制技术系统的未来走向，即技术可控性。简而言之，技术可控性就是把技术作为控制对象，研究技术是否可控的问题"②。关于技术是否可控已经有很多的争论，大致分为三种：不可控、可控、一定的可控。那么，如果认为技术具有可控性，就需要给出相应的依据。技术不是先在的，技术的产生与人类社会活动紧密交织，在传统技术的视域下，技术一般指技艺，与制作相等同，而制作是人为的、服从人类目的的活动，技术内在于人自身并通过制作具体事物体现出来，因此，技术是人可以控制的，比如说，在烧制陶瓷的过程中，对技术的控制体现在对火候的控制上，这决定了陶瓷成品质量的优劣。但是，这并不足以成为现代技术背景下技术可控的依据。我们都知道，现代技术系统极其复杂，尽管如此，它依然具有可控性。一旦技术系统运行，就可以长期工作，技术得以体现必须有相应的物质介入，并依赖于众多复杂精密的仪器和设备之间的配合，因此可以通过调整技术参数来实现控制技术的目的。比如在发电厂发电的过程中，通过调整锅炉或汽轮机的压力参数来改善设备的运行，从而达到节能和优化的效果，并且在参数异常的情况下可以进行相应的调整来避免风险和事故，这也说明了技术具有可控性。上述表明，现代技术中仍然有可操作的过程，通过控制主体的操作可以实现技术的可控性目标。更进一步，技术发明中也可以使技术可控，因为技术发明者在自然规律的可能性范围内可实现对技术最高的可控性，在实践中可以通过逆向思维以修改并掌握技术手段从而发现其目的，最终给出确定性解决方案使其可控。③这也说明，在现实环境下，众多的技术离不开人为介入，虽然人们并不能支配科学规律，但技术却是一种对科学规律的实际运用，可以视为物质要素和科学规律的结合，人运用技术和操作技术实际上是对物质要素的控制，通过对物质要素的调节转而实现对技术的调节，这同时也意味着能够在一定程度上控制技术使其合乎人类的意图，况且，技术的

① 远德玉，陈昌曙. 论技术[M]. 沈阳：辽宁科学技术出版社，1986：281.

② 盛国荣，陈凡. 什么是技术可控性？[J]. 自然辩证法研究，2006（2）：50-54.

③ 吴国盛. 技术哲学经典读本[M]. 上海：上海交通大学出版社，2008：460.

发展规律不同于自然规律，技术发展规律合乎人类的历史实践规律，人在实践中体现了自觉性和能动性的统一，也就是说，在遵循自然规律的前提下运用技术，并通过有目的和有意识的活动来使技术合乎自身目的，也证明了技术具有可控性。

以上例子在一定程度上论证了技术具有可控性，但需要注意的是，技术的可控性并不是一成不变的，而是具有相应的条件和层次的。技术可控的实现往往与技术手段、技术知识和技术效益等条件密切相关①，通俗地来说，先进的技术手段可以实现良好的可控性，技术知识扎实精进也是如此，若控制主体不具备稳固的技术知识，也缺乏足够的技术实践经验则会使技术由可控转换为不可控。另外，技术活动是一种现实的实践活动，人们通过自身认识世界并不断学习形成知识，通过内在于自身的能力和外在于自身的手段与自然、外界产生联系。因此技术包含不同的层次，层次的不同也影响着技术的可控性。如技术目的与意图、技术背景与知识、技术主体与客体、技术发明与创造、技术应用与后果等。所以说，"只有分清技术可控性的层次性，我们才能更好地确定对某项技术进行预防性控制、过程性控制还是结果性控制。因为不同阶段、不同层面上的技术具有不同的特性，所采用的控制方式、方法也是不同的"②。那么，即使明确了技术的可控性条件和层次，仍然会提出疑问，实现技术的可控性有无必要，答案是显而易见的，在以往我们更多是考虑通过实现技术的可控性目标来规避技术带来的风险，这些风险往往是技术引发的生态环境问题、食品安全问题等。如今实现技术的可控性意义更为深远，现在的技术体系愈发复杂，对人自身以及人类环境造成了"深度技术化"的影响，人类的日常生活愈发技术化，这意味着人们在大部分时间都会受到技术和技术产品的影响，人们不可避免地使用技术，因此技术的可控性需要规避人们使用各种技术物的风险，这种风险并非仅指安全风险，也指人文风险，即对人自身的各项指标、人与人的关系、社会价值取向、社会伦理等方面的风险，这些都需要通过技术的可控性来提供保障。在某种意义上，技术的可控性不仅仅是必要的，而且也是必需的。

那么，技术的可控性如何为社会化机器人引发的相关问题提供伦理治理的有效保障呢？上述内容分析了实现技术可控性的条件和层次，这为社会化机器人的人文问题治理提供了依据，也就是说需要遵循这些条件，在一定层次上和范围内

---

① 盛国荣，陈凡. 什么是技术可控性？[J]. 自然辩证法研究，2006（2）：50-54.

② 盛国荣，陈凡. 什么是技术可控性？[J]. 自然辩证法研究，2006（2）：50-54.

进行控制。社会化机器人作为一种现实的技术化产物，支撑它的技术往往少不了人的参与，其发明和设计是由科研人员操作的过程，这种操作过程是具有可控性的，因此，保证发明和设计中的可控性是可以实现的。另外，技术知识和背景的差异也具有可控性，可以通过提升控制主体的知识背景增强人对社会化机器人的可控程度，再如一些能够达到可控的其他条件，包括技术意图、技术应用的程序、技术后果的预估等，通过对此进行把握和考量，可以实现对社会化机器人以及相关背景技术的可控性。当然，即使在理论上具有较为理想的可控性，也不能保证实际应用中百分百可控，毕竟任何技术和技术产物都会有意外情况发生，社会化机器人也可能会出现技术故障或者研发过程中考虑不周的情况而造成一些风险，但是这并不意味着技术失控，可以归为偶发的正常技术现象，因为这种偶然出现的技术故障，可以通过调整研发思路来修复。初期的社会化机器人可能还不完善，给人留下的印象是"死板的"，则可以通过技术优化和技术升级来提高社会化机器人的可控性，满足人机交互的要求。因此，以技术实现对技术或技术物风险的规避也能够提高技术的可控性。然而另一方面，由于风险在一定程度上是过程性的，可控性的实现也是如此，主张即时的可控性无疑是脱离客观和实际的。

技术的可控性思想并非单指对技术进行控制，其立足点仍然在人自身，通过实现技术的可控性，可以有效地、循序渐进地规避技术和技术产品引发的风险，从而使技术合乎人们的要求，更好地造福人类。因此技术的可控性思想在很大程度上以人们对美好生活的诉求为价值取向，在实际的伦理问题治理中，技术的可控性理论可以作为伦理治理的依据，也可以作为人文治理的一种方式和手段。而且可控性在某种意义上强调了、承认了以及彰显了人类主体力量，因而社会化机器人及其人文问题具有可控性不是纯技术的逻辑，而是人的逻辑或者说是人文的逻辑，如果按照纯技术逻辑的角度考量现实的社会化机器人必然导致技术悲观主义而步入技术的不可控境遇，也很难进行和推进有效的治理了。通过论证一般技术具有可控性，可以认识到对于社会化机器人引发的人文问题实际上是可控的以及能控的，这无疑符合人文的逻辑，也是合乎客观实际的。通过把握社会化机器人及其引发的人文问题中可控的一般条件和不同层次，可以在这个范围内达到控制的目的和可控的要求，从而使技术的可控性理论成为化解人文问题和达到伦理治理的基本保障。

7.1.3 "负责任创新"保障伦理治理

"负责任创新"一般也称为"负责任研究与创新"(responsible research and innovation,RRI),此概念由德国学者托马斯·赫尔斯特罗姆(Tomas Hellström)首次提出。它根源于"预期治理"的概念——在一个受限的研究领域,通过筹划可能出现的诸多未来情境,进行预期管理,意图对未来可能出现的风险提供可行的治理方案。①关于"负责任创新"与"负责任研究与创新",学界素有不同的争议,争议的焦点源于对"研究"与"创新"之间关系的理解的分歧。②其实,研究与创新是统一的,没有任何创新不以研究为基础,也没有任何研究不以创新为目标,并且二者往往是交织在一起的,甚至可以说,研究与创新互为支撑,二者不可分割。因此,用整体性和辩证性的眼光来把握负责任(研究与)创新这个概念是极其必要的。

负责任创新概念的定义起初并非由学界的专业人士制定,而是相关的科学政策制定者以及欧委会的基金机构提出的,因此它包含行政定义和学术定义。③在行政定义上,欧盟委员会的文件认为"负责任研究与创新"是指在研究和创新过程中采取的一种途径,以此途径使所有利益相关主体都成为该过程自始至终的参与者,使其意识到他们的行为结果及其选择范围所带来的影响,且在关乎社会需求和道德价值的层面可以有效评估结果并作出选择,最后基于上述考量作为新产品研究、设计和服务等整个过程中的标准。④也就是说,它往往作为一种方法用于指导实际的研究与创新。另外,在雷内·范·肖姆伯格(Rene von Schomberg)的定义中,负责任研究与创新是指社会行动者和创新者的交互过程,双方互相负责并保持过程的透明性,由于要通过科学进步塑造社会,该交互过程需要同时兼顾创新过程和相关产品是否可接受、可持续以及能否实现社会需求等方面。⑤RRI 也被视为一种设计策略,从而引导创新实现社会期

---

① 李娜,陈君. 负责任创新框架下的人工智能伦理问题研究[J]. 科技管理研究,2020,40(6):258-264.

② 廖苗. 负责任(研究与)创新的概念辨析和学理脉络[J]. 自然辩证法通讯,2019,41(11):77-86.

③ Burget M,Bardone E,Pedaste M. Definitions and conceptual dimensions of responsible research and innovation:a literature review[J]. Science and Engineering Ethics,2017,23(1):1-19.

④ European Commission. Options for strengthening responsible research and innovation:report of the expert group on the state of art in Europe on responsible research and innovation[R]. Brussels:European Union,2013:5,57-58.

⑤ Von Schomberg R. Towards responsible research and innovation in the information and communication technologies and security technologies fields[R]. Brussels:European Commission,2011.

望。①因此行政定义有一个共同点，即负责任创新既是一种过程，又是一种导向性的方法或策略，能够推动研究和创新。在学界的定义中，杰克·斯蒂尔戈（Jack Stilgoe）认为负责任创新意味着通过对如今科学和创新进行集体管理来达到关注未来的目的。②贝恩德·斯塔尔（Bernd CarstenStahl）将负责任创新视为一种元责任，其要旨是通过一系列手段来确保现有的研究和创新过程、参与者及其责任与可接受的研究成果相匹配。③刘战雄认为 RRI 是创新共同体基于创新的一种认识和实践，其要旨是尊重、维护人权，提高社会福祉。④李娜和陈君认为 RRI 本质上是一种关于管理研究和创新的新尝试，以便在研究和开发的初期纳入所有利益相关主体，将不同参与者和公众纳入其中的组成部分能够明确创新如何在对应社会需求的条件下可能使社会受益，从而规避负面风险的可能性。⑤因此，在学界的定义中，负责任创新着重强调了创新过程中的"负责任"态度，提供了一种方法论层面治理风险的思路，旨在以负责任的创新态度使科技为人类谋求福祉。就此来看，负责任创新可以看作是一种有效的治理范式，但是这种治理并不是直接对负面问题或风险本身进行治理，而是对研究和创新整个过程进行治理从而达到规避风险的目的，如同英国学者杰克·斯蒂尔戈（Jack Stilgoe）和理查德·欧文（Richard Owen）指出的，"与其把'负责任创新'看作一个新颖的治理范式，不如把它看作一个载体，在此载体中'对风险的治理'转变为'对创新本身的治理'"⑥。

那么如何确保负责任创新对治理的有效性呢？具有代表性的是欧文提出的负责任创新四维度理论模型，即预测维度、反思维度、协商维度和反馈维度。⑦预测维度是指重点治理环节从"下游"风险转移到"上游"创新，结合科学证据和

① Schomberg R V. A Vision of responsible research and innovation[M]//Owen R，Heintz M，Bessant J. Responsible Innovation：Managing the Responsible Emergence of Science and Innovation in Society. New York：Wiley，2013：51-74.

② Stilgoe J，Owen R，Macnaghten P. Developing a framework for responsible innovation[J]. Research Policy，2013，42（9）：1568-1580.

③ Stahl B C. Responsible research and innovation：the role of privacy in an emerging framework[J]. Science and Public Policy，2013，40（6）：708-716.

④ 刘战雄. 负责任创新研究综述：背景、现状与趋势[J]. 科技进步与对策，2015，32（11）：155-160.

⑤ 李娜，陈君. 负责任创新框架下的人工智能伦理问题研究[J]. 科技管理研究，2020，40（6）：258-264.

⑥ Stilgoe J，Owen R，Macnaghten P. Developing a Framework for Responsible Innovation[J]. Research Policy，2013，42（91）：1568-1580.

⑦ Owen R，Macnaghten P，Stilgoe J. Responsible research and innovation：from science in society to science for society，with society[J]. Science and Public Policy，2012，39（6）：751-760.

未来分析的支持，通过对负面风险的预测和评估可以提供关于未来风险的早期预警，采用一系列方法分析技术在社会各区块可能会造成的影响。反思维度是指在负责任创新中相关主体和机构要反思自身，从而认识到自身专业上的局限并发现以特殊方式治理问题的意义。协商维度是指把目标问题置于更大的背景中，邀请多方参与，以对话的方式进行讨论并聆听所有参与者的意见①，在协商环境下，可以辨明问题的范围与方向，实现问题再定并发掘隐性的争论领域。反馈维度指通过相关主体的反应变化来合理调整既有的模型和创新方向，从而动态地、包容地推动负责任创新的有效治理。米尔卡姆·伯吉特（Mirjam Burget）在欧文四维度理论模型的基础上进行了概念的扩充，引入了"可持续性"和"关怀"两个新维度。可持续性指的是负责任创新过程的可持续性和持久性，立足于创新的持久确保其他领域的可持续，如经济、生态等；关怀是属于公共领域的维度，意为公众可以进行决策并对其行为负责。另外，国内学者也在此基础上增加了"无私利性"，即科学创新活动中的实践主体不应谋取私利。综上，负责任创新中的六种理论维度为确保风险治理的持续推进提供了方法指导。

此外，杰伦·范·德·霍文（Jeroen van den Hoven）教授认为，负责任创新的基本目标是将问题转换为设计，第一，发现社会存在的实际问题；第二，借助技术手段解决问题；第三，对其中面临的后果和选择进行详细和系统的价值评估；第四，将这些因素作为技术设计的要求。②因此，在他看来，负责任创新可以视为技术哲学的设计转向，也就是说在创新或设计中需要考虑将伦理原则等相关因素作为设计需求的一部分，更为确切地说，负责任创新规定的价值是以"善"为原则的价值，而不是为了其他特定价值的设计。所以说负责任创新中的"创新"是一个道德范畴，也即创新的道德化。③

就此来看，负责任创新的理念并不是空洞的，它作为一种理念建构是具有实际的方法论意义的，更关键的地方在于这种创新是一种进步，将技术回归到本来的方向上，在技术的起点上进行技术物设计并面向诸多主体，从而让事情变得更好，让人的生活更好。这无疑是合乎人文治理思路的，对于妥善治理社会化机器人引发的人文问题提供了可能。因为无论是社会化机器人背景技术的开发上，还是设计社会化机器人的具体过程与实际应用中，都存在不同的利益相关主体，社

① 晏萍，张卫，王前."负责任创新"的理论与实践述评[J]. 科学技术哲学研究，2014，31（2）：84-90.

② 晏萍. 负责任创新、价值设计与人工智能伦理——访范·德·霍文教授[J]. 哲学动态，2020（9）：121-127.

③ 晏萍. 负责任创新、价值设计与人工智能伦理——访范·德·霍文教授[J]. 哲学动态，2020（9）：121-127.

会化机器人最终的应用效果和应用反馈如何,其中的一切环节都与具体的技术实践、技术设计和创新息息相关。因此,在研发社会化机器人过程中,通过负责任创新理念的引导,人文问题的治理转移到了上游的实践环节中,包括主体之间的相互协商、交流、反馈,这是一种对社会和人的负责任态度,其中关涉技术的操作性实践则是一种道德实践,以基于未来性的视角和科学分析提供了一种规避未来人文问题的路径。所以说,负责任创新理念为社会化机器人的人文问题治理提供了可能性保证。

7.2 伦理治理的基本目标

由前文分析可知,对由社会化机器人引发的相关人文问题的人文治理是有理论依据的,这就为伦理治理提供了可能。与此同时,还需确立伦理治理的基本目标,这关系到具体治理中的有序性和系统性,因为无目标的治理往往是散乱的、无序的,治理方向不够明确,治理效能也就随之降低,这可能导致人文问题无法有效解决或者治理时间剧增。具体来说,人文治理的基本目标是考虑社会化机器人如何实现对人类社会的积极性建构,总体上是为了保证人的生存与发展,这并不是将社会化机器人排除在外的人类中心主义观点,因为社会化机器人始终是人机交互当中的"成员",治理目标与治理对象不可分割,因而治理目标既会考虑到人,也会考虑到这一技术物以及其中掺杂的相关因素,换言之,伦理治理的目标具有伦理性质,人不能够凭借主观意愿在人机共处中"肆意妄为",社会化机器人也不应危及人类。另外更为关键的是,治理目标是基于当前的理性考量作出的未来性设计,可以指导人机共处时社会化机器人应该怎样发挥作用而使人自身可以更好地实现自我。因此,伦理治理的基本目标要明确社会化机器人应该达成对人的生存与发展的"应然"状态,确切来说,是为了在人机社会中通过社会化机器人的正向作用推动人的进步和社会的进步。伦理治理目标的确立,为具体实践指明了方向,在现实中可以更好地实现人的自我建设和人机共处关系的友好建构。

7.2.1 因以"机之善"为"人之善"

社会化机器人应以"机之善"为"人之善"。"善"是哲学和伦理学中一般性的价值概念。在日常生活中，通常用"好"来表示"善"。其实"好"与"善"是有区别的，形容一个人"好"，可以是道德意义上的"好"，也可以指非道德意义的"好"，比如说某人是一个好员工，可以理解为此人的道德品质上的"好"，也可以理解为这个人为公司业绩作出了贡献。可以说，"好"涉及了社会中一切有关价值论的领域，因此，"好"既可以是描述人或物对于他人的价值，体现在有用性和需要的满足上，也可以指代道德上的价值，"好"在这种价值论语境里也被视作广义上的"善"。正如亚里士多德所述，"善出现在一切范畴中：在实体中，性质中，数量中，时间中，关系中，以及一般的所有范畴中"①。而我们在狭义上谈论"善"的时候，往往是在道德意义上作出道德评价，此时"善"仅属于道德范畴。在这里将采用"善"的广义定义，即"善就是在人和人关系中表现出来的对他人、对社会的有价值的行为"②。当然，需要指出的是，"善"不仅包括人自身对他人和社会的价值，也包括事物体现出对人和社会的价值，这里的价值固然是指正面的、积极的价值。

上文指出，将事物于人之价值也归为"善"，事物包括自然事物和人工事物（技术物），因此对于本书研究的社会化机器人表现出对人的价值也应符合"善"。长久以来，就有"科技向善"的说法，即通过科技造福人类，关于科技与善，在技术哲学领域的讨论上出现了"技术工具论"和"技术实体论"，前者认为技术是中立的工具，无善恶之分，后者认为技术负载价值。然而，技术负载价值并不是技术固有的属性，而是指其实际效应存在价值偏向，有善恶之别。③因此"科技向善"在某种意义上是指结果上对人的"善"的价值。而在目的论层面又有了"应然"的意味，即应该借助科技来实现"善"的价值，在某种程度上也具有伦理学规范性的意义，也就是说，"应然"的达成与主体相关，在一定前提下需要保证科技研发的相关主体是"善"的，即要求研究主体具有"善"的理念，研究的出发点是好的，而不是根据自身喜好和趣味作出坏的研究来危害人类社会。这样"善"的前提才得以保证，所有的技术人工物是在"善"的前提下产生的。

由此可以得知，伦理治理的基本目标是在社会化机器人"善"的设计前提下实现"机之善"，从而达到"人之善"，"善"不仅是设计的前提，也是治理的目标，因为只有保证前提的"善"，才可以确保机之善的可能性，但是这不能确保

---

① 苗力田. 亚里士多德全集 第八卷[M]. 北京：中国人民大学出版社，1994：245.

② 罗国杰. 伦理学[M]. 北京：人民出版社，2014：408.

③ 肖峰."技术负载价值"的哲学分析[J]. 华南理工大学学报（社会科学版），2017，19（4）：47-55.

设计过程中问题的出现，即设计的"善"如何保证实际上就是"善"的？社会化机器人在"善"的设计前提下不会直接生成"恶"，也就不会因设计前提而危害人类生存，在一定程度上对人的生存和发展有助力，但是这并非最优的应然状态，于人而言，在和谐的环境下，对其他人或事物以及对自身最大的善即给予精神上的引导使得自身能够不断发展，所以社会化机器人的"善"的最终体现应该是能在最大程度上给人精神上的指引，使人有更好的条件完善自身。"机之善"于人而言是一种最大价值体现，"机之善"为"人之善"是治理的基本目标，就是说治理应该达成这一状态，"善"在《说文解字》中与"美""羲"含义相同，均可表示"吉祥"，并且还具有"良""好""福""贵"等多种意思，因此所有关乎美好的都与善具有内在一致性，所以更为彻底地说，治理目标是为了可以通过社会化机器人帮助人类实现诸多美好诉求和需要，如更好的生存条件、更好的发展环境，以及在人机共处中引导人的精神状态、生活态度和价值观念更加积极饱满等，促进人与社会良好的可持续发展、通过"机之善"的引导力量实现"人之善"，这是治理的基本目标之一，也是社会化机器人应该达成的一种应然状态。

7.2.2 应增益人之福祉

"所谓的福祉就是使人在身体上、精神上、智力上、情感上、社会上、经济上、环境上处于良好的状态，发展机器人就是为了增进人在所有这些方面的良好状态。"[1]在这里，可以从三个层面加以规划发展社会化机器人的应然状态。

一方面，就上游相关人员而言，应以增进人的福祉为目标，包括研发人员、生产商、销售商等部门，如果上游不能以增进人的福祉为目标，那么社会化机器人流入到使用者市场时，就不可能达到这一目标。对于研发者来说，在设计上应该追求社会化机器人有利于增进人的身心健康，以确保人的身心协调发展为目标；在社会层面来讲，应使社会化机器人成为社会"无害"的"一份子"，充当积极的角色帮助人类，实现和谐的目标，而不是有碍于社会和谐与人的和谐甚至引发群体之间的冲突和矛盾；在经济层面而言，要实现普惠的目标，使社会化机器人能够为最广大公众所受益，保证发展的结果由公众共享；在环境层面，应实现人与自然和谐共生的目标，即社会化机器人的制造及其使用应绿色化和生态化，这对于我国"双碳"目标实现也是有利的。另一方面，社会化机器人增进人

---

[1] 雷瑞鹏，张毅. 机器人学科技伦理治理问题探讨[J]. 自然辩证法研究，2022，38（4）：108-114.

的福祉的核心是面向使用者，这是中游范围内的目标。也就是说，要协调好处理好各利益攸关群体之间的利益，当其他人员与使用者的利益不一致时，应以广大使用者的利益为重，而这种目标获得的效果是双向的，使用者亦是受益方，来自使用者的受益感同时还加强了对其他人员的认同和信赖，既有利于进一步实现利益反馈，又能够再次推动社会化机器人的发展，并且真正地践行了"科技造福人类"的准则。此外，社会化机器人增进人的福祉还应兼顾下游群体，这类群体主要包括机器人维修人员，即当社会化机器人出现故障等问题时，应保证人在维修过程中的安全。综上，在社会化机器人发展的各个环节，发展与治理是相伴相生的，利于人的发展同样利于人的治理，二者是有机统一的，据此应保证以增益人之福祉的治理目标，只有保持二者的同频共振，才能更好地实现人之福祉的具体化。

7.3 伦理治理的基本原则

在对人文问题进行治理的过程中，需要以遵循相应的原则为基础，由于社会化机器人表现出的人文问题是多方位的，这一定程度上决定了治理原则的多维性，较为关键的是，原则可以在理论上给出证明，而符合实际才表示治理原则具有客观意义，因此所确立的治理原则在现实中应该是可行的和可实现的，这将有助于现实层面人文问题的解决，按照逻辑上与现实中相对应的要求，人文问题的治理应至少遵循以下几项基本原则：和谐原则，强调的是人机之间的交互和责任和谐；平等原则，即人和社会化机器人在某种程度上保持平等性，后者不能造成人的平等差异，前者需要以德性平等对待后者，还包括法权意义上的人格和"机格"平等；价值原则，满足递进性和客观公正性从而在最大限度发挥社会化机器人的价值；主体性原则，根基在于人机友好交互，保证人自身的主体性和机器的"自由态"；实践原则，以情侣机器人为例，通过考量性同意必要性和衡量尺度，来指导如何实践的原则。

7.3.1 和谐原则

和谐原则强调的是配合性和参与性。人与社会化机器人共处过程中应保持和谐原则，这就是说人需要以参与者的身份而不是以旁观者的身份与机器进行互动，但是考虑到社会化机器人的适用对象存在差异，和谐原则应当也是"因人而异"的。

其一是交互和谐。"交互"意味着社会化机器人能够听从指令做出行为或改变行为状态。如老人之于助老机器人，交互和谐以老人的需求指令以及机器人的听从指令展开，除此之外社会化机器人还需识别老人的状态以及周围环境并与之建立必要的互动。考虑到老人的行动局限，老人的参与多以语言交流以及通过语言传递的情感交流为主，这也就在较大程度上满足了老人的参与性以及人机互动的和谐原则，从而营造出整体环境上的和谐感，并能够在一定程度缓解老人开放式社交局限的问题。但是需要指出的是，即使符合交互和谐，或者社会化机器人有朝一日具有完备的关怀功能，人们也不应将涉及主体际关系的交互完全交给社会化机器人。

其二是责任和谐。即人与社会化机器人应该都是责任分担者。人应当承担起自身作为某种角色的责任，而非全然推卸至社会化机器人。比如面对儿童陪护机器人与助老机器人，作为家长或子女应承担自身的责任，照顾、关怀父母和子女而不是无视责任，因而在责任分配上，人与社会化机器人共同承担责任，具有"责任共同体"的性质，通过双方的配合能够构建出人与机器人在行为上的和谐感，也会减少人对社会化机器人的依赖；对于机器人保姆也是如此，并且由于机器人并不具备人的所有能力，超出其能力范围之外的事务还应当由人完成，而不是通过强加指令于社会化机器人。通过责任和谐原则，既能够在一定程度构建人与机器人的和谐互动，又在一定程度减弱人对机的依赖而导致的沉溺。

此外，更为重要的是，责任和谐原则意味着用户需要对社会化机器人承担责任。一旦涉及责任问题，就不可避免地会触及机器伦理和机器人伦理的相关讨论，前者意味着机器人可以完全或者在一定程度上作为道德主体，能够独立地承担相应的责任，而后者是针对设计者在设计中需要在系统内嵌入某种或某些"道德指令"以及人在使用中如何对待、处理机器人所引发的伦理问题，在这种语境下，社会化机器人并不具备道德主体地位，因此责任由人承担。机器人没有为自身设定任何目标的可能，它始终需要接收用户的指令，正因机器的功用由设计者决定，那么就可以认为它始终处于设计者的控制之下，具体到应用场景，设计者的控制权又将以某种方式转移交至用户，用户成为实际上给机器"颁布"命令的人。①那么，社会化机器人在执行指令中出现某些"疏忽"造成的影响便有一部分责任来自用户，尚且不论机器人是否需要承担责任，就目前来看，要让社会化机器人具备"完美""万无一失"的特征仍然任重道远。换言之，让机器为自身行为负责是难以想象的。②用户在一定程度上需要为社会化机器人的行为负责，笔者也更倾向于机器人伦理中的责任定位，即通过"道德指令"的嵌入以及在使用中正确对待机器人实现某种程度上以人为核心的责任和谐。

7.3.2　平等原则

平等作为人与人关系的一种形式，在一定意义上主张"无差等"，并作为理想性的原则来追求。人与社会化机器人的关系也需要从特定角度构建一种平等原则，以助于"人–机"平等的实现。

其一是社会化机器人面向人的平等原则。社会化机器人在与不同性别、民族或种族等的人"打交道"时，需要保持统一的原则，而非有差异之分。因为"机器可以被种族化，从某种意义上说，它们可以被赋予一定的属性，使之能够识别人类种族的类别，这一点已经被经验性地证明了"③。所以需要在人机交互实践中确立平等原则，从而保证不同的群体能够被平等对待，这也是消除歧视的一种方式。在内格尔那里，种族、性别、宗教、民族之歧视为不平等根源之一。④社会化机器人朝向人的平等原则中，一方面能够使人获得被尊重的平等，比如说，在情感交互过程中不用担忧来源于机的"蓄意"贬损；另一方面，一定程度上确保和促进了人与人之间平等关系的可能性环境的构建。

其二是人面向社会化机器人的平等原则。在康德那里，平等表现为无论是个人自身还是他人人格之人性，都应是行动目的而非使用手段。⑤也就是说，平等是由理性设定的作为德性的准则。因此按照这种自身所立的准则行动也就实现了个人与他者之间的平等。但是需要回应的问题是，社会化机器人作为技术人工物，在人机之间存在平等吗？或者说，人类需要保持一种平等的态度来对待这种机器

① Chomanski B. Liability for robots: sidestepping the gaps[J]. Philosophy & Technology, 2021, 34 (4): 1013-1032.

② Sparrow R. Killer robots[J]. Journal of Applied Philosophy, 2007, 24 (1): 62-77.

③ Cave S, Dihal K. The Whiteness of AI[J]. Philosophy & Technology, 2020, 33 (4): 685-703.

④ 孙岩, 郝彭. 内格尔平等主义的逻辑理路[J]. 山西大学学报 (哲学社会科学版), 2020, 43 (1): 77-83.

⑤ [德]康德. 康德著作全集 (第 4 卷) [M]. 李秋零译. 北京: 中国人民大学出版社, 2013: 437.

吗？在康德语境下，平等主要指向理性存在者，即不能以对待非理性存在物的方式对待理性存在物。①也就是说，对于非理性存在物，动物或者其他事物，人们可以按照自己的意志对它们进行支配和统治，它们仅仅是作为人实现自身目的的一种工具。在这种意义下，动物乃至其他一切非理性存在物都不在此范围内。

然而，对于主张动物权利的学者来说，人似乎不能够肆意以自己的意愿来对待动物，因此不能够完全沿用康德的平等理念。涉及动物权利的问题尤其复杂，在此不多作讨论，但有一点可以明确的是，对于动物而言，平等存在一定的限度，比如在自然维度的生命层次，人和动物是平等的。既然如此，按照上述逻辑，虽然康德意义上人与社会化机器人之间不存在平等可言，因为其归根结底是"物"，但从动物权利视角出发，即使完全平等不太可能实现，我们同样可以主张一种扩大意义的、有限程度的平等，或者叫作主体道德赋予的平等。因为对于社会化机器人而言，它在某种程度已经成为"类人"并现身在"人"的环境中，从功能主义出发，社会化机器人已经表现出"理性""情感""道德"等特征。此外，人是道德主体，人知道如何对待其他事物是道德的。照此，人机有限平等是可以实现的，人面向社会化机器人的平等原则得到了理论上的保证。人在与其互动之际，按照主体道德赋予的平等和功能主义上机器的"理性"表现，就可视人机交互为一种平等关系，因而，人也就不会也不能肆意按照自身意志去支配社会化机器人，此时社会化机器人就是"目的"。按照理性的法则，从伦理向度确保了人机平等，因此这种有限的平等原则是必要的。

其三是法权意义上的平等原则。该原则是以上两点的补充。在考虑社会化机器人行为表征以及人德性实现的平等基础上，应当在法权上构建平等原则，因为人自身有其特殊性，构建较好的人机互动，需要在法律上予以规定。这种规定上的平等不等同于完全平等，因为其构成条件不充分，或者说位于既有的平等条件之外，最显著的便是如果考虑人与非生命物之间的完全平等似乎是荒谬的。但是，可以通过法律上的限定来保持某种平等，也就是说，社会化机器人具有法律赋予的一定"地位"，从而保持人与机在某种形式上的平等。那么，在实际交互中，它享有一定的"权利"，也意味着对人的限定，从而在一定程度避免了人对机器人不当行为情况的发生，比如对于情侣机器人，不能以智能程度高低来选择是否

---

① 宫睿. 康德的平等理论[J]. 当代中国价值观研究，2020（2）：57-71.

将其纳入法律，而是只要具备智能性，都需要法律的规制，即对"人不能对情侣机器人做什么"进行明确限定。[①]人对社会化机器人可能产生暴力行为，可以通过法的规定性进一步巩固二者的平等互动。当然，上述人机平等原则在一定程度是有限的，具体限度的划界还需要不断深入研究。

7.3.3 价值原则

价值原则是人与机器人共处中尤为重要的原则，需要同时符合人机共同的价值与价值实现。其中，与价值原则相关的论述则需要提到阿西莫夫的机器人三定律：第一，机器人要保证人类安全；第二，在第一条的前提下应当听从人类指令；第三，在前二者的范围内，机器人可自我保护。这对于社会化机器人无疑具有借鉴意义，但是需要进一步扩展价值原则与现实对应。

价值原则应具有递进性。也就是说，先以人的满意为基础，再追求其价值效用的最大化。因为实际生活中人的选择并非完美，而是满意即可。而且，人和机器人都受到时间和计算力的限制。[②]因此，社会化机器人在满足人的需求时，其行为表现得令人满意可以算作其价值实现以及人价值需求实现。因为在一般情况下，社会化机器人不需要通过穷举的方式决策。换言之，智能机器人要做的是防止因搜索结果的指数级爆炸性增长所带来的不好后果。[③]另一方面，仍然需要进行优先级的尝试，使社会化机器人能够提供更优的选择以及自主决策。在人类社会中，一旦人的选择处于多样化状态，其"满意度等同于局部最优选择"[④]。那么对于具有一定自主性的社会化机器人而言，将来可能具有更高的自主性，其面临的是复杂的人类环境，这就要求它需要在多变的情境中作出最优决策，以"最优解"的方式来处理现实生活中人们面临的"窘境"，比如，儿童陪护机器人在陪护过程中，遇到儿童在哭泣并试图打开门窗的行为时，应当如何决策？首先应是确保儿童的人身安全，其次才是通过自发性交互让儿童止住哭泣，这里就需要优先级判断。因此价值原则需要具有递进性，才能确保人的价值并发挥其自身的价值。

---

① 易显飞，刘壮. 情侣机器人的价值审视——"人-机"性互动的视角[J]. 世界哲学，2021（4）：144-151，161.

② 阮凯. 机器伦理何以可能：现有方案及其改良[J]. 自然辩证法研究，2018，34（11）：53-58.

③ Newell A，Simon H A. Computer science as empirical inquiry: symbols and search[J]. Communications of the ACM，1976，19（3）：113-126.

④ Gigerenzer G. Moral satisficing: rethinking moral behavior as bounded rationality[J]. Topics in Cognitive Science，2010，2（3）：528-554.

价值原则应符合客观公正性。社会化机器人的价值在一定程度上呈现为对人的价值，即"益处"。同时，它还具有一定的风险或者弊端，而这正是让人不可接受之处，但是，不能盲目地因其风险性而直接拒斥社会化机器人，彻底否定其价值。再者，如何在最广泛的范围内实现社会化机器人的价值，尽可能为全体公众所使用，也涉及价值的公正性实现。毕竟，人类中的每一个个体都有权享有社会化机器人的服务，而如果只满足某一部分人，那机器展现的价值就不再具有普遍性，只是符合特定"阶层"的价值。因而，价值原则的普遍实现应以客观公正为基础，才能在最大程度保证人的价值的满足，实现社会化机器人的价值最大化。

7.3.4　主体性原则

一般而言，主体性是指人在实践中表现的能动、自主和自由的特性。社会中的个体普遍具备这种特性。社会化机器人在一定程度上具有"主体性"的趋势或可称之为"类主体性"。那么，"人-机"关系就趋向于"主体-主体"之间的关系，而非"主体-客体"之间的关系。因此，人机之间的交互应当遵循主体性原则。

首先，主体性原则应当以人机友好交互为基础。如果社会化机器人超出人类的可控范围，人可能会陷入"去主体性"的危机。因此，保证人机交互的前提是确保人位于主导地位。[①]社会化机器人的实际应用应当满足在人的可掌控范围之内，才能够确保二者交互的主体性实现，而不是以任意一方被客体化的情境出现。需要澄清的是，可掌控并不意味着人可以肆意支配社会化机器人，而是为了交互中主体性不受到来自其他因素的干扰，可以视之为"去人类中心主义"的主体性。"人-机"在交互中均作为能动的主体，社会化机器人以其功能表征获得"主体性"。换言之，个体在交互中认识自我并强化了主体性。[②]

其次，主体性原则应当不妨碍人的自我实现。人是自由和自主的，而不受"人-机"环境限制，这里强调的是人的实现，以及在人自我实现过程中，社会化机器人也获得了非交互状态的某种"自由"。要避免人在技术构建的人性化环境中不断物化，因为在某种意义上，主体性表征为源于生命本能的特性即主动性和自发性，并持续扩张。[③]在一定程度上脱离人机环境来构造自身才是真正主体性的体

---

①　杜严勇. 机器人伦理研究论纲[J]. 科学技术哲学研究, 2018, 35（4）: 106-111.

②　韩敏, 赵海明. 智能时代身体主体性的颠覆与重构——兼论人类与人工智能的主体间性[J]. 西南民族大学学报（人文社会科学版）, 2020（5）: 56-63.

③　吴增定. 没有主体的主体性——理解尼采后期哲学的一种新尝试[J]. 哲学研究, 2019（5）: 103-110, 127.

现，因为人需要满足自身，在尼采意义上发自权力意志的向上被视为一种肯定，亦即主体性的释放。因此，确立这样一种主体性原则，有利于人在人机环境之外主体性的实现，也为社会化机器人的主体性呈现提供了更好的条件，在非交互中获得了一定的"自由态"，而不是作为"纯粹的机器"。

7.3.5　实践原则

通常来说，实践原则指的是对思维过程中产生的思维产物进行实践检验。也就是说，在现实活动下产生的成果与思维成果的对比，验证其正确性并为进一步的工作提供方法论的指导。对于人与社会化机器人的互动，实践原则是必不可少的。

通过案例检验践行实践原则。明确社会化机器人的功能实现情况。必须具备"实践—认识—再实践"的理念。现在人机交互的实际案例还不足够，缺少足够样本数量的支撑，因而对于数据采集和分析具有一定的阻碍。不好把握人机互动的具体情况，包括不同个体的感受和反应等等。因而，研究实验室需要招募足够数量的个体，进行人机交互，通过对人机互动过程的观察，对人的表现进行记录，并在交互结束后询问并采集个体的交互信息，对此进行统计，与设计上与需要达到的目的进行对比，明确在功能上已实现部分和未实现之处，对于引起消极体验的案例要注重分析，进而为下一步研究、设计和改进提供支持。

另外，实践原则应以同意为基础。也就是在案例试验之前，应当赋予试验人知情权，试验形式、试验目的等需要明确告知，以确保案例试验的有效进行。在试验过程中，试验者可根据自身与社会化机器人的交互情况及交互中产生的反应随时选择暂停或终止试验过程。比如试验过程可能产生"恐怖谷效应"造成受试者的剧烈心理反应等等。再者，需要明确和划定实践对象。比如不同类型的社会化机器人适用的群体也具有差异，在遵循同意的基础上，各自分配试验场所进行试验。同时，对于不适宜参加试验的人员应当予以拒绝，比如患有某种病症的个体，因为这可能导致过激反应带来具有误差的数据。

7.3.6　底线原则

底线原则指的是对人不应当做什么的原则规定。在设计、制造、生产和使用社会化机器人的过程中都应该遵循底线原则，坚守人的道德和伦理底线。

对于研发者来说，应当遵循底线原则。科研设计中对于社会化机器人的设计，首先应当明确是否应该设计它，如果对人类社会带来的危害不可估量或者不可控制，那么就不应该设计。同时，对于可以研发的社会化机器人，应当考虑如何设计，即这样或那样设计是否背离了合情理和伦理的标准。如果产生了背离，则应当放弃此种设计，而不是违背原则进行设计。

对于厂商来说，生产和制造应当遵守底线原则。即不以过度追求利润为目的，应当考虑个人的社会责任。另一方面，不生产制造和售卖非法的社会化机器人类型，严守社会道德底线，遵守法律，划清买卖边界，明确供需的正当性。有需求不意味着买卖的合法合规，因为需求不一定是合乎社会道德伦理准则。因而，对于厂商来说，需要遵从商业底线原则，确保商业"生态"和谐。

就使用者层面而言，使用方应当恪守底线原则。在购买过程中应当以正规途径为准，不应以利益交换的获得作为非法使用的目的，遵守相关的市场法律。从道德的角度来说，应当使"理性为道德立法"，即在理性上自身知道应当如何做，并在实际中按照此标准来行动。因而在人机交互层面，人自身应当按照道德法则规范自身的行为，保持道德底线。

基于上述，社会化机器人的人文问题的治理六原则或可以为实际治理提供一定的遵循，不难发现，六个原则大体上从用户维度、设计维度、生产维度、人机交互维度以及试验维度来实现人文问题治理，符合预先治理原则，也就是说，治理并不一定是以风险发生后的破解为主，这里并不是说事后治理无必要，而是等待风险发生后的治理往往是缺乏即时性的，而上述预先的治理原则可以在治理上有效避免更多的人文问题出现。

7.4 伦理治理的具体路径

社会化机器人可能引发的消极影响，如果不加以调控则可能成为未来的一种确定性风险。应该注意到，"情感"因素是最重要的诱因之一，但这是社会化机器人必须具备的特征，应该在满足与人交互的情境下，保持全面的消解路径研究，最大限度保持人在风险视域中的掌控性，将人文偏差调节转换为积极的人文价值。首先是提升相关技术，在设计中保持整体的灵敏性；其次是借鉴道德物化的理念，在技术设计中嵌入"道德代码"，使社会化机器人具备"道德"；再次是风险弱化的路径，对风险进行预估和防范，使其有效统一；然后是在伦理上规制，从而破解实践中"人-技术"体系的局限性，并依据伦理指向进行约束；最后是建立一种调控程序，将人文影响评估机制作为关键路径。

7.4.1　技术提升：保持社会化机器人技术整体设计的灵敏性

人类在后续发展进程中几乎避免不了与社会化机器人共处，人的情感认同也或多或少地转向被当成"人"的机器人，这样一来，情感认同的真实性问题就完全无法回避。有倡议提到，某些"情感关怀型"的智能物要尽可能避免以人的方式和人的身份"呈现"。①这也说明，从社会化机器人设计的源头探究消解路径是必要的。从设计的角度来看，让机器人"尽可能地像人一样"并不是目的，相反，机器人作为高技术人工制品，设计中更应关注的是其"功能性"②。

设计者要考虑对社会化机器人进行"整体设计"，以最大限度地"消除"人对机器具有生命且可以作为同类的理解。这可以从社会化机器人的"拟人化"方向入手，包括外在设计、内在设计、核心设计、差异性设计四个层面。在外观设计上，要保持多大程度的拟人化？在行为设计上，要保持多大程度的灵巧性？在内在设计譬如情感设计层面，机器人的表达系统、思维系统、感受系统等方面应该作出怎样的限定？这都是设计者需要谨慎思考的问题。同时，在更为重要的核心设计部分，即机器学习上，要做出更加严格的设计。毕竟，学习程度的不同是机器人社会化属性的决定性因素，机器学习会影响人机互动效果，一旦尺度没有把握好，就会进一步强化机器的"人"性。在差异性设计层面，需要保持足够的"灵敏性"。差异化设计的价值在于满足不同的用户群体，不同类型的社会化机器人也应当通过这种差异性来保持最大程度的灵敏性。人通过感官对外界进行把握，一切设计形式的差异都会影响人对社会化机器人的整体判断。以上的外在设计、内在设计、核心设计、差异性设计四个层面不是孤立的，而是协同的，都是为了在整体上保持一种灵敏性，目的是去除社会化机器人影响情感认同"真实性"

---

① The IEEE global initiative on ethics of autonomous and intelligent systems. Ethically aligned design: a vision for prioritizing human well-being with autonomous and intelligent systems，First Edition[EB/OL]. https://standards. ieee.org/content/dam/ieee-standards/standards/web/documents/other/ead1e_affective_computing.pdf ? utm_medium= undefined&utm_source=undefined&utm_campaign=undefined&utm_content=undefined&utm_term=undefined[2019-07-10].

② Brinck I，Balkenius C. Mutual recognition in human-robot interaction: a deflationary account[J]. Philosophy & Technology，2020，33（5-7）：53-70.

的目标，在总体上最大可能地让技术使用者不再落入情感认同的"陷阱"。

7.4.2 道德物化：技术设计中"道德代码"嵌入

就人类传统的认知而言，道德是人独有的属性。传统伦理学将人作为道德主体，人成为道德实践的唯一发出者，并以人作为道德能动者来处理现实问题，这在某种意义上是将主体和客体对立起来的主张。在现代技术伦理思考中，从主客二分的观念考量道德的"负载性"在一定程度难以解决人与技术的伦理困境，因为技术在持续发展，人技关系也不断变化。因而需要另一种主张来化解当下"人-技"关系的困境。譬如，维贝克以超声波成像为例来考察孕妇家庭对胎儿作出的道德决策，认为道德能动性同样存在于人和非人的实体之间，从而起到调节道德的作用。①

无疑，对于社会化机器人，倘若想弱化或消除其引发的相关人文偏差，维贝克的思想具有重要的启发意义。在此需要明确社会化机器人是否具有道德资格，即它是否具有意向性和某种程度的自主性。很显然，通过前文论述以及相关研究佐证可以基本推定，社会化机器人具有一定程度的意向性和自主性，因而对于它来说，在维贝克意义下是可以作为道德主体的。

进而需要考察"道德物化"与社会化机器人的关联性。"道德物化"这一思想是阿特胡斯提出的，维贝克对其进行了深化。简单说来，就是赋予技术道德意蕴并经其调节作用影响人的道德行为。因此，可以通过赋予社会化机器人道德意蕴来避免人文偏差，促进人机互动。

首先，社会化机器人应通过嵌入"道德代码"而"具备"道德。这与维贝克有所不同，他论述的技术物显露道德性，处于人与技术的互动关系中，而社会化机器人在某种程度具有道德，可以作为道德主体，通过实际互动（言语、表情、行为等）与人构建一种道德关系。使之可以成为道德主体的先决条件是通过设计上和程序上的代码写入，而使其具备道德，目的是使其在交互中不产生非道德的歧视。因此在设计上设计者需要输入无偏见的"道德代码"，确保社会化机器人可以作为一个"高尚"的道德主体，而避免产生种族、性别等歧视问题的发生，也在较高程度赋予了人以道德尊重。

---

① [荷]彼得·保罗·维贝克. 将技术道德化——理解与设计物的道德[M]. 闫宏秀，杨庆峰译. 上海：上海交通大学出版社，2016：47-48.

其次，社会化机器人通过嵌入"道德代码"在人机互动中直接调节人的道德。在超声波成像的例子中，技术提供的更多是一种可选择性支持人的道德决策，而社会化机器人则是通过主体际关系来调节人的道德，类似于"见贤思齐"。所以，通过社会化机器人的道德代码支撑表露出的道德价值外化，在人与社会化机器人打交道时，可以将人的行为塑造得更有道德，并以更正向的道德能动性推动人与社会化机器人互动，比如在互动过程中可以调节人的暴力行为从而防止对社会化机器人造成"伤害"的现象发生，或者通过调节减少与情侣机器人关系中不正当性行为的发生。另外，通过社会化机器人对人的道德塑造，人的道德具有更为饱满的趋势，进一步地，这种道德塑造可能潜在影响人与人之间的关系，形成良好的"道德风尚"，构建更为和谐的道德社会。

7.4.3　风险弱化：风险预估与防范的统一

在"人-机"这一新型情感交互中，人将自身"交付"给社会化机器人，导致整个过程充满盲目性和被动性，人难以明确地对这一新兴技术做到"心中有数"，忽略了技术携带的情感风险，造成了情感认同的"不安全性"。在海德格尔看来，人是面向未来的，"曾在"和"将在"一同决定了现在，过去已发生，当下的目的是以考量未来来规约现在。①这在一定程度上说明，人可以调动自身的力量来实现某种掌控，这无疑也具有方法论的特征，为消解"人-机"情感交互中的风险提供了理论支持。

作为具有"主动性"特征的人，可以在技术人工物将至未至及已至时，对其进行较全面的考量与风险的预估和防范。防范分为技术人工物"进场"前和"进场"后两个阶段。在技术人工物"进场"前，研发主体应在研究阶段、测试阶段、完成阶段将可能造成的影响风险进行预估和评价，分析在不同方面风险表征的可能性差异，作一个翔实的风险备案。譬如，研发人员必须面向公众，通过使用说明详细介绍技术人工物在体验过程中可能存在的隐患与风险，及其是否会形成与人类不同的"不安全关系"等。在技术人工物"进场"后，即其以产品的形式投放于市场售卖阶段，有意图购买的技术使用者需要提前了解技术制品的相关信息，并通过审视，大致把握应用过程中可能存在的风险，对自身能否接受做出判断。在已经明确要购买的技术使用者中，仍需进行"二次审视"，即在购买时应

---

① 费多益. 目的论视角的生命科学解释模式反思[J]. 中国社会科学，2019（4）：142-159，207.

当对技术制品的说明进行全面了解，与自己之前的判断进行对比，确认现实的可能性风险是否超过自己的判断，通过"二次审视"决定最终是否成为技术使用者。最后，技术制品的使用过程中，用户要有所"决断"，即不能完全将自身"交付"于技术，而应当采取一些措施最大限度地减缓风险，从而形成人相对于技术人工物的"主导"地位。譬如，在使用陪护机器人时，不能让其与孩子共处时间过长，而需要"转向"自身，即为了维护"安全依恋关系"，父母应该塑造一个独属于亲子关系的互动空间，而不能将互动空间全部"转让"给社会化机器人。只有严格地把控社会化机器人"进场"前后的两个阶段，才能实现风险预估与防范的整体统一。

当然，"随着新技术越来越多地将人和机器结合在一起，许多局限性能够被克服了。要做到这一点，至关重要的是我们不要把机器当作白痴（当我们看到它的局限性时），也不要把它们当作超级智能怪物（当它们再次向前发展时）。而是如我们始终讨论的那样，不低估人类在动态变化中的重要性是很关键"①。因此，在上述的整个过程中都突出强调人的主动性掌控方式，在每个环节都必须保持人的"主导"地位，实现技术交付的"可控性"。只有这样，在认同主体对于"人-人"和"人-机"情感认同程度的比例关系上，确保前者占据主导性，才能在最大限度消除情感认同的不安全性。

7.4.4 伦理规制：破解实践中"人–技术"体系的局限性及伦理指向

社会化机器人引发了人情感认同的不对等，如前面所言的"人-技术"体系的三重局限性，要消除这种"人-机"情感交互的不对等性，应当尽可能跨越这种局限。

解铃还须系铃人，技术引发的问题还需要技术的进一步发展来解决。引发"人-机"情感交互实践中不对等的情感认同，说到底还是由于社会化机器人技术发展得不充分。因此，要进一步突出此类技术研发的重要性，以"人-机"情感交互实践中的现实问题为导向进行技术设计。特别是，要根据不同的个体需求进行技术创新；要关注技术进一步发展过程中的人文审视；要充分发挥和展现人的"主体"地位；要注重技术间的协同创新。总之，在进一步发展技术的过程中必

---

① ［美］詹姆斯·亨德勒，爱丽丝·M.穆维西尔. 社会机器：即将到来的人工智能、社会网络与人类的碰撞 [M]. 王晓，王帅，王佼译. 北京：机械工业出版社，2018：218-219.

须规避新的不对等情感认同的出现。

"人-机"情感交互不对等性问题的出现，最核心的矛盾在于赋予了机器人较高的情感因素，以至于其可以达到"人-机"情感认同的"对等性"。当前阶段，机器人的"情感"显然还不达标，社会化机器人"情感"要素的塑造涉及多个跨领域的技术，因此不能局限于其中某个领域的研究力度，而是所有相关创新主体应强化协同，强化攸关方的多元协商。①一个技术领域问题的解决往往利于关联技术系统的研究进展，攸关性强的创新主体的全力协作，更会促进社会化机器人技术的整体进步进而符合情感交互的对等性需求。

从人与技术的制约关系而言，人对技术的制约在很大程度来源于对技术的"伦理恐慌"以及伦理上的"不可接受"。"人-技术"伦理张力的塑造，不仅仅要明确技术的相关伦理风险，更应构建规避这些风险的技术伦理体系。回到伦理，构建必要的伦理规则体系是让"人-技"关系保持合适张力的最好方式。社会化机器人在技术上和体验上如果完全满足情感认同的"对等性"要求，又有可能会带来新的问题，即满足"对等性"的同时，使人再度陷入情感"沉溺"而遭到相关主体的反对。因此，要想破除"人-机"体系中情感交互的伦理难题，必须对人机两者进行规约，构建一个合乎总体需求的伦理体系，既可以满足人机交互情境中人情感认同的"对等性"，又可以通过"人-机"伦理体系规约防止人情感认同的"沉溺"或"错乱"。对于社会化机器人这一新的技术人工物而言，要规避人机情感交互过程中的种种问题，让用户真正"放心"，"回到伦理"就成为必不可少的环节。

此外，如何破解"人机实践"中的人文问题，除了实际交互关系中人的因素和机的因素，还需要在"上游"考量伦理体系是否具有足够的规范性。现行的技术伦理规范，多是对于科研技术团体、机构以及其中涉及的责任主体等进行规制，规定其在具体科研实践中需要遵循的伦理原则以及应当和不应作出的行为等。实际上，依然会有不少的伦理问题出现，这并不是说明伦理规范不具有有效性，而是有效性还不够，需要进一步使其有效性得以应对复杂多变的技术发展趋势，对于新一类的技术尤是如此。

就社会化机器人而言，伦理规制需要指向广度与深度相互协调的方向。纳入规制的范围和主体需要扩大，因为仅仅对科研主体实行规制还不够，生产厂家和

---

① 易显飞，刘壮. 当代新兴人类增强技术的"激进主义"与"保守主义"：理论主张及论争启示[J]. 世界哲学，2020（1）：151-159.

销售方也是需要进行规制的对象。从资本增值的角度来说，生产厂家的最大目的是寻求利益最大化，那么对于生产制造社会化机器人的过程中需要的生产资料（机器设备、材料等）就可能会尽量地减少支付成本，这样一来其生产出的社会化机器人产品在质量上就会达不到产品研发和设计上的预期规定，相应地，其功能实现也是以特定的材料为物质基础，比如材料的选取不同会影响社会化机器人的灵巧性，表现为行动的灵敏或笨重，更进一步地，如果采用低成本的智能元件，将会影响社会化机器人的交互和情绪表达，从而直接反映到实际的人机互动中。相应的，销售方为了降低成本也可能从一些不明渠道购买质量和功能得不到保障的社会化机器人产品，进而影响用户的积极体验或造成一些安全风险与情感风险。

基于上述，伦理规制的范围和主体应当扩大，当然，扩大的主体不仅仅是厂商和销售商，比如伦理机构本身也需要以相应的体系进行规制等。此外，强化伦理规制的深度也是必不可少的环节，即在一定的规制范围内，需要从自上而下和自下而上对每一个环节进行合理规制，合乎伦理的准绳需要在各个环节都得以体现。伦理规制深度与广度的协调是保证规范人文问题有效性的必要条件，更加重要的是，伦理规制的指向需要保持开放性与动态性的结合，在作伦理规制预设时，规制的具体化可能具有一定的超前性，但是超前性并不一定体现有效性，因此确保有效性的实现要跟随技术发展的趋势和人机互动的实际情景具体调整伦理规制的内容，从而使伦理规制的广度与深度符合客观现实，以此破解人机交互实践中的人文问题。

另外，情侣机器人作为一种直接作用于人本身而且是最敏感的"性"的技术制品，它所带来的影响确实存在二重性。出于负面影响的考虑而拒绝情侣机器人的使用真的合理合情吗？显然这忽视了其有利的一面。同时，过多地陷入技术乐观主义，则无法客观考察其负面影响。在这里，需要回应两个问题：首先，情侣机器人之所以在性互动方面引发如此多的负面影响而遭到反对，与情侣机器人缺少"性同意"机制有很大关联，这取决于未来的情侣机器人能否有双重选择，能否建立"正常"的"人-机"性互动。也就是说，如果具备"性同意"机制，是否有助于解决情侣机器人引发的问题？以及在何种程度上需要"性同意机制"？其次，部分情侣机器人可能引发（例如儿童型情侣机器人）敏感问题，这类情侣机器人是否应该被允许制造和使用？对于情侣机器人与人的性互动关系，如果机器人具备"性同意"机制，当人的"要求"出现不合理境况时，情侣机器人可以通过这种机制选择拒绝，这就在一定程度上调节了人的性动机，且对于成瘾风险具有"封闭"作用。对比来说，倘若不具备"性同意"机制，则会加剧问题的严重性，因而赋予"性同意"机制是极为必要的。但是，这并不足以解决问题，因为即使情侣机器人具备"性同意"机制，也可能产生"非正常"行为。因此需要在法律层面进行规制，莉莉·弗兰克（Lily Frank）指出，赋予高智能的情侣机器人法律地位是有意义的。①对于情侣机器人，不能以智能程度高低来选择是否将其纳入法律，而是只要具备智能性，都需要法律上的规制，即对"人不能对情侣机器人做什么"进行明确限定。因此情侣机器人需要某种"性同意"机制，且获得法律上的"担保"，这种衡量标准可以较好地规避情侣机器人负价值的形成与发展。另外，对于兼具正负价值且后果尚未明确的技术人工物，应当予以不同程度的限制，在研发与制造过程中进行价值引导，确保基础研究及其对应的技术研究上取得新进展后，再决定是否市场化及市场化的程度与范围。②譬如，情侣机器人的设计和生产中，儿童型情侣机器人应予以"完全限制"，以杜绝性互动"畸形"现象的进一步蔓延；还有，对于情侣机器人的销售，应当确立一定的审查程序并明确相关的隐私保护细则，从而促进情侣机器人的"正当"应用，发挥其"善"的价值。上述问题的回应，为情侣机器人的设计、创新、制造与使用确立了价值标准，这也应该是其努力的技术方向，从而为现实问题的解决以及友好型人机的交互奠定坚实的基础。

7.4.5 德行一致：构造"人机"交互的人文环境

在哲学上，素有"德性是最高的知识"一说，"德性"一般指人的道德品性，其希腊文为 arete，即事物成为其自身的本性，就词义而言，它属于中性词，反映了事物的本性，可以理解为"德性"知识的认识理解与"德性"行为实践的一体化，故此"德性"不可停留于认知层面，需要以道德行为来践行。在现实中，德行有时会处于分离的状态，即德与行的不统一，许多问题也是由此产生的，社会化机器人的人文问题也与此有关。

固然，在技术层面和伦理层面作出规制来化解与社会化机器人相关的人文问

---

① Frank L, Nyholm S. Robot sex and consent: is consent to sex between a robot and a human conceivable, possible, and desirable? [J]. Artificial Intelligence and Law, 2017 (3): 305-323.

② 易显飞，刘壮. 当代新兴人类增强技术的"激进主义"与"保守主义"：理论主张及论争启示[J]. 世界哲学, 2020 (1): 151-159.

题是极其必要的，但实际上这些多是通过某种形式的外力干预来作为依据以规定人和社会化机器人，因此抛开外在约束，在人的向度上，更应该以内在的道德力量来约束己身。因为对于社会化机器人而言，人也是社会化机器人的环境的一部分，也就是说，作为主体的人可以直接对其产生影响。比如，除开本已设定好的知识，机器学习材料的直接来源是人的各方面表现，可以说人塑造了社会化机器人"后天学习"的状况。在这个意义上，人的德行对于构造人机交互的人文环境是不可或缺的，而且社会化机器人可以将某些非道德内容反馈给其使用者。

由此，作为主体的人需要使道德内化于自身，保持自身良好的道德，从而在人机交互中以符合"德性"的要求与社会化机器人进行交互，在伦理层面上，"德性"作为崇高的知识内在于主体并对主体自身具有规范性，内化于人的道德在主体层面实现了内在道德理念与外在行动实践的相互契合，那么，人意识到道德的"应当性"，无论社会化机器人是物、客体，还是作为有主体因素的存在物，都不会影响人作出违背道德的行为，譬如，道德内化的人，不会因为社会化机器人是花钱买来的使用品而挑衅或是对其产生行为上的"暴行"，或者是将情侣机器人看作是泄欲的工具和施虐的对象，从而违背其性同意而与之进行性互动，再转换视角到社会化机器人，德行统一的人作为社会化机器人的"学习环境"和交互对象，在交互中不符合道德行为的因素实际上已经潜在地和根本上地剔除掉了，人机交互中的人文问题也随之"隐退"，而且社会化机器人技术的发展与人需求不平衡的问题也在人的德行一致中被消解了，这为其发展让出了更平稳的空间，因此，人的德行一致，使道德内化于人自身，外化于人的行动，将显著地构造人机交互的人文环境，在很大程度上使实际中人机交互的人文问题无形消散。

7.4.6　程序调控：确立人文影响评估机制

首先，确立法理性评估机制。即对社会化机器人此种技术物在进入市场前是否合乎法理性进行评估。第一是合法性。技术产品能够通过正当渠道进入市场必然要符合国家及政府的有关政策和规定，其应用应在政策许可的范围内，并且满足法律依据，违背合法性的产品则不能被应用。需要说明的是，政策应当具有长期有效性，而不至于出现"漏洞"被"有机可乘"。这也呼应了前文所述技术法规完善的相关内容。第二是合理性。合理性是建立在现实的基础之上的，关键是"以人为本"。换句话说，社会化机器人能否满足公众某种程度的需求以及这类高技术产品是否可以满足人们的价值追求关乎该技术物在公众中的可接受度，进行合理性评估的时候应注重现实价值与长远价值的统一。

其次，确立风险评估机制。风险评估应当考虑两个方面的要素：可控性与不确定性。对于社会化机器人可能引发的人文影响，要区分为可控和不确定两类。在可控性方面，尤其要注意的是，可控并不代表风险不存在，只是说当产生影响时能够通过某种方式或手段予以化解，讨论风险的可控或不可控表明风险是已经确知的。因此评估过程中，要关注可控性的比例，因为可能存在为人所知的不可控风险，一旦可控比例偏小，那么势必会造成实际人机交互的困境。在不确定性方面，风险是评估之外的，也就是说只能知道现阶段所知之影响，在风险评估过程中应尽量揭示出来。实质上，风险评估机制就是对确定性与不确定性的筹划和揭示，风险评估是持续性的，但这并不意味着不确定性是无限的，恰恰因为它是有限的，人类才可以实现如此繁多的高新技术的应用，评估以扩展确定性为目的可以为社会化机器人应用中的风险化解提供有力的建设性指导。

最后，确立全局性评估机制。通过确立全局性机制最终实现社会化机器人的市场化应用，首要考虑的便是如何确立一个合理的全局性程序。全局性评估应当涉及多元主体的介入，需要设计具有规范秩序的成员组成结构。涉及的评估主体包括：理论科学家、技术研发设计专家、社会学家、技术伦理学专家、公众代表、政府人员、企业家、技术风险分析师和技术治理专家等。需要予以说明的是，评估环境应当是开放性的，所有评估主体都是参与者，必须都处于整个评估的过程中。全局性评估的程序分为以下几个阶段。第一，理论科学家和技术研发设计专家合作揭示现阶段社会化机器人的功能特征和现实效益以及理论上能达到的效益，并需要客观指出现阶段在应用上可能存在的问题。第二，社会学家和技术伦理学家通过把握第一阶段所述情况，从社会学角度和伦理学角度分析社会化机器人可能引发的具体影响，全面分析出优势和劣势，在可能情况下对第一阶段作出效益和风险的补充。第三，技术风险分析师再次对社会化机器人的风险进行专业性分析，并对潜在的风险进行把握和预测。第四，政府人员对以上阶段表述出的问题进行考察，考虑其价值和负面影响，在此期间公众应表明对于社会化机器人的接受度和不可接受之处，对于过度伤及公众利益和不可接受的部分进行搁置再审视，可接受的部分列入应用。第五，技术治理专家对拟应用的社会化机器人可以确定的负面性影响进行评估，同时合理吸纳社会学家和技术伦理专家给出的建议，在治理层面给出治理方案，对于潜在的和可能存在的负面影响，综合各方意见形成治理预案。第六，由于所有人都可能成为受众，所有评估主体均需对列入应用的社会化机器人商业化进行商讨，以经济数据为支撑，确立一个合理合情的市场价格，使拟应用的社会化机器人能够在推出市场后最大限度惠及所有人。

附　录

附录1　情侣机器人的价值审视[①]
——"人-机"性互动的视角

提　要：情侣机器人作为社会化机器人的一种，在"人-机"性互动实践中的价值评判具有双重性特征。从正向价值来看，情侣机器人在诊断和治疗、情感陪伴和"身体刺激"、性互动与"本体安全"三个方面具有一定的积极意义。看似日趋"完美"的情侣机器人的发展，也造成了性的"物化"，最终导致女性"物化"；强化了"非正常"的性行为；可能诱发"性上瘾"，强化"性成瘾"等价值困境。对于上述问题的出现，应该为情侣机器人的设计、创新、制造与使用确立价值标准，校准此类技术发展价值方向，从而为情侣机器人引发的价值问题的解决以及友好型人机交互奠定坚实的基础。

关键词：情侣机器人；性互动；人机交互；价值审视

"性"往往带有敏感的色彩，这往往使人谈"性"色变。性需求作为人类需求的一种，其基本形式时而处于变动状态。除了人自身的生理因素和心理因素，人类的性行为在很大程度上是一种社会建构的体验，其行为的变化也与技术进步联系在一起。[②]情侣机器人（lover robots）作为"社会化机器人"的一种，在国外多称为性爱机器人（sexbot），也是新技术发展下的产物。情侣机器人在人机性互动方面的"双刃剑"效应是难以回避的问题，到底是利大于弊还是相反，学界对此的论争一直没有停止过，再加上"性"本身的敏感性可能造成的人文风险，更需慎重审视，既要关注其积极效应，也要正视其潜在风险，以免避重就轻。

---

① 本文发表于《世界哲学》，2021年第4期。

② Zhou Y, Fischer M H. Intimate relationships with humanoid robots: exploring human sexuality in the twenty-first century[M]//Zhou Y, Fischer M H. AI Love You: Developments in Human-Robot Intimate Relationships. Cham: Springer, 2019. 177-184.

一、情侣机器人"出场"的背景分析

约翰·达纳赫（John Danaher）将情侣机器人定义为"一种用于性刺激和性满足的具体化的人工智能体"[①]。通过这一定义，可以将情侣机器人与其他机器人以及其他辅助性工具区分开来，即它必须具备四个特性：区别于虚拟机器人的实体性、身体和外观上的类人化、用于性互动的目的性以及具备一定程度的智能性。德博拉·约翰逊（Deborah Johnson）等认为，上述特性保证了情侣机器人在性互动相关的特征上与人类"相似"，"有作为人的性对象的因素存在"[②]。

在以往，情侣机器人多存在于科幻作品中，而人工智能、生物工程、机器人学等领域的进步使只是存在于科幻作品中的"人形机器人"作为一种真实的可能性出现，导致了从想象到现实、从虚构到真实的根本性转变。[③]大卫·利维（David Levy）指出，到 2050 年左右，机器人技术获得更大进步后，将改变人类传统爱情和性的观念，在择偶问题上，甚至机器人伴侣对人将更加具有吸引力，更符合人类的偏好和需求。机器人将能够与人们相爱结婚，与机器人相爱就像跟其他"自然人"相爱一样"正常"，还能够满足人的性生活需求。[④]就现阶段来看，情侣机器人的身影已开始慢慢出现，国外某报刊在 2017 年 5 月 15 日刊登了一篇名为《情侣机器人"Harmony"是一百万个男性幻想的女朋友——售价 11700 英镑》的报道，描述了 Harmony 的人形外貌，并介绍了这是一个具有可定制性以及具有可编程的各种个性特征的人工智能系统机器人。[⑤]

实际上，"人机之恋"并不是情侣机器人出现后才有的事情，在历史上，人类已经与某些事物有过所谓的"性依附"，古老的"皮格马利翁神话"也证明有这样的事实存在。这些性依附对象呈现出以下几种类型：人形雕塑、机械或硅胶人偶、机器人及虚拟人偶。[⑥]对此，马切伊·穆西尔（Maciej Musial）评价道："倘

① Danaher J. Regulating child sex robots: restriction or experimentation[J]. Medical Law Review，2019，27（4）：553-575.

② Johnson D G，Verdicchio M. Constructing the meaning of humanoid sex robots[J] International Journal of Social Robotics，2020，12（2）：415-424.

③ Kubes T. New materialist perspectives on sex robots. A feminist dystopia/utopia？[J]. Social Sciences，2019，8（8）：1-14.

④ Levy D. Love and Sex with Robots：The Evolution of Human-Robot Relationships[M]. New York：Harper Collins Publishers，2007：21-22.

⑤ Döring N，Poeschl S. Love and sex with robots：a content analysis of media representations[J].International Journal of Social Robotics，2019，11（4）：665-677.

⑥ 程林."皮格马利翁情结"与人机之恋[J]. 浙江学刊，2019（4）：21-29.

若人不与具备拟人化和情感化的情侣机器人进行亲密接触，这将会使人感到惊讶，毕竟在几个世纪以来，人们已经通过不太复杂的非生命物体做到了这一点。"①在某种意义上，人赋予无生命物体以生命、人格并在情感上附属于它，那么就有理由相信，人会通过设计技术物，即精致的机器人来刺激这一行为的继续。②也就是说，技术的进步将进一步强化人类的这一倾向。从现实上看，这无疑对情侣机器人的"入场"提供了极大的说服力。

从现实来看，情侣机器人的出现也是"需求"的产物。因为文化差异和个体差异等，人们对情侣机器人的需求占比并非百分之百，但这并不妨碍它的市场化应用。在西方社会中的调查显示，关于人们对情侣机器人的"积极态度"，数据存在较大的差异：在美国高达 86%③，但在荷兰只有 20%④。此外，印尼建国大学（BINUS）的学者对人们是否接受与情侣机器人发生性关系等方面进行了调查，调查结果显示⑤：42%的受访者（24%的男性，18%的女性）会接受人类与机器人发生性行为的现象，而 55%的人会拒绝（32%的男性，23%的女性），3%的人不确定；只有 16%的受访者（12%的男性，4%的女性）想尝试和情侣机器人进行性行为，而 71%的人拒绝（36%的男性，35%的女性），13%的人不确定；14%的受访者（8%的男性，6%的女性）会接受人类与情侣机器人结婚的现象，而 81%的人拒绝（48%的男性，33%的女性）和 5%的人不确定。对于上述调查结果，在一定程度上说明，情侣机器人是有"市场"的，而且也有较多人接受与其进行性互动；并且对于调查样本中的"不确定群体"而言，他们有可能会成为接受群体当中的一员。

二、情侣机器人价值的正向审视

情侣机器人作为人工制品，在设计之初就内蕴了人的价值取向，在该制品的

---

① Musial M. Enchanting Robots: Intimacy, Magic, and Technology[M]. Cham: Palgrave Macmillan, 2019: 15.

② Sharkey N, Sharkey A. Artificial intelligence and natural magic[J]. *Artificial Intelligence Review*, 2006, 25 (1-2): 9-19.

③ Scheutz M, Arnold T. Proceedings of the Eleventh ACM/IEEE International Conference on Human-Robot Interaction (HRI), March 7-10, 2016[C]. Christchurch: IEEE, 2016.

④ de Graaf M M A, Allouch S B. Anticipating our future robot society: the evaluation of future robot applications from a user's perspective[C]//25th IEEE International Symposium on Robot and Human Interactive Communication (RO-MAN). New York, NY, USA: IEEE, 2016: 755-762.

⑤ Yulianto B, Shidarta. Philosophy of Information Technology: Sex Robot and Its Ethical Issues[J]. International Journal of Social Ecology and Sustainable Development, 2015, 6 (4): 67-76.

实际应用中，更体现了其潜在与显在的价值统一。从"人-机"性互动视角来审视情侣机器人，首先要看到其作为高技术存在物彰显的正面价值。

首先，情侣机器人可以用于与性有关的诊断和治疗。这在一定程度上指向了特定的目标群体，使其实现生命本能。在诊断方面，情侣机器人的意义在于可以通过患者与其进行性互动，借助传感设备感知对象体征变化并形成相关数据，从而明确患者生理上或心理上的病症或隐患。譬如，对性互动过程中所采集的各项行为、生理状态数据进行分析，从而提供有关患者病因的初步判断，并可以将相关信息反馈至医疗信息系统作为辅助诊断的重要依据。在治疗方面，患有性心理障碍的人，心理上的障碍压制了其生命本能而无法排解，情侣机器人则可以在一定程度上解除这种心理障碍，释放患者的性张力，成为对人与人性互动愿望的"补充"，这也可以理解为情侣机器人具有某种积极意义的"治疗"作用。迪·努奇（Di Nucci）认为，严重精神和身体残疾的人以及那些患有神经退化性疾病的患者，可以通过使用情侣机器人来实现他们的"性权利"①。不过，约翰·索林斯（John Sullins）的研究却恰恰相反，认为情侣机器人最有可能导致心理疾病而不是减轻心理疾病。②索林斯的研究并未指出调查对象是属于正常健康群体还是患者，所以其研究结论可能失之偏颇，且在一定程度上抹杀了情侣机器人对"患者"的治疗效果；当然，他的研究反映了情侣机器人确实可能会消解"正常"群体的正常心理。

其次，情侣机器人可以用于生理上的"身体刺激"和心理上的"情感陪伴"。一方面，情侣机器人可以部分地缓解现实压力，提供陪伴。这对于部分基于现实因素的影响而产生"恐婚"的社会群体来说，无疑是"完美"的选择。一般来说，爱是相互需要的，但社会上并不是所有人都有相爱的对象。在机器人日渐"人格化"发展的趋势下，情侣机器人可以满足人的这种需求，充当人的"另一半"，这会使在社会上找不到伴侣的人群"受益"。另一方面，与情侣机器人的性体验带来"幸福感"。生命本能的实现不仅仅是"性"，也与"幸福"相关联。尼尔·麦克阿瑟（Neil MacArthur）认为，情侣机器人是"好东西"，它们的存在甚至应该受到鼓励，因为它们可以提供一个"现实的和非常令人满意的性体验"③。比如，

---

① Halwani R. Book review of "Robot Sex：Social and Ethical Implications" [J]. Bioethics，2018，32（9）：639-640.

② Sullins J P. Robots，love，and sex：the ethics of building a love machine[J]. IEEE Transactions on Affective Computing，2012，3（4）：398-409.

③ Danaher J，MacArthur N. Robot Sex：Social and Ethical Implications[M]. Cambridge：MIT Press，2017：33-34.

在弗洛伊德看来，力比多的有效利用可以"造就幸福"①。所以，情侣机器人对人情感上的作用是符合力比多的有效利用这一特点的，即"带来幸福感"。对此，也有学者持不同看法，迈克尔·豪斯凯勒（Michael Hauskeller）认为，如果情侣机器人仅仅只是模仿人类的行为，那么它们就不足以作为人类合适的性伙伴，因为良好的性互动涉及各种交流，而情侣机器人并不能做到这一点，因此它并非可以使人获得好的性体验而获得真正的幸福感和满足感。②这两种截然相反的看法似乎告诉人们，至少不能"完全确定"情侣机器人可以带来幸福感和满足感，但毋庸置疑的是，必须承认它在情感陪伴和身体刺激上具有一定意义上的促进作用。

最后，情侣机器人可以塑造更"安全"的性体验。布迪·尤里安托（Budi Yulianto）认为，与情侣机器人进行性互动，可以减少甚至避免性传染病的传播（如艾滋病）以及降低流产率。③安东尼·吉登斯（Anthony Giddens）提出著名的"本体性安全"（ontological security）概念，它是指个体在社会上对物质环境和生存环境的稳定性所具有的信心。④这种安全感的获得来源于个体稳定的、有意义的日常生活并由其维持，而担忧和焦虑以及其他的风险会摧毁这种稳定性，从而威胁本体性安全。在这个意义上，情侣机器人是用户的"专属"，与情侣机器人的性互动消除了意外怀孕、性传播传染病的风险和焦虑感，从而不仅保证了个体的身体安全，最根本的是保证了吉登斯意义上的"本体性安全"。按照这种理解，与情侣机器人的性互动可以说是"性无忧"，具有高度的稳定性和无风险性，以至于利维认为情侣机器人在这方面比"百忧解"还有效。⑤

三、情侣机器人价值的负向审视

情侣机器人设计和使用的"初衷"是在某种程度上致力于其预期价值的实现，但实际上往往可能产生超出预期的、不合目的性的价值。它的设计在预期上具有

---

① [奥]西格蒙德·弗洛伊德. 弗洛伊德文集：文明与缺憾[M]. 傅雅芳，等译. 合肥：安徽文艺出版社，1996：23-24.

② Halwani R. Book review of "Robot Sex：Social and Ethical Implications"[J]. Bioethics，2018，32（9）：639-640.

③ Yulianto B，Shidarta. Philosophy of information technology：sex robot and its ethical issues[J].International Journal of Social Ecology and Sustainable Development，2015，6（4）：67-76.

④ [英]安东尼·吉登斯. 现代性的后果[M]. 田禾译. 南京：译林出版社，2000：80.

⑤ Levy D. Love and Sex with Robots：The Evolution of Human-Robot Relationships[M]. New York：Harper Collins Publishers，2007：105.

特定的价值指向，但在现实应用中却表征为多元价值，不仅会在不同个体之间产生需求和观念不一致的矛盾，同时也会诱发人的行为偏向而产生价值偏向，这也导致情侣机器人负价值的全面滋生。

首先，情侣机器人可能导致性的"物化"和女性的"物化"。情侣机器人的外形在设计上趋于人形化，作为用于性目的的"工具"，用户完全可以控制与之交互，规避了"同意原则"，因而情侣机器人消除了性关系中的沟通、相互理解和妥协的需要。①规避"性同意"，实为一种严重的性唯我论（sexual solipsism），而"性同意"的消除，必然会催生女性的"物化"。蕾·兰顿（Rae Langton）的研究指出，"性唯我论"通常发生在以下情况："工具"被视作性伴侣，充当人类的替代物，实际上"人"才是真正的主体；在人与人的性互动中，其他人被"视作"工具，个人成为唯一的主体。上述两种情况实际具有联系性，"将工具视作主体"导致了"将主体视作工具"这一现象的出现。②人不需要征求情侣机器人的同意的情况将可能"蔓延"到其他人的身上，无论在何种程度，这将导致女性作为能动性的主体的自主性被剥夺。此外，情侣机器人的设计是试图"模仿"现实生活中的女性，随着情侣机器人变得越来越复杂，即"模仿"的程度越高，现实女性与情侣机器人之间的区别将会变得模糊，如果这个类比成立，这很可能"构成"现实女性的从属地位。换句话说，机器人的性顺从不需要性同意，强化了唯我倾向，情侣机器人的物化及其顺从表现会"转移"到现实女性的身上，从而"物化"女性。并且，从象征意义上而言，情侣机器人的外表和性顺从留给人们的刻板印象，会进一步催生出"重男轻女"的观念。③换而言之，情侣机器人极有可能会把人类社会根深蒂固的"性别歧视"观念"转移"至智能机器王国，并且"重回"现实世界中，强加在女性群体上，使女性"物化"现象更加严重。对情侣机器人持乐观主义态度的学者却认为，情侣机器人反而可以减少亲密关系中的物化现象，他们认为，情侣机器人的互动不会刺激物化性对象的欲望，反而会通过宣泄、治疗和补偿的方式来减少这种欲望。④关于性和他者的物化，伦敦大学人工

① Gutiu S. The roboticization of consent[M]//Calo R，Froomkin M，Kerr I. Robot Law. Cheltenham：Edward Elgar Publishing，2016：186-212.

② White A E. Book reviews：'Rae Langton，Sexual Solipsism：Philosophical Essays on Pornography and Objectification'[J]. The Journal of Value Inquiry，2010，44（3）：413-423.

③ Gutiu S. The roboticization of consent[M]//Calo R，Froomkin M，Kerr I. Robot Law. Cheltenham：Edward Elgar Publishing，2016：186-212.

④ Musial M. Enchanting Robots：Intimacy，Magic，and Technology[M]. Cham：Palgrave Macmillan，2019：32.

智能和人机交互研究员凯特·德夫林（Kate Devlin）认为机器人是一种机器，从而没有性别。[①]因此，这或许会使情侣机器人产生一种新的发展方向。[②]罗伯特·斯派洛（Robert Sparrow）还提出，如果机器人不代表女性形象，女性身体的客体化（物化）这一说法本身就"无效"[③]，那么女性物化以及性的物化这一说法也不成立。然而，仍然可以质疑这样一个事实，即既然情侣机器人的性器官和身体结构具有人类的形式，且现实中女性情侣机器人为绝大多数，那么就此引发的一系列问题就不能完全避免，也不能置之不理。

其次，情侣机器人可能"强化"非正常的性行为。一方面，情侣机器人可能强化性暴力和性犯罪现象。当然，这并不是说在情侣机器人出现之前就不存在这种现象，仅仅是指既有现象的加剧。达纳赫研究发现，性制品的使用者更有可能（略微但明显地）接受不正当和从事危险的性行为，以及对待女性时更有可能产生性侵犯行为。从研究结果来看，情侣机器人会强化人的不当性行为倾向，因为情侣机器人不能说"不"，即使能而且似乎也显得并不重要。与情侣机器人的性行为中，用户被"默许"在机器人的身体上可以有大尺度的扭曲行为，导致了性的"非人性化"，而这种在对情侣机器人的使用中的行为可能在现实中呈现，甚至在某些特定环境，可能导致对女性产生性暴力行为。另一方面，情侣机器人可能"强化"成年人与未成年人之间性行为的正常化。[④]"儿童型情侣机器人"是情侣机器人类型之一，从设计开始就确保了其外观和行为都类似儿童的特性。比如，一家日本公司生产和销售模仿五岁儿童的"性玩偶"至少已经 10 年了。从现实的法律层面来说，成人与儿童的性关系不被法律许可，并且属于违法犯罪行为，而考虑到其危害，在一些国家，儿童型情侣机器人的使用也不被允许。如在 2017 年，一名英国人就因订购儿童性玩偶被捕。但是，少数恋童癖的人确实存在，那么这种儿童情侣机器人可以使其心理得到满足，而相关制造企业也正是打着治疗恋童癖心理的旗号来支持儿童型情侣机器人的生产和使用的。需要注意的是，性用具本身会进一步强化扭曲性行为。达纳赫指出，恋童癖的实际流行率未知，

---

① Carvalho Nascimento E C, da Silva E, Siqueira-Batista R. The 'use' of sex robots: a bioethical issue[J]. Asian Bioethics Review，2018，10（3）：231-240.

② Sharkey N，van Wynsberghe A，Robbins S，et al. Our sexual future with robots—a foundation for responsible robotics consultation report[EB/OL]. http://Responsible robotics.org/ wp-content/ uploads/2017/07/FRRConsultation-Report-Our-Sexual-Future-with- robots Final.pdf[2017-07-05].

③ Sparrow R，Robots，rape，and representation[J]. International Journal of Social Robotics，2017，9（4）：465-477.

④ Danaher J. Regulating child sex robots: restriction or experimentation[J]. Medical Law Review，2019，27（4）：553-575.

但估计约占总人口的5%，但是大多数恋童癖人群具有隐蔽性，恋童癖者也只占参与儿童性犯罪或幻想与儿童发生性接触的总人数的一小部分。[①]现实中，有恋童癖倾向的人倾向于在成年生活中保留这种心理倾向，这意味着恋童癖的欲望往往只能在最大限度实施管理和控制而难以彻底消除，这将导致某种不确定性。如果儿童型情侣机器人的使用正常化，那么可能导致现实中成人与儿童性行为的正常化，这种正常化不是说属于"合理合法"上的正常，而是可能造成了更多的儿童性犯罪的出现，"刺激"这种行为变得经常化。在这里，"性同意"以一种扭曲的方式再次被忽视，随着"缺乏同意"变得正常化后，一个对性暴力行为不那么重视的环境被"创造"出来了。[②]可以说，儿童型情侣机器人的使用会潜在地威胁儿童群体，而一旦变得经常化，那将造成不可承受的后果。帕特里克·林（Patrick Lin）就明确表示，用儿童型情侣机器人治疗恋童癖者是一个既可疑又令人厌恶的想法。对于目前意图通过儿童型情侣机器人缓解异常性心理和欲望的观念，必须慎重审视。

最后，人与情侣机器人的性互动可能诱发"性上瘾"和进一步强化"性爱上瘾症"。一般来说，性上瘾属于一种心理疾病，是一种难以控制的、周期性的被迫从事模式化的性冲动行为。[③]与情侣机器人发生性行为具有"成瘾"的风险，情侣机器人始终并且在任意时刻都可以为用户提供服务，而且不用担忧被拒绝，因而容易使人上瘾，而且，为了"适应"这种上瘾，使用者的常规生活轨迹将需要重新调整。也就是说，情侣机器人可能导致没有"性上瘾"的用户在使用中产生"性上瘾"，而对已经性成瘾的用户则会通过使用"性上瘾"得以"增强"，强化其性成瘾症状。性成瘾原因通常有两种，内因与人的激素分泌过重有关；外因与人的各种外界环境有关。所有的性成瘾都会使人的性行为模式化，而且都以满足强烈的生理需求为主，同时还追求不同的新奇感。情侣机器人作为"新"的排解对象为成瘾者使用，因为可以专门定制，成瘾者完全可以定制购买不同类型的情侣机器人以满足自身的上瘾需求，从而获得强烈的、差异化的刺激和新奇感。需要指出的是，这只会加重成瘾者的性成瘾症状，意图通过情侣机器人治疗性成

---

① Danaher J. Regulating child sex robots: restriction or experimentation[J]. Medical Law Review, 2019, 27 (4): 553-575.

② Chatterjee B B. Child sex dolls and robots: challenging the boundaries of the child protection framework[J]. International Review of Law, Computers & Technology, 2020, 34 (1): 22-43.

③ ［英］安东尼·吉登斯. 亲密关系的变革：现代社会中的性、爱和爱欲[M]. 陈永国，汪民安，等译. 北京：社会科学文献出版社，2001：95, 99.

瘾的观点几乎难以成立。而且，情侣机器人可能以更为"特别"的性对象这一形象投入使用，不仅诱发未上瘾的用户患上性爱上瘾症，而且使性成瘾者获得更多的和更新奇的瘾满足而"强化"了他们的成瘾程度。在吉登斯看来，所有的"瘾"对个体都是有害的，并且"瘾"形成了对个体日常生活的方方面面进行控制的新形式。①依此，情侣机器人成瘾同样成为"控制"个体生活的新的要素。

四、结论

以往只存在于科幻作品中的情侣机器人，随着人工智能、生物工程、机器人学等技术领域的快速发展，已经成为技术现实。"人机之恋"也并不是情侣机器人出现后才有的事情，只是不同时间段，"性依附"的对象有所不同而已。情侣机器人的出现，使此类技术出现新的"拐点"，使人类的"性依附"出现了"深度化"倾向。

从正向价值来看，情侣机器人在诊断和治疗、情感陪伴和"身体刺激"、性互动与"本体安全"三个方面具有一定的积极意义。描述其正向价值，并不是鼓吹性放纵的主张，只是为了探究情侣机器人某种可能的"合理性"。可见，情侣机器人确实在不同维度对人的"生命本能"的实现有促进作用，技术激进主义者往往看到情侣机器人的这些"好处"，主张大力促进情侣机器人的研发与使用。

与此同时，一些否定性的声音也预示着情侣机器人具有消极影响的可能性，这同样需要引起重视，唯有这样，才能真正保持客观理性地审视情侣机器人。人和机器人在情感上亲密的可能性，被认为是一些技术统治论者的反乌托邦幻想，对于保守主义而言应该尽快阻止其变成现实。②凯思琳·理查森（Kathleen Richardson）等认为，情侣机器人是以妇女或儿童为模板所刻画的"性对象机器"，属于人类伴侣或性从事者的"替代品"，她们在 2015 年曾发起了一场"反对情侣机器人运动"（CASR），目的是限制这项技术的发展。理查森声称，情侣机器人对人类关系有害，并警告人类应该意识到即使是"善意的技术"，最终也会对他人造成伤害。③一般来说，性互动过程的进行，需要以性同意为原则，这是进行

---

① ［英］安东尼·吉登斯. 亲密关系的变革：现代社会中的性、爱和爱欲［M］. 陈永国，汪民安，等译. 北京：社会科学文献出版社，2001：95，99.

② Kubes T. New materialist perspectives on sex robots. A feminist dystopia/utopia？［J］. Social Sciences，2019，8（8）：1-14.

③ Carvalho Nascimento E C，da Silva E，Siqueira-Batista R. The 'use' of sex robots: a bioethical issue［J］. Asian Bioethics Review，2018，10（3）：231-240.

性行为的前提条件；而情侣机器人的"入场"，似乎对性互动的"同意原则"造成了影响，进而影响了传统意义上的性互动。因此，看似日趋"完美"的情侣机器人的发展，却也让人们产生了更多的警惕。这种警惕主要源于情侣机器人引发的性的"非人性化"，具体表现在三个层面：它造成了性的"物化"，最终导致女性"物化"；它"强化"了非正常的性行为；它可能诱发"性上瘾"，强化"性成瘾"。

通过前文分析得知，情侣机器人有"入场"的可能，但是出于某种立场依然存在反对的声音。情侣机器人是一种直接作用于人本身而且是最敏感的"性"的技术制品，它所带来的影响确实存在二重性。出于负面影响的考虑而拒绝情侣机器人的使用真的合理合情吗？显然这是忽视了其有利的一面。同时，过多地陷入技术乐观主义，则无法客观考察其负面影响。在这里，需要回应两个问题：首先，情侣机器人之所以在性互动方面引发如此多的负面影响而遭到反对，与情侣机器人缺少"性同意"机制有很大关联。未来的情侣机器人能否有双重选择，能否建立"正常"的"人-机"性互动？也就是说，如果具备"性同意"机制，是否有助于解决情侣机器人引发的问题？以及在何种程度上需要"性同意"机制？其次，部分情侣机器人可能引发（例如儿童型情侣机器人）敏感问题，这类情侣机器人是否应该被允许制造和使用？对于情侣机器人与人的性互动关系，如果机器人具备"性同意"机制，当人的"要求"出现不合理境况时，情侣机器人可以通过这种机制选择拒绝，这就在一定程度上调节了人的性动机，且对于成瘾风险具有"封闭"作用。对比来说，倘若不具备"性同意"机制，则会加剧问题的严重性，因而赋予"性同意"机制是极为必要的。但是，这并不足以解决问题，因为即使情侣机器人具备"性同意"机制，也可能产生"非正常"行为。因此需要在法律层面进行规制，莉莉·弗兰克（Lily Frank）指出，赋予高智能的情侣机器人法律地位是有意义的。[①]对于情侣机器人，不能以智能程度高低来选择是否将其纳入法律，而是只要具备智能性，都需要法律上的规制，即对"人不能对情侣机器人做什么"进行明确限定。因此情侣机器人需要某种"性同意"机制，且获得法律上的"担保"，这种衡量标准可能会较好地规避其负价值的形成与发展。另外，对于兼具正负价值且后果尚未明确的技术人工物，应当予以不同程度的限制，在研发与制造过程中进行价值引导，在确保基础研究及其对应的技术研究上取得新进

---

① Frank L, Nyholm S. Robot sex and consent: is consent to sex between a robot and a human conceivable, possible, and desirable? [J] Artificial Intelligence and Law 2017（3）：305-323.

展后，再决定是否市场化及市场化的程度与范围。①譬如，对于情侣机器人的设计和生产，儿童型情侣机器人应予以"完全限制"，以杜绝性互动"畸形"现象的进一步蔓延；还有，对于情侣机器人的销售，应当确立一定的审查程序并明确相关的隐私保护细则，从而促进情侣机器人的"正当"应用，发挥其"善"的价值。上述问题的回应，为情侣机器人的设计、创新、制造与使用确立了价值标准，也应该是其努力的技术方向，从而为现实问题的解决以及友好型人机交互奠定坚实的基础。

附录 2　当代新兴人类增强技术的"激进主义"与"保守主义"：理论主张及论争启示[②]

提　要：以物理增强、认知增强、道德增强、情感增强为主的当代新兴人类增强技术对人的深度"干预"使"人"陷入"深度技术化"状态从而引发了激烈论争，形成了"激进主义"与"保守主义"两大对立阵营。双方论争的焦点主要集中在：关于什么是"人"的形而上学问题；认知进化与退化、道德工具化与趋同化、情感真实性与同质化等人的社会属性问题；自主性与自主权、公平与公正、健康与安全等增强技术使用问题。双方论争角度呈现出多样性特征，且各自在自身的理论框架下具有一定程度的合理性。论争双方的对立，有的是利益分歧，有的是价值或文化冲突，达成共识的可能性较低，理想的状态应该是两者之间如何取得均衡，保持"必要的张力"，共同推动新兴人类增强技术的健康良性发展。

关键词：新兴人类增强技术；人与技术；技术激进主义；技术保守主义

随着当代生物技术、纳米技术、信息技术、认知技术等新兴技术的发展与融合，通过技术增强人类自身的方式得到根本性的改变，以物理增强、认知增强、道德增强、情感增强为主的当代新兴人类增强技术（HET）更是受到了学界的广泛关注。对于新兴人类增强技术，因所持观点的不同引发激烈论争，可谓"积极"与"消极"响应并存，形成了新兴人类增强技术的"激进主义"与"保守主义"

①　易显飞，刘壮. 当代新兴人类增强技术的"激进主义"与"保守主义"：理论主张及论争启示[J]. 世界哲学，2020（1）：151-159.

②　本文发表于《世界哲学》，2020 年第 1 期。

两大对立阵营。

一、新兴人类增强技术"激进主义"与"保守主义"的理论主张

新兴人类增强技术的"激进主义"者对新兴人类增强技术持乐观主义的态度，认为这是突破人体局限性的一种必要手段，可延展人的各项能力甚至塑造新的能力从而造就"完美人"。新兴人类增强技术的"保守主义"者则是出于对新兴人类增强技术引发人的"深度科技化"负效应产生的"技术恐惧"，认为这类技术对人的深度"干预"使"人"面临被挑战甚至摧毁的可能性，因而呼吁对这些技术的使用保持足够克制，且主张进一步加强技术风险的评估。

（一）"激进主义"的理论主张

首先，激进主义者认为通过"增强"可以使人的各种能力得到"飞跃"，强塑人之"美"。人作为自然属性与社会属性的统一体，先天能力受到"自然"的制约。身体素质、认知能力、道德水平、情感状态等在不同个体之间存在较大的差异。人又是"处于一定社会关系之中"的人，社会化了的人总是希望自身在复杂的社会竞争中处于一定的优势地位，因而也希望借助增强技术实现个体的"全面发展"，使人对自身的塑造贴近于"美"这一心理预期。

其次，激进主义者认为通过"增强"可以解决作为"整体"的人类所面临的困境。作为"整体"的人类所面临的问题很多，如恐怖主义问题、医疗问题等。新兴人类增强技术为更好地解决上述困境提供了某种可能。例如，通过道德增强技术对犯罪分子进行"道德修正"，使被增强的人比以前有更好的道德动机；某些增强药物的靶向性治疗使人的健康恢复更为有效；等等。

再次，激进主义者认为新兴人类增强技术确实可能存在一定的风险，但"发展中的问题要通过发展来解决"。新兴人类增强技术相关风险的防范和消除，须通过技术的进一步发展来加以解决，而不能"因噎废食"。就技术本身的序列法则来说，后一阶段往往优越于先前阶段，因此需要通过技术的进步来克服技术本身带来的问题。①技术发展是一个动态的过程，先进技术必然会弥补"旧技术"的不足，人类增强技术同样遵循这一发展特征，在它的不断更新和演化中，以往的技术"瑕疵"会自行修复从而使其本身的技术风险逐步得到消解，也就是说，

---

① 吴国盛. 技术哲学经典读本[M]. 上海：上海交通大学出版社，2008：325.

发展着的技术作为一种手段能够消除先前技术带来的风险，因此，对于相关风险的过度忧虑往往显得"杞人忧天"。

最后，激进主义者认为新兴人类增强技术虽然使"人与技术"的关系更为复杂，但人作为具有确定目的的技术"造物主"，是能够实现对新兴人类增强技术的"可控性"目标的。技术发明者在自然规律的可能性范围内可实现对技术的最高可操作性，在实践中常需逆向思维以修改操作手段并在此基础上掌握操作流程从而发现人所要达到的目的，最终给出确定性解决方案使其可控。①因此，从普遍性意义上看待技术，可视之为"人类本质"的一部分。技术由人类获悉自然性质而"造"，使其被人利用和掌控并服务于人。在激进主义者看来，否认技术的"可控性"，是缺乏对"人与技术"关系本质的正确认识且是人作为主体意识不自信的一种表现。

（二）"保守主义"的理论主张

首先，新兴人类增强技术与"人-自然"作为整体的深层生态主义是背道而驰的。在深层生态主义看来，人与其他物种的发展应"顺应"自然，主动"享受"自然的赐予并全面"接受"自己，任何外在之物的存在和发展必须"符合"作为"人-自然"整体的"内在价值"，而不是对这种"内在价值"的强力干预。然而，"增强"违背了这种内在价值，产生了价值失衡。例如，通过基因增强技术来"过度"延缓人的衰老速度，看上去有一定益处，但是却导致人类长期栖居的场所形成了"超载"现象，不利于人类本身的长远生存发展以及"人-自然"作为整体的协调。

其次，新兴人类增强技术对既有的宗教文化传统形成挑战。②在既有的宗教文化传统中，人类"增强"是对上帝"权力"的夺取，动摇了上帝至高无上的地位，这种观念在很多西方民众中根深蒂固，成为增强技术发展的公众"阻力"。在他们看来，"创造"是上帝特有的权力，上帝赋予万物不同的能力，其他物种只需要接受上帝的这种馈赠即可。一切主张应该建立在"宗教敏感性"的基础上，人类"超越"作为人存在于地球的使命就可能"冒犯"上帝。③以技术"增强"

---

① 吴国盛. 技术哲学经典读本[M]. 上海：上海交通大学出版社，2008：460.

② 易显飞，胡景谱. 论情感增强技术的人文风险[J]. 探求，2018（2）：102-107.

③ Bostrom N，Sandberg A. Cognitive enhancement：methods，ethics，regulatory challenges[J]. Science and Engineering Ethics，2009，15（3）：311-341.

人自身无疑是新的"创造"，以此试图"替代"上帝，扰乱了事物的"秩序"。当前的各类增强技术的出现使人得以提高本不应该获得的能力，就信奉上帝的教众而言，这是对上帝的亵渎，逾越了"人与上帝"之间的明确界限。

再次，新兴人类增强技术的不确定性引发了不可预测的技术风险。人研发并更新技术，目的是使技术服务于人，符合人的预期。在保守主义者看来，新兴人类增强技术存在着巨大的风险。在已有的新兴人类增强技术研究过程中，确实出现过诸多失败的案例，甚至对试验个体造成了严重的伤害。如乔尼·莫尔（Jolee Mohr）因接受基因治疗而致死等。保守主义者认为即使这类技术通过了预先的理性思考与评估，但依然会对其不确定性产生忧虑。以植入型增强为例，这类增强工具的组成材料结构复杂而精密，它被植入人体内是否完全符合人的预期，仅仅为一种可能性，其结果也不是完全可以精准把握的。在这个意义上，保守主义者对增强技术的风险担忧又具有一定的合理性。

最后，新兴人类增强技术重塑了"人-技术"的关系，引发人类陷入"深度技术化"状态。在固有的观念中，人是现实世界中的"主体"，具有主观能动性，能改造外部世界。技术作为人制造出来的"外在"，理应处在人的掌控范围内，而不能产生任何"反向"塑造人的可能性。保守主义者认为，新兴人类增强技术的出现，使"人-技术"的传统关系得以"反转"。这正如塔马尔·沙伦（Tamar Sharon）所言，"理论上，由于人和技术物结合体的产生来获得增强，技术与人的区别变得愈来愈不清晰，也模糊了主、客体以及天然与人工的定义"①。如"人机结合"的认知增强技术，模糊了人与物的"界限"，弱化了人的固有属性。基因技术和智能技术的出现，使人的身、心都遭到技术化的肆虐，使人陷入"深度技术化"的状态，同时也促成了"人类文明"向"类人文明"的演变。②

二、新兴人类增强技术"激进主义"和"保守主义"的论争焦点

新兴人类增强技术的"激进主义"和"保守主义"两大阵营论争的焦点主要集中在：关于"人"的形而上学论争；关于人的社会属性的"三向"之争；关于新兴人类增强技术技术使用的社会向度论争。

---

① Sharon T. Human Nature in an Age of Biotechnology：The Case for Mediated Posthumanism[M].Dordrecht：Springer，2013：4.

② 孙周兴. 技术统治与类人文明[M]. 开放时代，2018（6）：24-30，5-6.

（一）关于"人"的形而上学论争

随着"增强"时代的到来，"人""人性""人的尊严""人格"等形而上学问题均引发了学界的重新思考甚至再定义。

首先，什么是"人"——"自然人"与"技术人"之争。"自然"在宗教意义上意味着"上帝创造一切"，具有秩序特性。[①]海德格尔指出，"人是唯一具有逻各斯的动物"[②]，即人是以肉体存在这一自然属性为基础的具有理性的独特存在。保守派倾向于人应作为"自然人"而存在，由"自然"赋予的生物属性不应经过任何他物篡改或修饰。人文主义者弗朗西斯·福山（Francis Fukuyama）直言，通过汇聚技术提升的人类如同超人类主义者倡导的技术与生物学融合的技术机器人无异。[③]因此人作为"自然人"的特性不能被破坏，否则就是对人类构成"自身"原则的违背。激进主义者则不然，如超人类主义者雷·库兹韦尔（Ray Kurzweil）认为人已经迈向了通往"技术人"的道路，我们无须妨碍人的这种"改造"[④]。依照超人类主义者的观点，"自然人"进化到"技术人"是对人的"有限性"的解脱，是人自身在"创造自我"。

其次，"人性"与人的尊严之争。人性是人倾向的一种独特的内在规定性，是人潜在的和内在具有的且具有现实化的可能性。人的尊严是由人的本性内在赋予的且具有自身的内在价值和意义，需要自身和他人的尊重和善待。技术保守主义者支持"天赋"的人性观，反对技术介入改造人的本质属性。新兴人类增强技术持续地"增强"人类会改变人类对美好价值理解的一致性，进而破坏人类社会实践。人性具有系统性、复杂性特征，利用技术增强人性的某一方面造成的可能是整体优越性的破坏。[⑤]卡尔·艾略特（Carl Elliott）等认为，增强特定的能力将"破坏人性的统一性或连续性"[⑥]。马尔科姆·伯恩斯（Malcolm Byrnes）指出，

---

① Béland J P，Patenaude J，Legault G A，et al. The social and ethical acceptability of nbics for purposes of human enhancement：why does the debate remain mired in impasse？[J].NanoEthics，2011，5（3）：295-307.

② Heidegger M. The Fundamental Concepts of Metaphysics：World，Finitude，Solitude[M].Bloomington：Indiana University Press，1992：306.

③ Béland J P，Patenaude J，Legault G A，et al. The social and ethical acceptability of nbics for purposes of human enhancement：why does the debate remain mired in impasse？[J].NanoEthics，2011，5（3）：295-307.

④ Béland J P，Patenaude J，Legault G A，et al. The social and ethical acceptability of nbics for purposes of human enhancement：why does the debate remain mired in impasse？[J]. NanoEthics，2011，5（3）：295-307.

⑤ Schramme T，Edwards S.Handbook of the Philosophy of Medicine[M].Dordrecht：Springer，2015：1-10.

⑥ Elliott C，Fukuyama F. The importance of being human？Our posthuman future：consequences of the biotechnology revolution[J]. Hastings Center Report，2002，32（6）：42.

依靠技术的人类增强会使人们"忽视追求优秀的缘由而不知道真正要追求的是什么，以及作为人类还是改造物来追求卓越"①。这就像比约恩·霍夫曼（Bjørn Hofmann）所指出的，人类在实现能力增强的同时破坏了所珍视的东西。②国内学者王国豫等以人类胚胎基因编辑技术为例，认为这类增强技术导致"人与技术"关系的颠倒，人沦为"一种工具、一组化学物质"并被技术操控着。③福山对增强技术的使用表示了担忧，认为其可能摧毁人类的尊严，乔治·亚那（George Yana）、洛里·安德鲁斯（Lori Andrews）和罗萨里·奥伊萨西（Rosari Oisasi）甚至认为基因改造或增强属于一种人性层面的"犯罪"④。这正如埃里克·科恩（Eric Cohen）所强调的，"人类世界所有生物都有自己的生命，因此理应都具有被尊重的资格"⑤。基于上述，增强技术的保守派认为人借助技术增强自身获得的所谓"进步"实际上威胁了人的本性和尊严，人的尊严决定了人不能也不应被视作工具或器物。毕竟，"不论是谁在任何时候都不应把自己和他人仅仅当作工具，而应该永远看作自身就是目的"⑥。

增强技术激进主义者则认为，人性不是固定的而是动态发展变化的，人性具有可塑性且可通过适当手段加以"改造"，仅仅为了保持人性的"自然"而拒斥技术是无益的。在他们看来，"自然"条件下形成的人的特性并不一定是最佳的。⑦蒂姆·卢恩斯（Tim Lewens）强调，人性本身具有双向规范性，可好可坏。⑧激进主义者据此认为"自然的事物"优于"增强的假设"缺乏根据，增强自身并不是在破坏人性，恰恰相反，是为了使人性得到呈现而做出的"理性决定"。约翰·哈里斯（John Harris）甚至主张所有"负责任"的家长应选择增强技术来增强后代，控制人类的进化方向，使他们在变化的自然界中找到适合自身进化的新方式，不被自然所制约，达到积极塑造进化的目的。⑨在使用技术增强自身的过

① Byrnes W M. Beyond therapy: biotechnology and the pursuit of happiness[J]. The National Catholic Bioethics Quarterly, 2005, 5（1）: 205-207.

② Hofmann B. Limits to human enhancement: nature, disease, therapy or betterment? [J]. BMC Medical Ethics, 2017, 18: 1-11.

③ 陶应时，王国豫，毛新志. 人类胚胎基因编辑技术的潜在风险述介[J]. 自然辩证法研究，2018（6）: 69-74.

④ Bostrom N. A history of transhumanist thought[J]. Journal of Evolution and Technology, 2005, 14（1）: 1-25.

⑤ Cohen E. Conservative bioethics and the search for wisdom[J]. Hastings Center Report, 2006, 36（1）: 44-56.

⑥ [德]康德. 道德形而上学原理[M] 苗力田译. 上海：上海人民出版社，1986: 86.

⑦ Buchanan A. Human nature and enhancement[J]. Bioethics, 2009, 23（3）: 141-150.

⑧ Lewens T. Human nature: the very idea[J]. Philosophy & Technology, 2012, 25（4）: 459-474.

⑨ Harris J. Enhancing Evolution: The Ethical Case of Making Better People[M].Princeton: Princeton University Press, 2007: 4.

程中，人类摆脱了自然的"压迫"，通过塑造自然特性从而形成"更适合"的人性，反之，人性将会"倒退"。由此看来，激进主义者普遍认为人性是流变且可塑的，技术可以赋予人性新的内涵。技术不仅仅是人类用来改造客观世界的手段，也应该是改造自身达到某种目的的手段。

最后，关于人格同一性的论争。人格的同一性是指人在自我发展过程中逐渐塑造出的关于自身世界观、价值观、人生观的有机稳定统一的整体，由有意识的现实化活动如情感、意志、行为等表征。人格同一性彰显了一个人的发展历程与自身的价值信念的和谐性。技术保守主义者认为，增强技术有导致同一性丧失的风险。如服用某些认知增强药物，增强后的认知与被增强者的情感或情绪产生了"不对等"，使人陷入过往的痛苦中而饱受折磨，产生同一性丧失的恶果。[①]反对生物医药技术增强道德的保守主义派系认为，依靠技术增强所获得的道德并不是当事人道德意识水平的真实反映，道德层面的人格同一性完全被扭曲。但是，激进主义派系指出增强者的人格并未因为增强技术的使用发生改变。人们的道德素质、心理水平往往处于不断变动的过程中，在偶然情况下也会产生剧烈变化，但是这并不影响人格的同一性，因为它并未丧失。[②]

（二）关于人的社会属性的"三向"之争

首先是增强后人的认知进化与退化问题。增强技术体系中的认知增强，是利用技术影响人脑认知功能，使个体认知能力得到提升。激进主义者尼克·博斯特罗姆（Nick Bostrom）等人认为，增强后的认知会使被增强者在社会上获得巨大的优势和影响力。[③]如经颅直流电刺激（TDCS）技术通过向大脑输送低电流可以让使用者精力更集中及思维的创造力更强。但反对者指出，被增强者一旦使用该技术后，更容易癫痫发作。通过增强技术获得的认知的某一方面的增强后，还有可能导致另一方面认知力的弱化。[④]特别是人和认知增强产品的"深度"融合还有可能使人的判断力发生"扭曲"。如脑深部电刺激（DBS）会产生言语障碍和记忆障碍；利他林的使用降低了脑部记忆区域的兴奋度；部分增强药物会增加无用信息量造成信息筛选困扰从而降低认知；等等。可以看出，激进主义者看重的

---

① 易显飞，王广赞. 认知增强的风险及其治理[J]. 自然辩证法研究，2019，35（3）：113-118.

② Douglas T. Moral enhancement[J]. Journal of Applied Philosophy，2008，25（3）：228-245.

③ Bostrom N，Roach R. Human Enhancement：Ethical Issues in Human Enhancement[M]. Basingstoke：Palgrave Macmillan，2007：15.

④ Arnaldi S. Responsibility and human enhancement[J]. Nanoethics，2018，12（3）：251-255.

是增强带来的认知提升，保守主义者则专注于增强后爆发的认知风险。

其次是增强后道德的工具化与趋同化问题。激进主义派主张利用新兴人类增强技术来增强道德，保守主义派则崇尚传统方式如道德伦理规约而不是通过增强技术对身体的介入来约束人类自身。这方面双方的争论涉及个体的道德意识与道德实践。道德有其自身的内在性且可不断发展塑造。被技术增强后的"道德"，工具化与趋同化往往同时并存。人的道德意识是在"自然-人-社会"三者的辩证运动中达到合规律性和合目的性的统一，形成后可进行相应的道德实践。一旦技术介入道德，会对"自然-人-社会"产生扰动，道德意识掺入了"工具性"特质，道德主体的道德意识可能不听从人脑的指令，使人的道德意识产生的条件"工具化"，从而使人在道德决策和实践中处于"被迫"的地位，即并非发自内心的"善"本能。与此同时，"趋同化"则表现在人类实现道德增强后无法实施"真"的"善"，不同的个体在同一道德实践的表现可能如出一辙，因为大范围实施增强带来的就是这种"道德趋同"。

最后是增强后情感的真实性与同质化问题。通过技术手段增强情感一直面临着很大的争议，激进派和保守派对于"技术化"情感的真实与否也观点不一。关于情感增强所体现的真实性与同质化问题，激进主义者与保守主义者对"人为性""非理性""连贯性"三方面展开了激烈的论争。大卫·德格拉奇亚（David DeGrazia）指出，为了寻求"真实自我"，人们希望借助相关技术改善外在表现特别是使自身的主观情绪得以改善。[①]如百忧解等增强药物可以消除人的情感创伤并更积极地面对生活，就此而言，"真实性"意味着专注于生活和自我实现。但保守主义派认为借助增强技术必然导致情感状态的"不真实"，即一个人的情感外在表达与内心的真实情感状态具有不一致性。在某种程度上，真实的情感具有理性这一特征，而被增强的情感往往是非理性的。增强可导致情感的非理性和不连贯，也因这种情感不是人与外在环境互动的产物而表现为"虚情假意"。如一个人通过服用药物获得了情感的增强，虽然最后结果是表现出良好的情感状态，但与个体情境实际并不相符，本质上是一种"自欺欺人"，这样一种增强后感觉到的情感属于"二阶情感"，已经背离了真实性标准。情感的发生遵循其内在规律并形成一定的连贯性，它会随人自身所处环境的变化而变化，体现出情感的多样性特征。如果单纯采用情感增强手段促成"好"的情感，这个世界上本来

---

① DeGrazia D. Prozac, enhancement, and self-creation[J]. The Hastings Center Report, 2000, 30（2）: 34-40.

丰富的情感表达将会趋向单一。从目前来看，大多数情感并不属于"可增强"范畴，但是情感体系内部却存在着强关联特征，某一情感的过度增强可能产生"情感依赖"，会抹杀其他情感，且让情感体现失去对比，最终导致情感的同质化，情感也失去了作为情感的"本来"意义。

（三）关于新兴人类增强技术技术使用的社会向度论争

首先是增强技术使用的自主性与自主权的问题。激进主义者认为增强技术的使用扩大了人在社会生活中的自主性，保守主义者则认为这类技术对人的自主权造成了侵犯。博斯特罗姆认为某些增强可以提高后代的自主能力。①如果在不给自身造成严重经济负担的情况下，父母就有"义务"从可能生出的孩子中挑选他们认为有希望过上好生活的孩子。②"自由主义优生学"的捍卫者强调，他们不是在支持强制性的国家计划，而是要倡导父母应该被允许做出这种优生选择，生育"自由"必须得到保护。③可见，激进主义派的观点主要是强调父母的自主权和后代可借助技术变得更强的自主性。但是，父母侵入性地将自身的基因偏好建立在后代的基因组序列当中，就真的符合权利评判标准吗？尤尔根·哈贝马斯（Jürgen Habermas）指出，由父母"设计"的后代并不会觉得自己是个人生活的"主导者"，而会认为只是一项"未经同意"就制订的无法拒绝的特定计划。④反对者对违反了自主权的增强技术保持警惕，后代的诞生更不应如同"商品"一样被随意设计，应该过自身可以决断的生活。诚然，父母有其选择的自主性，依据自身的偏好来设计后代的成长方向的初衷也固然是"好"的，但这些未必就是孩子所认同的，强化自身的自主性的代价就是削弱了下一代的自主权，剥夺了下一代的价值选择权。⑤

其次是增强技术使用的公平与公正问题。通过技术增强人的各方面是否会导致新的不公平问题？激进主义者认为增强技术会减少社会不平等现象，保守主义者则持对立观点。如博斯特罗姆认为，目前医学界对遗传疾病基因了解的程度远

①　Bostrom N. In defense of posthuman dignity[J]. Bioethics，2005，19（3）：202-214.

②　Savulescu J. Procreative beneficence：why we should select the best children[J]. Bioethics，2001，15（5/6）：413-426.

③　Agar N. Liberal Eugenics：In Defence of Human Enhancement[M]. New Jersey：Blackwell Publishing，2004：106.

④　Habermas J. The Future of Human Nature[M]. New Jersey：Blackwell Publishing，2003：62.

⑤　易显飞. 人类生殖细胞基因编辑的伦理问题及其消解[J]. 武汉大学学报（哲学社会科学版），2019（4）：39-45.

远多于与天赋、智力相关的基因，因此基因增强可能特别有助于那些遗传条件较差的人。①也就是说，当前的基因增强技术，可能更多的是"雪中送炭"，而非是人们所想象的那样只是"锦上添花"。再譬如，已有的认知增强药物对已经具有较高认知能力的人群作用效果微乎其微，但对认知能力低下者的增强效果却非常明显，它的使用消除了智力差距，实际上促进了智力领域的公平。然而保守主义者却不这么认为，他们担忧增强技术会导致更严重的不公平。托马斯•道格拉斯（Thomas Douglas）认为，未增强个体与增强个体之间本来就产生了新的不平等，为了保有公平价值诉求，有很大理由不鼓励增强技术的使用。②当每个个体为了保持高竞争力都主动选择增强或"被迫"增强时，竞争力差异在总体上不会发生较大变化。但上述只是理想模型，现实中不同个体的经济差距较大，对于增强产品的购买力度达不成同步效应，增强者与未增强者之间自然就产生了新的不平等。

最后是增强技术使用的健康与安全问题。通常，在生物医学领域，医学是为了治疗患者疾病使其身体恢复正常水平，"增强"往往超出了医学的目的。就医学目标而言，这些目标包括治愈疾病以及减轻疾病造成的痛苦和促进健康。一般而言，健康被理解为典型的正常功能，医学的目标就是使患者恢复正常的功能。据此，"治愈"已经可以满足正常健康水平的医学目标，相对而言"增强"在医学上的存在度应该很低。保守主义派通常认为正常的"治愈"来保持健康即可，"增强"则不用进入医学"舞台"。但是激进主义派并不那么认为，在他们看来，"增强"并不是为了让身体达到正常健康水平，而是"超越"健康水平；并且随着增强技术时代的到来，"健康"也要被重新定义，两者的"基线"并不平齐，"增强"树立的健康标准更高，更有助于人的身心持续发展或保持高健康水平。增强技术使用可能引发的安全问题也备受争议，这主要包括：增强技术及其产品对使用者的身体是否存在暂时不可预测的风险或危害？增强者在使用增强技术后是否存在个体隐私信息泄露甚至被非法获取导致其安全感降低？增强技术制品购买者的增强目的不明确或动机不良是否会危害公众或造成社会恐慌？等等。

---

① Bostrom N. Human genetic enhancements: a transhumanist perspective[J]. The Journal of Value Inquiry, 2003, 37（4）: 493-506.

② Douglas T. Human enhancement and supra-personal moral status[J]. Philosophical Studies, 2013, 162（3）: 473-497.

三、论争启示

通过新兴人类增强技术激进主义和保守主义两大派系的论争，可以发现他们不同论争角度的多样性，且各自在自身的理论框架下具有一定程度的合理性，但论争双方始终无法"说服"对方达到一致。基于汇聚技术的新兴人类增强技术尚处于持续的发展过程中，且学者之间跨学科领域对话也具有一定的不对等性，因此由它引发的各种案例及现象而导致的论争也是正常的。任何否认增强技术异化的"乌托邦"预测和夸大增强技术异化的"敌托邦"估计都是不可取的，两者都会对新兴人类增强技术的健康发展产生阻碍。

第一，激进主义和保守主义的论争说明新兴人类增强技术的最大特性就是具有更大的不确定性，以及其由这种不确定性引发的巨大风险。对于兼具正负价值或者应用后果尚未完全明确的当代新兴人类增强技术应该在部分限制发展的基础之上对其加以修正和引导。既然无法完全限制其发展，那么就必须对其风险进行量化，强化风险的可控性。对于后果尚未明确的增强技术类型，应该力争在研究上取得确切进展后再决定是否市场化。对于已经明确但各有利弊的增强技术，应当制定详细的使用守则，从用法用量、使用主体体质等方面严格要求，而不是事后发现问题或存在可能的风险就中止对该技术的发展。

第二，新兴人类增强技术发展需要构建更好的外部环境。人类环境一直是一个"技术环境"，人在技术环境中是具有主动意识的创造者，能够塑造有利于或抵制不利于自身的环境。新兴人类增强技术为技术环境添加了新的要素，同时也改变了人自身。这类技术主要以"人"为作用对象，它的着眼点自然是人，但不能仅仅立足于人，而应在追求人类自身美好诉求的基础上，进一步考虑人同其他生命体及环境的相互作用关系，考虑是否对它们造成危害，避免因为单一性技术作用破坏"技术环境"而影响"人类环境"。

第三，新兴人类增强技术发展需要更好地把握好"人与技术"的关系。可以说，新兴人类增强技术的出现，使"人与技术"的关系变得更加复杂化和多元化。对技术的"审视"，不仅仅只局限于它的制造和使用，更要关注技术的发展与人的发展是否相融。新兴人类增强技术可使人的生物结构与技术工具紧密联结从而实现人的增强，在这个过程中，技术理性进一步得到了张扬，关于人的"意义"的价值理性却日渐式微。基于"人与技术"的错杂交织关系，看待新兴人类增强技术不应当只限于技术领域，更需要回到人本身。这类技术如何尽可能不"粗暴"

地涉及生命秩序，回归人类本真心灵，使技术秩序与人的价值秩序和谐，是需要严肃思考的问题。

第四，新兴人类增强技术发展需要利益攸关方更多地"对话"。在"建构主义"看来，技术广泛地受到各种社会因素制约。解决业已存在的技术"难题"只诉诸技术研究本身是不尽合理的，毕竟，"人"是增强技术的直接作用对象，而且，利益关联的群体选择等社会因素对技术的影响更大，因而也必然存在各种价值或利益冲突。就争论本身来说，激进主义和保守主义的对立，有的是利益分歧，有的是价值或文化冲突，达成共识几乎没有可能性，理想的状态应该是两者之间如何取得均衡，保持"必要的张力"。要实现这一点，则需仰仗于"对话"。在这个意义上，新兴人类增强技术的发展需要科学家、技术研发主体、政府、企业、人文社科学者、公众等相关群体的共同构建，强化攸关方的多元协商以促进它的健康发展。

第五，新兴人类增强技术发展需要构建与时俱进的动态伦理体系。激进主义与保守主义之所以争得"不可开交"，很重要的原因就是新兴人类增强技术的发展造成的伦理问题更多更复杂。考量技术伦理关键在于"未雨绸缪"，而非静态地任其发展最终导致问题聚集。人类自身的认知局限虽不能全面掌控增强技术的各方面及发展进程，但是在它前进的每一步、每一个领域都应当全神贯注地把握，不断更新其伦理框架。保守主义对增强技术的强硬态度究其原因就在于这类技术改造人之根本的道德上的不可接受性。当然，传统的道德伦理原则也有一个不断适应新技术体系从而进行自我更新的"任务"。针对各种新兴人类增强技术，我们需要扩大伦理规约范围，加强伦理上的合理性评估约束，将伦理体系建立在新兴人类增强技术实践的基础上，使其在符合人的伦理评判标准条件下良性发展。

附录3　社会化机器人主要特征的技术哲学审视①

摘　要：社会化机器人作为一种新型的技术人工物，与传统机器人相比，呈现出新的特征。从技术哲学角度看，这些主要特征包括：预设其"本质"可还原为"数"的前提"假定性"；技术深度集成和作用"转向"所表现出来的功能的"价值性"；技术"法则"支配和"跨越指令"所表现出来的运行的"自主性"；

① 本文发表于《晨刊》，2022年第4期。

作为"在场的物"体现出来的"情境-技术"式的"社会性"。基于上述基本特征，社会化机器人的出现及发展或已实现对传统机器人的"范式"变革。

关键词：社会化机器人；人技关系；人机交互；技术哲学

社会化机器人作为融合多种新兴技术发展而来的产物，愈来愈显"人格化"趋势，它能够以"人"的方式与人相处并进行交流互动。[1]这种具有一定"社会化"属性的机器人，通过呈现自身具有的思维状态，在与人的接触中形成某种新的人机关系。[2]需要指出的是，这种新型人机关系由设计者、用户和受机器人影响的其他行为主体主动建构而成。[3]按照功能上的差异，社会化机器人大致可分为助老型、儿童陪护型、家务劳动型、情感关怀型和医学治疗型。当然，上述几种分类在功能上有一定重叠，但侧重点其实是有所不同的。社会化机器人是面向"人"本身制造出的技术人工物，在人机"打交道"的过程中，往往呈现出正负两面的影响。以情侣机器人为例，其在诊断和治疗、情感陪伴和"身体刺激"、性互动与"本体安全"方面有着积极的一面；但同时也可能会造成性的"物化"、强化"非正常"的性行为、诱发"性上瘾"、强化"性成瘾"等消极的一面。[4]社会化机器人与传统机器人有很大区别，可以说在一定程度上已经超越了传统意义上机器人的界限，呈现出一些新的特征。

一、"万物皆数化"：前提的"假定性"

社会化机器人的核心系统是人工智能模块，基于此，它才能够具备一定"智能"，从而与人"打交道"。人工智能源于"机器可以思维"的假定，这个假定属于功能主义的假定，即依据两种或两类不同事物在其功能表现上呈现的方式是否一致的情况，进而根据其表现效果进行判定，来实现对事物的区分。也就是说，如果人有思维，机器人在其表现上能够进行与人相类似的行为，且让人的评定中认为它是能够思维的，这就说明机器人能够思维。假定的建立条件则是以数学语

---

[1]　Breazeal C. Designing Sociable Robots[M]. Cambridge: MIT Press, 2002: 1-6.

[2]　Turkle S, Taggart W, Kidd C D, et al. Relational artifacts with children and elders: the complexities of cybercompanionship[J]. Connection Science, 2006, 18（4）: 347-361.

[3]　Sabanovic S, Chang W L. Socializing robots: constructing robotic sociality in the design and use of the assistive robot PARO[J]. AI & SOCIETY, 2016, 31（4）: 537-551.

[4]　易显飞，刘壮. 情侣机器人的价值审视——"人-机"性互动的视角[J]. 世界哲学，2021（4）: 144-151, 161.

言为基础的，即机器智能以可编码的逻辑语言——二进制语言和逻辑关系的数理化等来体现，人工智能则是在此基础上不断发展起来的。可以说，机器的思维是基于思维可被编码的假定前提之上的，而此类意义上的"思维"并不是人的独有特征。

按照上述思路，社会化机器人的设计思路沿着功能主义的假定进行，且已经涉及"情感计算"领域。这似乎表明，"情感"也是可被编码的，情感的数理化使社会化机器人在功能上能够将情感以外在行为表现出来。也就是说，我们看到社会化机器人能够通过"思考"，来与人进行非常融洽的互动或"表达"情感来关怀人和安慰人，这些最直观的认识都源于功能主义上语言、思维、情感甚至道德等特征的可编码性。如果始终保持"本质主义"的立场，即思维、情感等属人"独有"且多数具有不可编码性特征，社会化机器人也就不会诞生。在这种意义上，社会化机器人可以被设计出来的前提则源于功能主义假定，其基础就是"万物皆可数化"。

这里同样存在一个问题，即原先所认为的人的某些特有本质并不是人独有的，社会化机器人等其他智能产物也都可以"被赋予"这类本质，那么这里所谓的本质主义的说法也就不复存在了。人与智能体的区别，也仅仅表现在"算法本体论"层面上算法的不同，人与物变得齐一化。①进而言之，算法依然是"数"的体现，最终可还原为"数"。依照这样的逻辑，人与社会化机器人的可区分性在降低，似乎人-机（物）皆"数"。在哲学上，这种在根本上对人的本质概念提出的挑战，或许需要进一步回答。

二、深度集成与作用"转向"：功能的"价值性"

技术的深度集成和融合是社会化机器人发展进程中的关键环节，这也是社会化机器人与传统机器人区别开来的重要标志之一。在此，我们并不否认传统机器人也是以多种技术为基础发展而成的产物，但社会化机器人在技术构成的深度与广度上则更为复杂与精密。社会化机器人类型的多样性特征，本身也说明其背景技术的复杂多元性。

总体上而言，社会化机器人的相关背景技术涉及人工智能技术、机器人技术、

---

① 李河. 从"代理"到"替代"的技术与正在"过时"的人类？[J]. 中国社会科学, 2020（10）: 116-140, 207.

计算机科学、认知科学、心理学、人机工程学与材料学等学科领域的技术，且由其高度协同融合而成。技术的深度集成也进一步成为社会化机器人在功能上区别于传统机器人的标志，毕竟，后者在功能上偏向于对"物"的作用，而前者偏向于对"人"的作用。可以说，技术由"外在的工具性辅助"作用到"内在的情感心理调节"作用的转向，是社会化机器人与传统机器人区分开来的明显特征。传统机器人如扫地机器人或分拣机器人，其作用往往是"工具"意义上的，是以达成人的体力劳动强度减缓诉求为目的的。对于具有弱意义程度的所谓智能机器，也仅限于智力劳动的工具性特征，如有些智能机器仅仅能帮助人们处理复杂数据等数理化的逻辑过程，而不涉及深层次的人机关系，还是如同一架"冰冷的机器"。

当然，社会化机器人仍然具有工具性作用，但更多的技术效用是指向人的心理和情感并对其产生作用，也可以说是从对人的外在辅助到对人的内在调节的"转向"。整体上，它在内在调节的过程中，以一种"温和"的方式对人的生理状态、心理状态、情感状态产生一定程度上的影响。例如，助老机器人和儿童陪护机器人可以分别照料老人和儿童，提供情感慰藉和陪伴；情侣机器人可以弥补人的某些情感需要；等等。人们尽管在理性层面"知道"这是机器人，但是在情感或者心理上，在同其交互中还是会向其"流露"出一定的情感，或者说"不知不觉"地把它当成一个"伙伴"。因此，传统机器人在单一的体力或脑力上表现的外部辅助性作用更加偏向于"工具"意蕴，而社会化机器人表现的情感、心理的安慰和调节作用则更加偏向于"价值"意蕴。可见，作为具有深层调节内在状态功用的社会化机器人，通过各种技术深度集成产生的技术系统，满足了人的心理层面和情感层面的内在诉求。

三、秩序统摄与"指令跨越"：运行的"自主性"

社会化机器人作为"技术综合体"，具有明显的自主性特征，这可以从两个方面来分析。其一，社会化机器人服从于技术的自主性法则。在埃吕尔看来，现代技术属于自主性的技术。其自主性体现在多个层面，围绕技术自身的发展角度来说，技术的发展和进步依靠技术系统内部的法则和秩序而实现。社会化机器人自身可以视作一个高度发达的技术系统，也就是说，它可以不从属于其他事物，凭借技术系统"约定俗成"的内在运行逻辑来呈现自身，因此必然要受到技术逻辑的支配。具体来说，社会化机器人所涉及的技术中的各个环节构成了一个自主运行的系统，人所看到的无非也就是技术"决策"的表现结果，而其中的支配过程，也就是技术如何驱动它运作对于人而言是往往是"隐而不显"的。我们"看到的"仅仅是我们能够看到的和感知到的，而这个过程在某种意义来说属于"自在之物"，人是无法察觉的，在这个意义上，也可以说社会化机器人的运行过程是"自主"的。

其二，对于社会化机器人，其外在化的表现具有自主性特征。与传统的工业机器人或者自动装置相比，自主性的体现方式并不是指从启动机器开始就一直保持"按部就班"地运行，因为"按部就班"地运行也可以说是机械化或者是无变化的"相对静止"状态。社会化机器人虽然也"接收指令"，但并不局限于指令。换言之，机器不只是服从人的指令，将指令作为信号而动作，而是有"跨越"指令的能力，能够在一定程度上"自主"地行动。社会化机器人具有对周遭环境的感知以及反应等能力，并能做出一定的行为判断和行为执行。这也就是说，其行为去除了单一机械性，而具有了一定的"灵活性"，比如，它能够在察觉到人们情绪低落的表现后会给予安慰，而不需要人来提出如"我心情不好，我需要安慰"的指令。在这种意义上而言，社会化机器人具有显著的自主性特征。

由此看来，社会化机器人的自主性特征一方面遵循技术系统的自主运作过程，另一方面在外在的行为上，它不再是一架"僵化的机器"，而是可以在一定程度上实现行为自主性的机器"人"。需要注意的是，技术具有属人和属物两种维度，前者强调受控性，后者强调自主性①。从后果论的视角来看，对于社会化机器人，我们要在最大限度上确保其"属人"的维度高于"属物"的维度，也就是说，无论其表现得多么"自主"，对于人类来说，应该都是可控的。

四、"机器的在场"："情境-技术"式的"社会性"

一般而言，社会性指个体的存在以对集体的依附为生存前提的属性。就此而言，社会性不仅是人的独有属性，其他生物也具有"社会性"（譬如蚂蚁）。对于技术物这一类非生物存在而言，其社会性并不明显，但并不表示它们不具有所谓的社会性。社会性体现在社会关系中，应当从社会维度加以思考。换言之，"技术人工物"已然迈入了向"社会人工物"转变的社会化过程，人与物的关系不再

---

① 孙玉涵. 技术的多元本质观：比较及其融合[J]. 长沙理工大学学报（社会科学版），2021，36（1）：24-32.

是形而上学式的。①因而，在技术化社会中，应从"人-技术-社会"的动态发展向度分析社会化机器人的社会性。

社会化机器人作为技术物，其社会性体现在具体的社会情境中。社会化机器人与一定的社会情境相互依存，它对社会各要素有深层的依赖，比如社会结构、社会组织、社会秩序等。也就是说，社会情境的存在赋予了社会化机器人的在场空间和意蕴，并使其不断地发展、调整和进化。另一方面，其社会性也通过技术化的社会属性体现出来。人要体现社会性，就需要参与到社会关系当中，而社会化机器人则需要参与到人和社会的互动当中，社会化机器人的社会性与人脱离不开，也就是说社会化机器人需要与人形成"交互关系"。从具体人机互动实践来讲，它的社会性表现在技术式的行为和表情上，展现出拟人的和人性化的某种特质。正是在这种条件下，作为技术物的社会化机器人与人类建立了密切的联系。②换言之，人以及社会构成了社会化机器人的社会性特征的"背景"。

社会性表现为自然属性和社会属性，这是传统意义上的界定，对于社会化机器人则表现为"技术式"的社会性特征，属于非生物意义层面。生物的自然属性，即由机体组织和结构作为物质基础延伸而来的特性形成于漫长的进化过程中；而社会化机器人的自然属性是以技术为基础的各种物质材料的整合并实现其自身的非自然演化，是技术和人工共同促成并赋予其的"生命周期"。于人而言，社会化机器人既具有"积极社会性"，即对人或是人类整体有促进的一面；也有"消极社会性"，即对人或是人类整体有负面作用。其社会性对人的消极作用可能有三种表现：一是社会化机器人的积极社会性的呈现导致人的心理或情感恐慌，比如在机器人陪护中，人们害怕机器人与人的关系替代了人与人的关系，或者机器太像人产生"恐怖谷效应"等；二是人为设计上的缺位导致社会化机器人可能表现出消极社会性，如在机器学习上表现出对人的歧视或偏见，这也恰恰再次反映了人的环境和社会情境是机器的社会性形成的背景；三是将来可能的不受控的社会化机器人所表现出来的"完全社会性"，如科幻题材上有诸多关于人机关系深度对立的描述。当然，需要说明的是，作为社会化机器人表达社会性的社会情境是多变的，现阶段社会化机器人本身的"技术式社会性"也有很大的拓展空间。

基于上述基本特征，社会化机器人的出现及发展或已实现对传统机器人的"范式"变革。传统机器人总体上偏向于工具性的辅助作用，注重"物（机器人）-

---

① 李福. 从"技术人工物"到"社会人工物"[J]. 长沙理工大学学报（社会科学版），2021，36（4）：1-7.
② 李福. 人工物的社会性存在与生成及其四种社会情境[J]. 科学技术哲学研究，2019，36（2）：73-77.

物"作用；而社会化机器人彻底改变了这种传统作用模式，它以相关背景技术的深度集成为基础，以前提的假定为条件，更加注重"人-物（社会化机器人）"作用，表现出更加显著的自主性和社会性特征。通过对社会化机器人特征的把握，或许更有利于在将来的机器人设计上和"人-机"关系实践中实现"科技向善"的价值目标。

附录 4　新兴人类增强技术与人类未来①
——兼评《增强、人性与"后人类"未来
——关于人类增强的哲学探索》

摘　要：基于汇聚技术（NBIC）的新兴人类增强技术（HET）的出现，正以一种全新的方式对人类的身体、认知、道德等诸多方面进行"深度"改造乃至重塑，这对人类的未来到底是祸是福，引发了不可回避的人文担忧。《增强、人性与"后人类"未来——关于人类增强的哲学探索》一书，是一部标准的从人文主义视角审视新兴前沿技术的哲学类著作。该书从概念分析、技术研发和社会传播三个层面勾勒出新兴人类增强技术的概貌，对超人类主义与生物保守主义、超人类主义与后人类主义围绕新兴人类增强技术的两场论辩进行了深刻的哲学阐述。对新兴人类增强技术的人文审视，应超越学术流派的二元对立，重新在"人-技术"的相互定义和相互建构的"后人类"观点中，描绘正在发生"技术性转变"的人类未来图景。

关键词：《增强、人性与"后人类"未来——关于人类增强的哲学探索》；人类增强；人类未来；技术与人文

法国技术哲学家贝尔纳·斯蒂格勒（Bernard Stiegler）曾指出，任何一种技术都可视为弥补人类先天缺陷的"解药"。在古希腊的造人传说中，爱比米修斯负责给万物分配各自的生存能力。于是猛兽们有了尖牙利齿，弱小者获得了坚硬的甲胄或是敏捷的身姿。赶在完工前，普罗米修斯来验收弟弟的工作，却发现唯有人类赤身裸体，既无尖牙利齿，也没有敏捷的身姿，更为棘手的是能力库已瓜

---

① 本文发表于《科学 经济 社会》，2023 年第 1 期。

分殆尽。逼不得已，普罗米修斯盗来了"火"作为人类的先天馈赠。在斯蒂格勒看来，神话中的"火"象征的是人类发明和使用技术的能力。相对于其他动物，人类身体素质的先天匮乏是一种彻彻底底的"病"，而治疗的方法在于通过技术来弥补，因此技术便成了疗愈人类生存危机的"解药"。现今，人类受益于技术的助力，俨然成了地球的"主宰"。对于现时代的人类而言，人类是否可以存续的危机似乎已经成为历史。果真如此吗?德国哲学家海德格尔却不这么看，他认为人类是否还有未来，取决于能否挣脱技术通过"集置"（Ge-stell）的力量为人类自身设定好的命运。以基因编辑、脑机接口、人体芯片、神经增强药物，乃至心灵编码上载等新兴人类增强技术的出现，正以前所未有的方式对人类本身进行改造乃至重塑。人类增强技术，这一集成了 21 世纪最先进的纳米技术、生物科技、信息技术和认知科学的科技前沿，对人类的未来到底意味着什么？上海社会科学院出版社新近出版的计海庆研究员的著作《增强、人性与"后人类"未来——关于人类增强的哲学探索》（以下简称为《增强》），以一种严肃的学术立场谈论了该话题。

这部著作是一部标准的从人文主义视角审视新兴前沿技术的哲学类著作。作者首先从概念分析、技术研发和社会传播三个层面，全景式地勾勒出了新兴人类增强技术的概貌。随后他围绕新兴人类增强技术的两场论辩展开了论述，第一场论辩发生在技术伦理层面，对峙的双方是超人类主义与生物保守主义；第二场论辩发生于人文主义哲学层面，参与的两方是超人类主义与后人类主义。全书的话题涵盖了新兴人类增强技术的各个方面，包括如何在医疗实践中区分"治疗"和"增强"，如何认识技术增强个体的自主能动性，如何平衡个人自主权利与保护人类基因"本色"，如何看待超能力个体的社会地位，如何评估人类增强对社会阶层固化的影响，如何评价身心二元关系在人类增强中的价值蕴含，如何辨别和清理超人类主义和后人类主义在人类增强问题上的立场，如何评价这些立场和观点上的差异，如何理解新兴技术制品在人类演化中的效用和地位，等等。

"人类增强"这个理念是超人类主义的核心宗旨。超人类主义是一场当代的思想运动，它提出一种"未来主义"的人类观，认为人类物种的存在形态正在发生转变，在不远的未来，人类将进化为"后人类"，后人类将克服现在人类的生物局限性，极大地拓展自身的能力。超人类主义寻求用技术实现生命的加速进化，以超越人类现有的形式和极限。由于过于激进的技术观，超人类主义引来了大量的批评者。弗朗西斯·福山（Francis Fukuyama）就指出，超人类主义可能成为一种最具危险性的观念，因为它主张从技术层面对人的本质进行改变，进而将侵蚀作为民主基础的社会平等。由此，围绕"人类增强"的理念和技术，展开了一场超人类主义和生物保守主义之间的观念对峙。

在超人类主义和生物保守主义的观点对峙中，矛盾最为集中的是围绕新兴人类增强技术引发的诸如人的"自主性""平等""人性"等伦理争议。在围绕上述伦理争议的论辩中，超人类主义总可以从一些具体的增强技术案例中找到论据来反驳生物保守主义的批评；当生物保守主义同样纠缠于这些技术事实时，又很难提出比较周全的论据从根本上来捍卫自主、平等等这些基本价值。因此，为了在论辩中批驳超人类主义，生物保守主义在方法论上对超人类主义进行了批判，试图通过论证其是一种"自然主义谬误"，而将其彻底驳倒。但通过在元伦理学和规范伦理学两个层面上对这种"伦理自然主义批判"的解读，《增强》一书认为归谬法批判并没有对超人类主义支持人类增强的主张构成实质性的挑战，其本身要么流于形式缺少无实质主张，要么依赖于形而上和宗教的论证而与时代脱节。

当我们把"人类增强"作为一个哲学理念来考察时，它代表的是人类中心论的思想在人的身心关系上的展现。正是在这一问题上，超人类主义的另一论辩对手——后人类主义提出了不同的观点。后人类主义提倡一种分布式的身心整体论，如果说在超人类主义那里，身体是可随意拆解、改造乃至抛弃的附属品，是一种外在的工具；那么后人类主义则认为身体不仅不是工具，它就是生命得以可能的前提，或者说身体就是生命本身。但这里的"身体"已不是心物二元论中的那个仅属于物质存在的身体，而是指人的具身经验，这就涉及超人类主义和后人类主义在人类中心论问题上的根本区分了。虽然后人类主义与超人类主义在关注的对象（如人类的存在、赛博格技术、基因编辑和增强技术等）、使用的概念（如后人类、赛博格、人类增强等）上存在着交集，但在如何看待人类中心论这个关键问题上，二者有着根本的不同。超人类主义由于依旧坚持心灵-身体、中心-边缘、目的-手段等二元论观点，因而它仍属于启蒙运动以来的人本主义传统，而人本主义就是人类中心论在西方思想史上的展现形式。但是后人类主义从一开始就反对基于二元论的存在论假设，人类中心论就是从这个假设中得出的结论，因而需要一并反思。在人性问题上，后人类主义提出，生命并不是一个有着清晰边界的"心灵-身体""主体-客体"的二元两分结构，而是一个分布式的、"去中心化"的存在。所谓的"身体"和"心灵"都是虚构的产物，自我并不在于实体化的心灵，而在于具身经验的过程中，甚至这种经验也不必是统一和连续的。在后人类主义看来，对身体机能的药物增强、纳米机器人、脑机接口等，这些也可以是"具身"经验的扩展，这种扩展本身可以构成新的生命活动和形式，所以，后人类主义对此并不排除。这种扩展后的经验，并非简单的所谓"增强"，而是对整体意义上生命体验的丰富，具有全新的人文价值。

在人类增强问题上，后人类主义之所以反对超人类主义，并不是认为增强本身是错的，而是指出那种认为上传到赛博空间的心灵还是原先意义上的人类心灵的观点是错的，也是不可能的。《增强》中指出，从"生物机体"到"机器身体"的转变必定意味着生命的转变，而不是延续。因此在这个意义上说，后人类主义和超人类主义者围绕人类增强展开的论辩，更多的是一场关于人类增强技术的解释权之争。关于人类未来，后人类主义并不排斥超人类主义的方案，即在人类增强技术的帮助下继续扩展生命的存在论基础，但这种扩展并不建立在取消身体的存在论意义的前提下，否则这就是一种虚无主义，超人类主义的后人类观中已经呈现出了这种倾向。

尽管《增强》一书从技术伦理和人文主义哲学两方面对人类增强技术展开了全面的论述，但在相关问题上还可以做足够深入的学术挖掘。例如在人类增强技术的应用与自主、平等、本真等人文价值的冲突上，仅仅介绍争论双方各自的辩护观点是远远不够的。究竟如何从哲学层面对人类增强技术的价值观挑战进行回应？价值本身的构成与技术的迭代更新有无关联？这些关键问题需要做进一步分析。对人类增强技术的伦理考察，似乎更应该按照技术的具体作用形式和适用场景来考察，作者虽对人类增强技术做过五个方面的分类，但在后面的行文中似乎对这一学术思想并没有适当展开与充分利用。如果能分别针对这五个方面的技术应用来设计伦理应对方案的话，或许更能有的放矢。故此，笔者希冀作者在后续研究中有进一步阐发。

总之，对新兴人类增强技术的评判，应超越生物保守主义和超人类主义的二元对立，重新在"人-技术"的相互定义和相互建构的"后人类"观点中，正视人类增强技术的挑战，充分认识人类作为物种的存在形态，正在发生"技术性转变"的人类未来图景。是"药"三分毒，当斯蒂格勒在断言技术是人类"解药"的同时，我们需要正视一个问题，正在萌发和应用中的新兴人类增强技术仍是一副克服人类脆弱禀赋的"解药"？还是会成为人类未来的"毒药"？这或许是所有关注新兴人类增强技术的读者不得不严肃思考的问题。

后　记

　　人作为一种技术性存在，始终被技术改变着、塑造着。社会化机器人这一人工物的发展经历了三个阶段：在工具性社交发展阶段，社会化机器人主要以完成任务为主，开始参与到人的社会环境当中；在行为引导社交的发展阶段，社会化机器人具备一定智能和交互特征；在类人化社交的发展阶段，社会化机器人能够更多地模拟人的特性。在设计前提上，社会化机器人以思维、情感的"可还原""可编码"为基本依据，即万物即"数"；在功能价值上，社会化机器人通过各种技术深度集成生成的技术系统，表现了深层调节内在状态功效；在运行上，社会化机器人服从于技术的自主性法则，其外在化的表现具有自主性特征；在社会性上，社会化机器人作为技术物，其社会性体现在具体的社会情境中，并通过技术化的社会属性体现出来，表现为积极的社会性或消极的社会性。社会化机器人的人文价值体现在多个层面，如社会化机器人在与人进行交互的过程中，能够体现出对人的引导与教化作用，并履行监护与管理"职责"为个体提供安全保障，通过调节个体的情绪值和情感值为个体提供关怀。但社会化机器人引发的人文问题也是多元的，如在情感认同上，人对机器人在情感上产生某种依归倾向，颠覆了传统的"人-人"之间情感认同的固有特性，产生情感认同的"危机"，人对情感交互对象产生"虚假"认识导致情感认同失真，产生"伪"安全依恋导致情感认同缺乏安全性，情感"收益"的"单向度"导致情感认同失去对等性。基于对社会化机器人人文问题的系统把握，可以从多个维度进行溯因，主要集中于技术层面、主体层面、社会层面和文化层面等。在人文问题的伦理治理方面，依据技术的社会建构论，可揭示社会因素对社会化机器人引发风险的伦理规约作用；依据技术可控性理论，可把握人文问题中伦理可控的一般条件和不同层次，实现控制技术的目的；依据负责任创新理念，可将人文问题的伦理治理转移到上游的实践环节中，以基于未来性的视角和科学分析实现有效治理。在伦理治理目标上，社会化机器人应以"机之善"为"人之善"，实现人类的诸多美好诉求和需要，打造更好的生存条件与发展环境。在伦理治理路径上，需保持社会化机器人技术整体设计的灵敏性；在技术设计环节对社会化机器人嵌入"道德代码"；在社会化机器人将至未至及已至时进行风险的预估和防范；在伦理规范层面，不仅仅要明确技术的相关伦理风险，更应构建规避这些风险的技术伦理体系；在人的向度上，更应该以内在的道德力量来约束自身，保持德行一致，将道德内化于人自身，外化于人的行动，构建人机交互的伦理环境；在机制上，可协调各方专家确立伦理影响评估机制，以严格的程序对社会化机器人的应用及其风险进行全面、全过程评估以达到调控风险的目的，实现社会化机器人最终"入场""应用"的无风险化或风险最小化。

本书属于笔者主持的国家社科基金重大项目"当代新兴增强技术前沿的人文主义哲学研究"（20&ZD044）阶段性成果；同时属于教育部人文社会科学重点研究基地湖南师范大学中华伦理文明研究中心暨中国特色社会主义道德文化省部共建协同创新中心资助研究成果。感谢南开大学的任晓明教授、山西大学的高策教授、大连理工大学的王前教授、清华大学的吴彤教授、华南理工大学的肖峰教授、中共中央党校的赵建军教授等专家学者在选题方面的宝贵建议。在本书撰写过程中，湖南师范大学科技与社会发展研究中心团队举行了多次颇有启发的小型讨论会，感谢林慧岳、余乃忠、陈万球、文贤庆、文贵全、黎昔柒、章雁超、胡景谱、刘洪佐、王克宁、王淑庆、孙保学、肖根牛等同仁提出的宝贵建议或意见。感谢湖南师范大学道德文化研究中心的向玉乔、马克思主义学院的李培超与刘先江、公共管理学院的毛新志、社会科学处的李超民与阳旺等领导对本书撰写工作的指导与支持。感谢科学出版社的邹聪、高雅琪等的辛苦付出，没有你们的辛勤工作，本书是难以顺利出版的。本书部分内容是撰写者科学研究的成果，同时也吸收了国内外学者在人文主义技术哲学、技术伦理学、人类增强的哲学研究等领域的研究成果，所引用的学术观点均有注明文献来源，但在文献梳理和引证过程中，亦难免挂一漏万，恳请得到同行的理解与支持。由于撰写时间仓促，加之水平有限，书中难免有疏漏或不尽如人意之处，恳请各位专家学者、读者批评指正。